Java 程序设计基础与实训教程

主　编　向劲松　韩最蛟
副主编　王妤姝　庞　玲

西南财经大学出版社

图书在版编目(CIP)数据

Java 程序设计基础与实训教程/向劲松,韩最蛟主编.—成都:西南财经大学出版社,2013.6
ISBN 978 – 7 – 5504 – 1106 – 7

Ⅰ.①J… Ⅱ.①向…②韩… Ⅲ.①Java 语言—程序设计—教材 Ⅳ.①TP312

中国版本图书馆 CIP 数据核字(2013)第 140880 号

Java 程序设计基础与实训教程
主　编:向劲松　韩最蛟

责任编辑:刘佳庆
助理编辑:孙志鹏
封面设计:杨红鹰
责任印制:封俊川

出版发行	西南财经大学出版社(四川省成都市光华村街55号)
网　　址	http://www.bookcj.com
电子邮件	bookcj@foxmail.com
邮政编码	610074
电　　话	028 – 87353785　87352368
印　　刷	四川森林印务有限责任公司
成品尺寸	185mm×260mm
印　　张	23.25
字　　数	545 千字
版　　次	2013 年 6 月第 1 版
印　　次	2013 年 6 月第 1 次印刷
书　　号	ISBN 978 – 7 – 5504 – 1106 – 7
定　　价	45.00 元

1. 版权所有,翻印必究。
2. 如有印刷、装订等差错,可向本社营销部调换。
3. 本书封底无本社数码防伪标志,不得销售。

前 言

作为一种优秀的面向对象的程序设计语言，Java 从 1995 年诞生以来，就以其简单易学、可移植性、高安全性、高可靠性、良好的并发机制和内嵌的网络支持等特点，成为当前使用最广泛的程序设计语言之一。从大型复杂的企业级应用到嵌入式的移动设备软件，随处可见 Java 活跃的身影。

本书的作者们都是多年从事 Java 语言教学的教育工作者和使用 Java 开发项目多年的软件工程师，对 Java 有着深入的理解。在从事 Java 语言教学的过程中，他们都或多或少地了解了学生在学习 Java 语言时遇到的难点以及如何使学生更快、更准确地掌握和使用 Java 语言。在此基础上，作者尽量以浅显易懂的语言阐述，以程序设计的基本概念为起点，由浅入深、循序渐进地介绍 Java 程序设计语言的基本概念、方法和应用，理论与实例相结合，培养读者面向对象编程思想的思维方式和分析解决问题的能力。

本书具有以下特点：

● 快速入门，通俗易懂：以程序设计的初学者为对象，将概念、代码、图示及解析有机结合，易于学习。

● 脉络清晰，易学好用。根据实际开发中所需的 Java 技能组织内容，按照循序渐进的方式介绍 Java 程序设计的多种实用技术，注重理论知识与实用新技术相结合。在开发环境和工具方面尽可能采用新技术，意在将"学"而非"教"放在主导的地位。好"学"了，便也易"教"了。

● 案例丰富，学以致用：在讲解理论知识和概念的同时，通过大量的实例分析，帮助读者理解和掌握课程内容，通过实验指导，帮助读者进一步掌握相关知识和实用技能。设计了大量的实训，将 Java 软件开发的流程、编码规范、软件测试、进度控制等知识融入到 Java 语言的学习中，使学生在潜移默化中接受代码编写规范的熏陶和初步的软件开发训练。同时，配有大量的习题和实验，并有样例和解析进行模拟练习。

● 着重细节，技术先进：重视 Java 语言技术的细节，重点讲解面向对象的程序设计方法，内容全面丰富，讲解细致周到。摒弃过时的编程技术，采用主流的设计思想，巧妙地融合了 UML 类图、MVC 设计模式等技术，数据库编程直接采用面向对象的设计，有利于学生进一步学习 Java EE 的 SSH 技术。

本书以 Java SE 作为开发平台、JDK1.7 作为开发工具来对 Java 语言进行介绍。全书共分 11 章，包括：Java 语言概述、Java 语言基础、Java 编程基础、面向对象程序设计、图形用户界面设计、Applet 与多媒体、异常处理、输入输出流和文件操作、多线程编程技术、Java 网络编程和 Java 数据库技术等。

采用本书授课的课程，前置课程是"C语言程序设计"或"C++程序设计"，建议课时80。另外，本书中的所有案例都是通过编译、可运行的Java应用程序，并且实现了程序的主要功能。读者只需对其稍加修改（添加一些辅助功能）就可以将其应用到实际应用项目中。本书提供这些Java应用程序的源代码和编译后可执行的类代码，为读者的学习和使用提供方便。

本书由四川管理职业学院的向劲松、韩最蛟担任主编，王妤姝、庞玲担任副主编。其中，韩最蛟负责第一章；庞玲负责第二、四章；王妤姝负责第三、七章；魏娟负责第五、六章；向劲松负责第八、九章；吴险峰负责第十、十一章；全书由向劲松统编定稿，韩最蛟主审。

在编写本书的过程中，参考了大量书籍，得到了四川管理职业学院和成都智翔集团领导和老师们的大力支持和帮助，在此向广大同仁和所有参考书籍的作者表示衷心的感谢。西南财经大学出版社为本书的编辑和出版付出了辛勤劳动。在本书完成之际，一并向他们表示诚挚的感谢。

由于本教程的编写成员都是从事本课程教学工作的一线教师，教学、教改和科研任务繁重，修订时间有限，书中难免有差错和不足之处，衷心希望读者和同行给予批评指正。

编者
2013年6月

目 录

第1章　Java 语言概述 ·· (1)

1.1　Java 语言简介 ·· (1)
1.2　Java 开发环境搭建 ··· (5)
1.3　Java 程序开发 ··· (9)
课外实训 ·· (14)
思考与练习 ·· (14)

第2章　Java 语言基础 ·· (16)

2.1　Java 语言基本构成要素 ··· (16)
2.2　数据类型 ·· (18)
2.3　运算符 ··· (24)
2.4　常用 Java 数值计算方法 ·· (31)
2.5　表达式 ··· (32)
课外实训 ·· (36)
思考与练习 ·· (36)

第3章　Java 编程基础 ·· (38)

3.1　复合语句 ·· (38)
3.2　条件语句 ·· (39)
3.3　循环语句 ·· (48)
3.4　跳转语句 ·· (54)
3.5　数组 ··· (61)

3.6 字符串 …………………………………………………………………… (71)
3.7 字符串追加 ………………………………………………………………… (84)
3.8 字符串删除 ………………………………………………………………… (85)
课外实训 ……………………………………………………………………… (86)
思考练习 ……………………………………………………………………… (87)

第 4 章 面向对象程序设计 …………………………………………………… (93)

4.1 面向对象概述 ……………………………………………………………… (93)
4.2 Java 中的类 ………………………………………………………………… (96)
4.3 对象 ………………………………………………………………………… (104)
4.4 继承 ………………………………………………………………………… (106)
4.5 接口 ………………………………………………………………………… (120)
4.6 包与 Java 类库 …………………………………………………………… (126)
课外实训 ……………………………………………………………………… (130)
思考与练习 …………………………………………………………………… (131)

第 5 章 图形用户界面设计 …………………………………………………… (134)

5.1 AWT ………………………………………………………………………… (134)
5.2 布局设计 …………………………………………………………………… (138)
5.3 常用 AWT 组件 …………………………………………………………… (147)
5.4 Swing ……………………………………………………………………… (158)
5.5 Java 事件处理 ……………………………………………………………… (174)
课外实训 ……………………………………………………………………… (198)
思考与练习 …………………………………………………………………… (199)

第 6 章 Applet 与多媒体 ……………………………………………………… (201)

6.1 Applet 的概述 ……………………………………………………………… (201)
6.2 Applet 的生命周期 ………………………………………………………… (203)
6.3 Applet 与 Object 标记 …………………………………………………… (207)
6.4 Applet 的图形处理 ………………………………………………………… (210)
6.5 Applet 的安全限制 ………………………………………………………… (212)

6.6 Applet 的实训案例 ·· (213)

6.7 Applet 的声音处理 ·· (222)

课外实训 ·· (223)

思考与练习 ·· (224)

第7章 异常处理 ·· (227)

7.1 异常概述 ·· (227)

7.2 异常的分类 ··· (228)

7.3 获取异常信息 ·· (233)

7.4 处理异常 ·· (234)

7.5 抛出异常 ·· (238)

7.6 自定义异常 ··· (243)

7.7 异常的使用原则 ··· (244)

课外实训 ·· (249)

思考练习 ·· (249)

第8章 输入/输出流和文件操作 ·· (252)

8.1 Java 输入/输出概述 ······································ (252)

8.2 字节流类 ·· (258)

8.3 字符流类 ·· (267)

8.4 文件管理 ·· (276)

8.5 对象序列化 ··· (284)

课外实训 ·· (287)

思考与练习 ·· (287)

第9章 多线程编程技术 ·· (289)

9.1 什么是线程 ··· (289)

9.2 创建线程 ·· (291)

9.3 线程的状态与生命周期 ·································· (297)

9.4 线程的控制 ··· (304)

9.5 线程的同步与死锁 ······································· (310)

课外实训 ···(316)
　　思考与练习 ···(317)

第10章　Java 网络编程 ···(319)

　　10.1　Java 的网络访问支持 ··(319)
　　10.2　Java 的高层网络访问 ··(320)
　　10.3　Java 低层网络通信 ··(325)
　　思考与练习 ···(339)

第11章　Java 数据库技术 ···(341)

　　11.1　JDBC 介绍 ··(341)
　　11.2　JDBC 与数据库的连接 ··(342)
　　11.3　JDBC 查询数据库 ··(348)
　　11.4　使用 JDBC 更新数据库 ···(353)
　　11.5　批处理与事务 ···(357)
　　11.6　数据库异常处理 ··(358)
　　思考与练习 ···(360)

参考文献 ···(363)

第1章 Java 语言概述

【学习目标】

Java 是一种出色的面向对象跨平台编程语言，它既是一种编程语言，也是一个软件平台。本章将解释 Java 的"身世"，并分析 Java 到底能为我们做什么，还将详细介绍 Java 高级语言的开发工具及相应的环境设置。最后还将介绍 Java 应用程序和小应用程序的开发方法。

在完成了本章的学习后，读者应当能够掌握以下内容：
- 了解 Java 的历史和基本原理
- 理解 Java 对 Internet 的贡献
- 理解字节码的重要性
- 开发工具的下载和安装
- JDK 的组成和配置
- 学会创建、编译和运行一个简单的 Java 程序

1.1 Java 语言简介

1.1.1 Java 的发展简史

Java 是 1991 年由 Sun Microsystems 公司的 James Gosling、Patrick Naughton、Chris Warth、Ed Frank 和 Mike Sheridan 共同构想的成果。这个语言最初名为"Oak"，于 1995 年更名为"Java"。Java 是印度尼西亚爪哇岛的英文名称，因盛产咖啡而闻名。Java 语言中的许多库类名称，多与咖啡有关：如 JavaBeans（咖啡豆）、NetBeans（网络豆）以及 ObjectBeans（对象豆）等等。Java 的标识也正是一杯正冒着热气的咖啡。

多少有些让人吃惊的是，设计 Java 的最初动力并不是源于 Internet，而是为了开发一种独立于平台的语言，使其能够用于创建内嵌于不同家电设备，如烤箱、微波炉和遥控器的软件。你可能想到了，不同类型的 CPU 都可以作为控制器使用。麻烦在于当时多数的计算机语言都是针对一个特定的目标设计的，例如 C++。

虽然任何类型的 CPU 或许都能编译 C++ 程序，然而这需要有一个完整的 C++ 编译器与这个 CPU 相匹配。而开发编译器的成本很高，并且很耗时。为了找到更好的解决方法，Gosling 和其他人尝试开发一种可移植的跨平台语言，使该语言生成的代码可以在不同环境下的不同 CPU 上运行。就是这一努力最终导致 Java 语言的诞生。

就在即将设计出 Java 细节的时候，另一个对 Java 的形成有更重要影响的因素出现了。这就是 World Wide Web。如果在 Java 即将成型的时候 Web 没有问世，那么它可能会成为目标单一的消费类电子产品的程序设计语言，虽然有用但却晦涩难懂。然而随着 Web 的出现，以及 Web 对可移植语言的需求，Java 被推到了计算机语言设计的前端。

Internet 和 Web 的出现使原有的可移植性问题重新摆上了桌面。因为，Internet 毕竟是一个由许多不同类型的计算机、操作系统和 CPU 组成的多样化的分布式空间。直到 1993 年，Java 设计团队的成员发现，在创建嵌入式代码时经常遇到的问题同样也出现在创建的 Internet 代码中。了解到这一点以后，Java 的重点从消费类电子产品转移到了 Internet 程序设计，也正是 Internet 最终促成了这个独立于体系结构的程序设计语言——Java 的诞生。

Java 语言与 C 语言和 C＋＋关系密切。Java 继承了 C 语言的语法，Java 的对象模型是从 C＋＋改编来的。Java 设计者对已经成功的程序设计范式进行了提炼，通过大量的继承，Java 提供了一个强大的、可以更好利用已有成果的、逻辑一致的程序设计环境，并且增加了在线环境需求的新功能。

Java 还有一个与 C 和 C＋＋共有的属性：它是由真正的程序员设计、测试和修改的。它与设计者的需求和经验紧密结合。因此，再没有比这更好的方法来创建如此一流的专业程序设计语言了。尽管 Java 受到 C＋＋的影响，但是它绝不是 C＋＋的增强版。例如，Java 不提供对 C＋＋的向上或向下兼容。当然，Java 与 C＋＋的相似是十分明显的，如果你是一名 C＋＋程序员，那么在使用 Java 时会有驾轻就熟的感觉。另外，Java 不是为替代 C＋＋而设计的，而是为了解决一系列特定问题而设计的。C＋＋则是用来解决另一个不同系列的问题的。

Java 语言的发展经历了一个很长的历史：
- 1995 年 5 月 23 日，Java 语言诞生；
- 1995 年 1 月，第一个 JDK－JDK1.0 诞生；
- 1996 年 4 月，10 个最主要的操作系统供应商申明将在其产品中嵌入 Java 技术；
- 1996 年 9 月，约 8.3 万个网页应用了 Java 技术来制作；
- 1997 年 2 月 18 日，JDK1.1 发布；
- 1997 年 4 月 2 日，JavaOne 会议召开，参与者逾一万人，创当时全球同类会议规模的纪录；
- 1997 年 9 月，Java Developer Connection 社区成员超过十万；
- 1998 年 2 月，JDK1.1 被下载超过 200 万次；
- 1998 年 12 月 8 日，Java2 企业平台 J2EE 发布；
- 1999 年 6 月，SUN 公司发布 Java 的三个版本：标准版（J2SE）、企业版（J2EE）和微型版（J2ME）；
- 2000 年 5 月 8 日，JDK1.3 发布；
- 2000 年 5 月 29 日，JDK1.4 发布；
- 2001 年 6 月 5 日，NOKIA 宣布，到 2003 年将出售 1 亿部支持 Java 的手机；
- 2001 年 9 月 24 日，J2EE1.3 发布；

- 2002年2月26日，J2SE1.4发布，自此Java的计算能力有了大幅提升；
- 2004年9月30日18：00PM，J2SE1.5发布，成为Java语言发展史上的又一里程碑。为了表示该版本的重要性，J2SE1.5更名为Java SE 5.0；
- 2005年6月，JavaOne大会召开，SUN公司公开Java SE 6。此时，Java的各种版本已经更名，以取消其中的数字"2"：J2EE更名为Java EE，J2SE更名为Java SE，J2ME更名为Java ME；
- 2006年12月，SUN公司发布·JRE6.0；
- 2009年4月20日，甲骨文（Oracle）74亿美元收购Sun，取得java的版权；
- 2011年7月，甲骨文公司发布java7的正式版。

1.1.2 Java的特点

Java语言的风格十分接近C、C++语言。Java是一个纯粹的面向对象的程序设计语言，它继承了C++语言面向对象技术的核心。Java舍弃了C++语言中容易引起错误的指针（以引用取代）、运算符重载（operator overloading）、多重继承（以接口取代）等特性，增加了垃圾回收功能，用于回收不再被引用的对象所占据的内存空间，使得程序员不用再为内存管理而担忧。在Java 1.5版本中，Java又引入了泛型编程（Generic Programming）、类型安全的枚举、不定长参数和自动装/拆箱等语言特性。

Java不同于一般的编译执行计算机语言和解释执行计算机语言。它首先将源代码编译成二进制字节码（bytecode），然后依赖各种不同平台上的虚拟机来解释执行字节码。从而实现了"一次编译、到处执行"的跨平台特性。不过，每次的执行编译后的字节码要消耗一定的时间，这同时也在一定程度上降低了Java程序的运行效率。

（1）Java语言是简单的。Java语言的语法与C语言和C++语言很接近，使得大多数程序员很容易学习和使用Java。另一方面，Java丢弃了C++中很少使用的、很难理解的、令人迷惑的那些特性，如操作符重载、多继承、自动的强制类型转换。特别地，Java语言不使用指针，并提供了自动的垃圾收集，使得程序员不必为内存管理而担忧。

（2）Java语言是面向对象的。Java语言提供类、接口和继承等原语，为了简单起见，只支持类之间的单继承，但支持接口之间的多继承，并支持类与接口之间的实现机制（关键字为implements）。Java语言全面支持动态绑定，而C++语言只对虚函数使用动态绑定。总之，Java语言是一个纯的面向对象程序设计语言。

（3）Java语言是分布式的。Java语言支持Internet应用的开发，在基本的Java应用编程接口中有一个网络应用编程接口（java net），它提供了用于网络应用编程的类库，包括URL、URLConnection、Socket、ServerSocket等。Java的RMI（远程方法激活）机制也是开发分布式应用的重要手段。

（4）Java语言是健壮的。Java的强类型机制、异常处理、垃圾的自动收集等是Java程序健壮性的重要保证。对指针的丢弃是Java的明智选择。Java的安全检查机制使得Java更具健壮性。

（5）Java语言是安全的。Java通常被用在网络环境中，为此，Java提供了一个安全机制以防恶意代码的攻击。除了Java语言具有的许多安全特性以外，Java对通过网络下载的类具有一个安全防范机制（类 ClassLoader），如分配不同的名字空间以防替代本地的同名类、字节代码检查，并提供安全管理机制（类 SecurityManager）让 Java 应用设置安全哨兵。

（6）Java 语言是体系结构中立的。Java 程序（后缀为 java 的文件）在 Java 平台上被编译为体系结构中立的字节码格式（后缀为 class 的文件），然后可以在实现这个 Java 平台的任何系统中运行。这种途径适合于异构的网络环境和软件的分发。

（7）Java 语言是可移植的。这种可移植性来源于体系结构中立性，另外，Java 还严格规定了各个基本数据类型的长度。Java 系统本身也具有很强的可移植性，Java 编译器是用 Java 实现的，Java 的运行环境是用 ANSI C 实现的。

（8）Java 语言是解释型的。如前所述，Java 程序在 Java 平台上被编译为字节码格式，然后可以在实现这个 Java 平台的任何系统中运行。在运行时，Java 平台中的 Java 解释器对这些字节码进行解释执行，执行过程中需要的类在联接阶段被载入到运行环境中。

（9）Java 是高性能的。与那些解释型的高级脚本语言相比，Java 的确是高性能的。事实上，Java 的运行速度随着 JIT（Just－In－Time）编译器技术的发展越来越接近于 C++。

（10）Java 语言是多线程的。在 Java 语言中，线程是一种特殊的对象，它必须由 Thread 类或其子（孙）类来创建。通常有两种方法来创建线程：其一，实现 Runnable 接口；其二，从 Thread 类派生出子类并重写 run 方法，使用该子类创建的对象即为线程。值得注意的是 Thread 类已经实现了 Runnable 接口，因此，任何一个线程均有它的 run 方法，而 run 方法中包含了线程所要运行的代码。线程的活动由一组方法来控制。Java 语言支持多个线程的同时执行，并提供多线程之间的同步机制（关键字为 synchronized）。

（11）Java 语言是动态的。Java 语言的设计目标之一是适应于动态变化的环境。Java 程序需要的类能够动态地被载入到运行环境，也可以通过网络来载入所需要的类。这也有利于软件的升级。另外，Java 中的类有一个运行时刻的表示，能进行运行时刻的类型检查。

Java 语言的优良特性使得 Java 应用具有无比的健壮性和可靠性，这也减少了应用系统的维护费用。Java 对对象技术的全面支持和 Java 平台内嵌的 API 能缩短应用系统的开发时间并降低成本。Java 的编译一次，到处可运行的特性使得它能够提供一个随处可用的开放结构和在多平台之间传递信息的低成本方式。特别是 Java 企业应用编程接口（Java Enterprise APIs）为企业计算及电子商务应用系统提供了有关技术和丰富的类库。

1.1.3 Java 程序运行原理

在 Java 语言中的所有源代码都可以通过无格式的记事本编写，并保存为 .java 文件，因为通过该扩展名，Java 编译器会知道该文件是自己可以处理的文件。经过编译后的文件为 .class 文件，该文件是字节码文件，此时 .class 文件不能被处理器直接读取执行，必须通过虚拟机转换成二进制文件后，才可以被处理器执行。图 1.1 是 Java 程序的开发过程，整个过程说明了上面叙述的内容。

图 1.1　Java 程序的开发过程

　　Java 是跨平台的高级编程语言，这里的平台是指操作系统平台，如 Windows、UNIX、Mac、Linux 等。使用 Java 语言编写的程序一次编译就可以在所有上述平台上运行，就是因为有 Java 虚拟机的存在。Sun 提供了在各种操作系统平台上运行安装的 Java 虚拟机，虚拟机都可以执行 .class 文件。这样也就实现了众所周知的"一次编译，随处运行"的理想。图 1.2 演示了在不同平台上通过 Java 虚拟机执行 Java 程序的过程，从中可以清楚地理解 Java 虚拟机的作用。

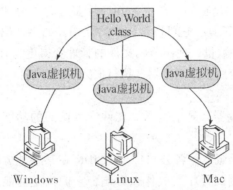

图 1.2　不同平台上通过 JVM 执行 Java 程序

　　注意："HelloWorld.class"也代表一个应用程序，应用程序本身就是经过打包的 .class 文件的集合。并且在不同的平台上安装的 JVM 是不同的，需要到 Sun（现在是 Oracle）的网站下载适合自己机器操作系统平台的虚拟机。

1.2　Java 开发环境搭建

1.2.1　JDK 简介

　　JDK（Java Development Kit）是 Java 开发工具包，它最早叫 Java Software Develop Kit（Java SDK），后来改名为 JDK，即 Java Develop Kit。

　　JDK 作为 Java 开发工具包，主要用于构建在 Java 平台上运行的应用程序、Applet 和组件等。在前面已经提到过它，但在安装并配置它以前，有必要对其进行简单地介绍。它是由 Sun 公司针对 Java 开发人员发布的免费软件开发工具包。自从 Java 推出以来，JDK 已经成为使用最广泛的一套 Java 开发工具。2006 年，Sun 公司宣布将要发布基于 GPL 协议的开源 JDK，这个决定使 JDK 成为开源软件。在此基础之上，Sun 公司最终促成了 GPL 协议的 OpenJDK 的发布。JDK 中包括很多开发、调试 Java 程序的工具。这里只选择最主要的介绍一下。

　　●javac：它就是 Java 编译器。用来将写好的后缀名为 .java 的源代码文件逐个编译成后缀名为 .class 的字节码文件。这是 Java 开发中必不可少的一个程序，也是后面用得最多的程序之一。

- java：它是 Java 字节码的解释程序。它可以解释并执行后缀名为 .class 的字节码文件，前面由 javac 编译好的程序就是由它来执行的。事实上，所有的 Java 程序最终都是由这个程序来解释并执行的。
- jdb：它的全名为 java debugger，是用来调试 Java 程序代码的。本书中的例子都比较简单，暂时还不需要用它来调试。不过，以后读者自己开发程序的时候就会用到，所以在这儿要认识一下这个小程序。
- javadoc：这是一个自动生成文档的工具，它可以把 Java 源代码中的注释语句自动整理成文档。
- jar：Java 的字节码文件是以后缀 .class 结尾的，当程序文件少的时候容易管理，可是随着程序规模的增大，它的文件也会相应增多。为了方便管理，Java 提供了将字节码文件进行合并的 jar 工具。它可以把许多功能相关的字节码文件合并为一个后缀为 .jar 的文件，减少了文件数量，使字节码文件的管理变得更为有序。
- appletviewer：小应用程序浏览器，执行嵌入 Html 文件中的 Java 小程序的 Java 浏览器。
- javap：Java 反汇编器，显示编译类文件中可访问的功能和数据，显示字节码的含义。

JDK 并不是只有一个版本，各公司推出的 JDK 在某些地方略有不同。不过，这些不同并不会对本书中的测试程序造成什么影响，它们只是性能上的差异而已。虽然如此，还是强烈建议安装官方的 JDK，这样肯定能避免很多不必要的麻烦，毕竟我们只是为了学习 Java 编程，不是为了测试这些 JDK 有哪些差异。除 Sun 推出的官方 JDK 以外，其他公司的 JDK 主要有下面几个。

- 基于 GNU 的开源 JDK——GCJ（The GNU Compiler for Java），可用在 Linux 系统上。
- IBM 公司的 J9 JDK，可用在 AIX、Linux、Windows 等主流系统上。
- Oracle 公司推出的 JRockit JDK，适用于 Windows、Linux 及 Solaris 系统。

有了 JDK 之后，一般还需要安装 IDE，IDE 是集成开发环境。其实装了 JDK 不需要装其他 IDE 就可以写程序了（可以用记事本等工具写 Java 程序），不过效率实在不高，可以选择 Eclipse 等 IDE 工具写程序，以及进行编译等其他工作，这样效率比较高，很方便。现在市场上有各种各样的 Java IDE，值得庆幸的是，它们中最优秀的几个都是免费的。请参见以下清单：

- NetBeans（免费和开源）
- Eclipse（免费和开源）
- Sun 公司的 Java Studio Enterprise（免费）
- Sun 公司的 Java Studio Creator（免费）
- Oracle JDeveloper（免费）
- Borland JBuilder
- IBM 公司的 WebSphere Studio Application Developer
- BEA WebLogic Workshop

●IntelliJ IDEA

最流行的两种是 NetBeans 和 Eclipse，在过年的几年中，为了争当领头羊的位置，这两者之间展开了激烈的竞争。NetBeans 和 Eclipse 都是开源 IDE，并且都有着强大后盾。Sun Microsystems 公司于 2000 年收购了捷克的一家公司 Netbeans Ceska Republika 之后发布了 NetBeans。Eclipse 则是 IBM 发起的，旨在与 NetBeans 竞争。推荐使用Eclipse。而开发 Java EE 则一般使用 MyEclipse。

1.2.2 Java 的版本体系

Java 平台由 Java 虚拟机（Java Virtual Machine，简称 JVM）和 Java 应用编程接口（Application Programming Interface，简称 API）构成。Java 应用编程接口为 Java 应用提供了一个独立于操作系统的标准接口，可分为基本部分和扩展部分。在硬件或操作系统平台上安装一个 Java 平台之后，Java 应用程序就可运行。现在 Java 平台已经嵌入了几乎所有的操作系统。这样 Java 程序可以只编译一次，就可以在各种系统中运行。Java 应用编程接口已经从 1.1x 版发展到 1.2 版。最近版本为 Java1.7。

Java 分为三个体系 J2SE（Java2 Platform Standard Edition，Java 平台标准版），J2EE（Java 2 Platform Enterprise Edition，Java 平台企业版），J2ME（Java 2 Platform Micro Edition，Java 平台微型版）。

●Java SE（Java Platform，Standard Edition）。Java SE 以前称为 J2SE。它允许开发和部署在桌面、服务器、嵌入式环境和实时环境中使用的 Java 应用程序。Java SE 包含了支持 Java Web 服务开发的类，并为 Java Platform，Enterprise Edition（Java EE）提供基础。

●Java EE（Java Platform，Enterprise Edition）。这个版本以前称为 J2EE。企业版本帮助开发和部署可移植、健壮、可伸缩且安全的服务器端 Java 应用程序。Java EE 是在 Java SE 的基础上构建的，它提供 Web 服务、组件模型、管理和通信 API，可以用来实现企业级的面向服务体系结构（service‐oriented architecture，SOA）和 Web 2.0 应用程序。

●Java ME（Java Platform，Micro Edition）。这个版本以前称为 J2ME，也叫 K‐JAVA。Java ME 为在移动设备和嵌入式设备（比如手机、PDA、电视机顶盒和打印机）上运行的应用程序提供一个健壮且灵活的环境。Java ME 包括灵活的用户界面、健壮的安全模型、许多内置的网络协议以及对可以动态下载的连网和离线应用程序的丰富支持。基于 Java ME 规范的应用程序只需编写一次，就可以用于许多设备，而且可以利用每个设备的本机功能。

1.2.3 搭建 Java 开发环境

与 Java 相关的基础平台都可以在 Oracle 公司网站上找到，开发人员可以通过 Oracle 公司提供的 http：//www.oracle.com/technetwork/java/index.html 网站了解到有关 Java 的最新技术，并可以下载相关的软件。

1.2.3.1 下载并安装 JDK

根据自己的系统需求，在 Oracle 公司官方网站下载 JDK。笔者的系统是 64 位

Win7，所以下载了jdk-7u10-windows-x64.exe。

双击执行jdk-7u10-windows-x64.exe，便可自动解压缩进行安装。安装过程中分别选择好JDK和JRE相应的路径（例如D：\Java\jdk1.7.0\和D：\Java\jre7\），然后单击"下一步"按钮，即可完成安装。

1.2.3.2 PATH和CLASSPATH的设置

JDK安装完毕后，还不能马上使用。如果想使用JDK实现编译运行Java文件等操作，还需要设定系统的环境变量PATH和CLASSPATH。

因为JVM是Java程序唯一识别的"操作系统"，对JVM来说，可执行文件就是扩展名为.class的文档。想在JVM中执行某个可执行文件（.class），就要告诉JVM这个虚拟操作系统到哪些路径下寻找文档，方式是通过CLASSPATH指定其可执行文件（.class）的路径信息。

PATH与CLASSPATH根本就是不同层次的环境变量，实际操作系统搜索可执行文件是看PATH，JVM搜索可执行文件（.class）只看CLASSPATH。

在Windows XP中可以右击桌面上的"我的电脑"，在弹出的快捷菜单中选择"属性"菜单。在Windows 7中可以右击"计算机"，在弹出的快捷菜单中选择"属性"命令，在打开的窗口中单击"高级系统设置"，进入"系统属性"对话框，接着切换至"高级"选项卡，单击"环境变量"按钮，在"环境变量"对话框的"USER的用户变量"或"系统变量"列表中编辑PATH变量，如图1.3所示。

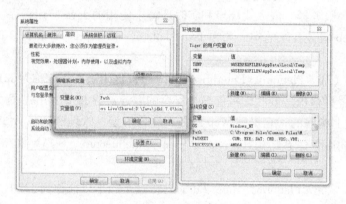

图1.3 设置PATH

单击"系统变量"区域中的"新建"按钮，在打开的"编辑系统变量"对话框中，设定变量名为ClassPath，变量值为".；D：\Java\jdk1.7.0\lib"，如图1.4所示。

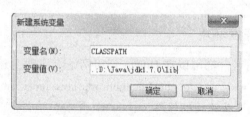

图1.4 设置CLASSPATH

为了验证 JDK 是否配置成功，打开命令提示符，在提示符下输入 java，然后按 Enter 键，若输出 Java 的相关信息，则表示 JDK 配置成功，如图 1.5 所示。

图 1.5　输出 Java 的相关信息

1.3　Java 程序开发

1.3.1　编写第一个 Java 应用程序

第一个 Hello World 的出现是在 Brian Kernighan 写的《A Tutorial Introduction to the Language B》一书中（B 语言是 C 语言的前身），用来将 Hello World 文字显示在计算机屏幕上，自此之后，很多的程序语言教学文件或书籍上，已经无数次地将它当作第一个范例程序。为什么要用 Hello World 来当作第一个程序范例？因为它很简单，初学者只要输入简单几行代码（甚至一行），就可以要求计算机执行指令并得到反馈：显示 Hello World。

本书也要从显示 Hello World 开始，然而，在完成这个简单的程序之后，千万要记得，探索这个简单程序之后的种种细节。

1.3.1.1　编辑源代码

要开始动手开发第一个 Java 程序，很多人都不知从何下手。其实首先就是编辑代码。

在 Windows 中可以使用记事本来编辑 Java 代码。当然也可以使用其他功能更为强大、使用更方便的编辑器，例如开源的 Notepad＋＋，有兴趣的读者可以去 http：//notepad－plus－plus.org 下载并安装。不过，在保存文件的时候一定要注意 Java 的源代码文件一定要是以".java"结尾的。在默认的情况下记事本总是以".txt"为后缀保存文件，在保存之前千万别忘了要修改一下"保存类型"，然后在文件名的最后加上".java"。这样才可以真正把代码保存为 Java 需要的格式。

注：Windows 中通常情况下是看不到文件的后缀名的。因为 Windows 系统在默认情况下把文件的后缀名隐藏起来，为的是防止用户不小心把后缀名改掉而导致出错。如果看不到所保存文件的后缀名，可以在资源管理器的文件夹选项中把"隐藏已知文件类型的扩展名"复选框前面的钩去掉。

在 Java 中，源文件的正式名称是编译单元（compilation unit）。它是一个包含一个或多个类定义的文本文件（现在我们使用只包含一个类的源文件）。Java 编译器要求源文件使用.java 为文件扩展名。查看程序即可发现，程序定义的类的名称也是 HelloWorld。这并不是巧合。在 Java 中，所有的代码都必须驻留于一个类中。根据规则，类名应该与存储程序的文件名称相符，而且应该确保文件名的大小写与类名相符。这样做是因为 Java 区分大小写。此时文件名与类名的一致规则看似有些武断，然而正是这样的规则使得程序的维护与组织更为轻松了。

在 Notepad++ 中新建文档，录入以下代码，并保存为 HelloWorld.java 放在 D:\。

```
/**
 * class HelloWorld prints "Hello, World!" on the screen.
 */
public class HelloWorld {
    // 程序执行的入口，每个 Java 应用程序都有一个 main() 函数
    public static void main (String [] args) {
        System.out.println ("Hello, World!");
    }
}
/* End of class HelloWorld */
```

1.3.1.2 编译并执行程序

为了编译程序 HelloWorld，执行编译器"javac"需要在命令行指定源文件的名称，如下所示：

javacHelloWorld.java

编译器 javac 创建一个包含程序字节码的名为 HelloWorld.class 的文件。切记，字节码不是可执行代码。字节码必须由 Java 虚拟机来执行。因此，javac 输出的代码是不可以直接执行的。要真正运行程序，必须使用 Java 解释器"java"。为此，需要将类名 HelloWorld 作为一个命令行实参来传递，如下所示：

javaHelloWorld

当程序运行时，输出如图 1.6 所示。

Hello World！

图 1.6　编译并执行程序

编译 Java 源代码时，每一个类都放入到以该类名命名的文件中，并以.class 为扩

展名。这就是使 Java 源文件的名称与它们所包含的类名一致的原因。源文件的名称会与 .class 文件名相匹配。当执行如前所示的 Java 解释器时,实际上要指定希望解释器执行的类名。解释器会自动寻找一个与该类名相同,以 .class 为扩展名的文件。如果它找到文件,就会执行包含在里面的特定类的代码。

1.3.1.3 逐行分析第一个程序

尽管程序 HelloWorld.java 非常短,但是它却包含了所有 Java 程序共有的几个特点。下面,我们仔细研究一下程序的各个部分。

程序以下面几行开始:

```
/**
 * class HelloWorld prints "Hello, World!" on the screen.
 */
```

这是一个注释(comment)。与其他多数程序设计语言一样,Java 允许在程序源代码中输入注释。编译器会忽略注释的内容。而注释可以向任何阅读程序源代码的人员描述或解释程序的操作。注释一般用来解释程序的某些部分如何工作,或对特定的功能进行解释。

这个注释是 Java 所特有的 doc 注释。它以 /** 开始,到 */ 结束。这种注释主要是为支持 JDK 工具 javadoc 而采用的。javadoc 能识别注释中用标记@标识的一些特殊变量,并把 doc 注释加入它所生成的 Html 文件。

Java 支持三种形式的注释。在这个例子中,位于程序最下面的是多行注释(multi-line comment)。这种类型的注释必须以"/*"开始,以"*/"结尾。这两个注释符号中间的任何内容都将被编译器忽略。顾名思义,多行注释可以有若干行。

程序的下一行代码如下所示:

```
public class HelloWorld {
```

关键字 public 是一个访问修饰符(access modifier)。访问修饰符用以决定程序其他部分如何访问类的成员。当类成员前面有 public 时,该成员可以被声明它的类以外的代码访问(与 public 相反的是 private,它用于防止类以外的代码使用成员)。

该行代码使用关键字 class 声明创建一个新类。如前所述,类是 Java 的基本封装单元。HelloWorld 是类的名称。类的定义以左花括号"{"开始,以右花括号"}"结束。两个括号间的元素是类的成员。此时不必过于担心类的细节,只要知道 Java 中所有的程序活动发生在一个类中即可。

程序的下一行是一个单行注释(single-line comment),如下所示:

```
//程序执行的入口,每个 Java 应用程序都有一个 main() 函数
```

这是 Java 支持的第二种注释方式。单行注释以"//"开始,以行末为结尾。作为一项基本规则,程序员使用多行注释进行较长的描述,用单行注释进行简要的逐行描述。

下一行代码如下所示:

```
public static void main (String [] args) {
```

本行是 main() 方法的开始。如前所述,在 Java 中,子程序称为方法(method)。所有 Java 应用程序的执行都是以调用 main() 开始的。虽然对于本行各部分的意思现在不能一一尽述,因为这需要深入理解其他几个 Java 特性,但是由于本书的许多示例

都用到了这行代码,所以我们现在对其进行简要的介绍。

本例中,main() 必须被声明为 public,因为它要在程序开始时被它的类以外的代码调用。关键字 static 允许 main() 在类的对象被创建之前调用。这一点是必需的,因为 JVM 要在任何对象被创建之前调用 main()。关键字 void 只告知编译器 main() 不返回值。正如你所看到的,方法也可以返回值。如果这些看起来有点让人头昏的话,不必担心,后面各章对所有这些概念都将详细讨论。

如前所述,main() 是在 Java 应用程序开始时调用的方法。需要传递给方法的任何信息都将被方法名后面一对圆括号中指定的变量所接收。这些变量称为形参(parameter)。如果给定的方法不需要形参,那么还是需要包括一对空的圆括号。main() 中只有一个形参 String [] args,它用来声明一个名为 args 的形参。这是一个 String 类型的对象数组(数组是相似对象的集合)。String 类型的对象用于存储字符序列。本例中,args 接收执行程序时出现的任何命令行实参。这个程序没有用到这一信息,但是本书后面的程序则会用到。

本行的最后一个字符是"{"。这是 main() 的主体开始的标志。方法中的所有代码都包含在方法的左花括号与右花括号之间。

下一行代码如下所示。注意它出现在 main() 方法内。

System. out. println (" Hello, World!");

本行输出字符串"Hello,World!",而且在屏幕上显示字符串后另起一行。输出实际上是由内置的 println() 方法完成的。本例中,println() 显示传递给它的字符串。println() 也可以用于显示其他类型的信息。本行以 System. out 开始。虽然此时详细解释 System 还有些复杂,但是简单地讲,System 是一个预定义类,它提供对系统的访问,而 out 是与控制台相连的输出流。因此,System. out 是一个封装控制台输出的对象。Java 使用对象来定义控制台输出这一事实是其面向对象本质的又一佐证。

你可能已经猜想到,控制台输出(和输入)在实际的 Java 程序中并不常用。因为多数现代计算机环境是窗口化、图形化的,所以控制台 I/O 多用于简单的工具程序和演示程序,以及服务器端代码。本书后面,你会学习到使用 Java 产生输出的其他方法,但是现在,我们还要继续使用控制台 I/O 方法。

注意 println() 语句以分号结束。Java 中所有的语句都要以分号结束。程序中的其他行不以分号结尾是因为从技术上讲它们不是语句。

程序中的第一个"}"是用来结束 main() 的,而最后一个"}"是用来结束 HelloWorld 类定义的。

注意:Java 是区分大小写的。例如,如果你偶然将 main 输成了 Main,或者将 println 输成了 Println,那么前面的程序就不正确了。而且,尽管 Java 编译器会编译不包含 main() 方法的类,但它却无法执行它们。因此,如果你输错了 main,编译器虽然还会编译程序,但是 Java 解释器会报告一个错误,因为它找不到 main() 方法。

1.3.2 编写第一个 Java 小应用程序

还有一种小应用程序,即 Applet,其实它就是一段 Java 代码,但这段代码可以以适当的方式嵌入到 Html 页面。这里举一个简单的例子,让读者对 Java 语言在网络上的应用有直观和初步的认识。

1.3.2.1 编写一个 Applet

首先使用打开记事本，编写代码如下所示。将文件保存在 D 盘根目录下，文件名设置为 JavaApplet.java。这是一个简单的 Applet 应用程序，只输出一句话"This is my first Java Applet！"

```java
//下面两行导入实现 Applet 需要的类库
import java.applet.Applet;
import java.awt.*;
//通过继承方式定义并实现一个 Applet 类 JavaApplet
public class JavaApplet extends Applet {
    public void paint (Graphics g) {
        // 调用 Graphics 对象 g 的 drawString 方法，在 Html 页面的指定位置打印一行字符串
        g.drawString ("This is my first Java Applet!", 20, 10);
    }
}
```

第 2~3 行导入实现 Applet 需要的类库，通过 import 关键字执行导入。第 5 行创建一个类 JavaApplet，第 8 行输出用户能看到的结果。

1.3.2.2 编写承载 JavaApplet 的 Html 文件

打开一个记事本，编写如下代码，同样保存在 D 盘根目录下，文件名为 Applet.html，这是一个 Html 页面文件。

```html
<Html> <!--Html 文件标签-->
<title> My Applet Test </title>
<h1> My Applet Test </h1>
<appletcode = "JavaApplet.class" width = 250 height = 250 name = "MyApplet" >
</applet>
</Html>
```

第 1 行和第 6 行的 <Html> </Html> 是 Html 文件的标识。第 4~5 行在 Html 文件中插入了一个 <applet> 标签，注意第 4 行的 code 属性为 JavaApplet.class，是编译后的 JavaApplet.java。

1.3.2.3 Applet 的编译和运行

编译 JavaApplet.java，在 DOS 窗口中该文件所在的目录下输入"javac JavaApplet.java"。在同样的目录下输入"appletviewer Applet.html"，按 Enter 键后显示 Java Applet 的运行结果，如图 1.7 所示。

图 1.7　Java Applet 的运行结果

课外实训

使用记事本键入以下程序代码并保存到某个目录，进入该目录编译程序，根据错误提示改正程序，直到程序编译通过，再运行程序。

```
Public class 1
    public static void main（String [ ] args）{
        system. out. println（" 欢迎进入学习 Java 之门"）
    }
}
```

思考与练习

（一）填空题

1. Java 是跨平台的高级编程语言，经过编译后的 .class 文件必须通过_____来运行。

2. Java 开发平台分为三个体系，分别是_____、_____和_____。

3. 搭建 Java 开发环境需要配置两个路径，分别是_____和_____。

（二）选择题

1. Java 是从（　　）语言改进重新设计而来的。
   A. Ada　　　　B. C++　　　　C. Pasacal　　　　D. Basic

2. 下列说法哪一个正确？（　　）。
   A. Java 程序经编译后会产生 machine code
   B. Java 程序经编译后会产生 byte code
   C. Java 程序经编译后会产生 DLL
   D. 以上都不正确

3. 如果在 hello.java 中撰写以下程序代码：
public class Hello {
public static void main（String []args）{
System.out.println（"Hello World"）；
}
}

以下描述正确的是（　　）。
　　A. 执行时显示 Hello World　　　　B. 执行时出现 NoClassDefFoundError
　　C. 执行时出现找不到主要方法的错误　D. 编译失败

4. 如果 C：\workspace\Hello\classes 中有以下原始码编译而成的 Main.class：
public class Main {
public static void main（String []args）{
System.out.println（"Hello World"）；
}
}

"命令行提示符"模式下你的工作路径是 C：\workspace，那么执行 Main 类正确的是（　　）。
　　A. java C：\workspace\Hello\classes\Main
　　B. java Hello\classes Main
　　C. java -cp Hello\classes Main
　　D. 以上皆非

（三）简答题

1. 什么是字节码？它对 Java 的 Internet 程序设计为何十分重要？
2. 如何创建单行注释与多行注释？
3. 编译时需要在源文件名后加.java 后缀吗？运行程序时呢？

（四）编程题

1. 编写一个简单的 Java 程序，测试 Java 源代码的扩展名是否区分大小写？
2. 下面小程序的功能是在其窗口界面输出 6 行"**********"，请根据"/*……*/"中的注释说明将程序补充完整，并编写 Html 文档运行该小程序。

```
public class test extends JApplet {
public void paint（Graphics g）{
super.paint（g）；
g.drawString（"**********"，20，20）；
/* 输出 5 行星号，行间隔 5 像素*/
// 编写需要的代码
}
}
```

第 2 章　Java 语言基础

【学习目标】

本章主要介绍 Java 语言最基础的部分：包括 java 的标识符、保留字、分隔符以及数据和运算符。这是所有编程语言都必须掌握的基础知识，也是整个程序代码不可缺少的重要部分。本章将通过简单的程序代码，来讲述如何操作和使用这些数据和运算符。熟练地掌握此章知识，对于 Java 开发有着非常重要的作用，并且对以后学习其他开发语言也有着重要的帮助。

在完成了本章的学习后，读者应当能够掌握以下内容：
- Java 语言中的标识符、保留字
- 数据类型
- 变量和常量
- 各种常见运算符

2.1 Java 语言基本构成要素

2.1.1 标识符

程序中使用的各种数据对象，如符号常量、变量、方法和类等，都需要一定的名称，这种名称叫做标识符（Identifier）。Java 的标识符由字母、数字、下划线（_）或者美元符号（$组成）。因为 Java 语言使用统一字符集编码集（Unicode），因此，组成标识符的数字，字母都是广义的。例如：对字母不仅限于英文字母也可以使用其他国家的文字，如日文，中文，法文等等。同时，Java 标识符严格区分大小写，这点需要初学者注意。

Java 命名约定要求表示类、接口名的标识符用大写字母开头，表示变量、方法名的标识符用小写字母开头，表示常量名的标识符中全部使用大写字母。

Java 标识符没有字符数的限制。见表 2.1 所示。

表 2.1　　　　　　　　　　标识符命名正误对照表

合法标识符	非法标识符	合法标识符	非法标识符
MyClass	class	i	2
anInt	int	ONE_ HUNDRED	ONE - HUNDRED
group7	7group		

2.1.2 保留字

保留字（Reserved Word）也称关键字，是 Java 语言本身使用的标识符，有其特定的语法含义，所有的 Java 保留字都不能被用做标识符。Java 语言中的保留字如表 2.2 所示（带 * 号的关键字现在已不使用）。

表 2.2　　　　　　　　　　　　Java 保留字表

abstract	default	goto *	null	switch
boolean	do	if	package	synchronized
break	double	implement	private	this
byte	else	import	protected	throw / throws
case	extends	instanceof	public	transient *
catch	false	int	return	true
char	final	interface	short	try
class	finally	long	static	void
const *	float	native	strictfp	volatile
continue	for	new	super	while

2.1.3 分隔符

分隔符用来分隔开 Java 程序中的基本语法元素，可分为注释、空白符和普通分隔符三种。

2.1.3.1 注释

在程序中加适当的注释可提高程序的可读性。注释有如下三种形式。

（1）行注释符"//注释内容"

从"//"开始的该行后面部分的内容为注释，用于单行的注释，放在一行的开头或语句的后部。

（2）多行注释符"/*注释内容*/"

/*与*/之间的所有文本均为注释，可用于一段（多行）注释。

（3）Java 文档注释符"/**注释内容*/"

这是特殊说明语句，称为 javadoc 说明语句，作用与上面第二种形式相似。

2.1.3.2 空白符

空白符包括空格符、回车符、换行符和制表符等。在使用中，多个空白符与一个空白符的作用相同。

2.1.3.3 普通分隔符

普通分隔符具有确定的语法含义，要按照语法规定去使用。有如下四种分隔符：

（1）{} 大括号，用于定义复合语句和数组的初始化以及定义类体、方法体等。

（2）; 分号，用于结束语句。

(3)，逗号，用于分隔变量说明的各个变量和方法的各个参数等。
(4)：冒号，用于分隔标号和语句。
(5)[ ]方括号，用来定义数组类型及引用数字的元素值。
(6)( )圆括号，用于在方法定义和访问中将参数表括起来，或在表达式中定义运算的先后次序。

2.2 数据类型

计算机程序处理的对象是各种数据，数据类型是指数据的内在表现形式。根据现实世界数据的不同形式，数据就划分为多种不同的类型。Java 是严格区分数据类型的语言，要求在程序中使用任何变量之前必须声明其类型。数据类型说明了常量、变量或表达式的性质。只有数据类型相同的常量、变量才可以进行运算。

Java 的基本数据类型长度是固定的。例如 int 类型在任何计算机上的长度都是 32b（4B），这就使得 Java 的基本数据类型可以跨平台自由移植。Java 的 char 类型采用了国际编码标准 Unicode，每个码有 16 位（2B），可容纳 65 536 个字符，有效地解决了用 ASCII 双字节码表示东方文字带来的诸多不便，使 Java 处理多语种的能力大大加强。

Java 的数据类型可分为：
- 基本类型，包括整型、浮点型、布尔型和字符型；
- 数组类型，包括一维数组和多维数组；
- 复合类型，包括类和接口。

数据类型不同，能进行的运算不同，取值范围也不同，在计算机语言中还反映为数据的存储形式不同。Java 的每种数据类型占用固定的内存长度，与软硬件平台无关；每种数据类型均有一个缺省的数值。表 2.3 所示为 Java 数据类型。

表 2.3   Java 数据类型

基本类型	数值类型	整型（byte、short、int、long）
		实型（float、double）
	字符型（char）	
	布尔型（boolean）	
复合类型	数组	
	类（class）	
	接口（interface）	

2.2.1 常量与变量

程序中所处理的数据表现为两种形式：常量和变量。

2.2.1.1 常量

常量是在程序执行中不能变化的量。常量区分为不同的类型，如整型常量 456，实型常量 1.12，字符常量 'A'，布尔常量 true 和 false 以及字符串常量 "HELLO"。

在 Java 程序设计中，使用关键字"final"来声明一个常量，常量表示在程序开始运行到结束期间都不变的量。

实训 1：使用 final 关键字定义一个常量 x，并打印输出。

```
///这里的 X 是一个常量
public class cl
{
final int X = 10; //定义了一个常量 X
public static void main（String［］args）
{
cl cl = new cl（）;
System.out.println（" 打印数据 X = " + cl.X）; //输出常量 X 的值
}
}
```

程序运行结果：

打印数据 X = 10

如果要声明一个类常量，就需要使用关键字"static"和"final"的组合。例如：

```
//这里的 a 是类常量，所以无论是哪个对象的引用，它的值始终不变
public class cl1
{
static final int a = 123; //定义了一个类常量 X
public static void main（String［］args）
{
System.out.println（" 打印数据 a = " +a）; //输出类常量 a 的值
}
}
```

程序运行结果：

打印数据 a = 123

注意：如果这个常量是类常量，那么无须再构造对象，可以直接引用这个常量。前一个例子声明的常量是一般常量，不是类常量，所以一定要构造对象，通过对象来引用这个常量，所以切记类常量和一般常量的区别所在。

2.2.1.2　变量

为了在 Java 中存储一个数据，必须申请存储空间，变量就是这个存储空间的名字，在变量中可根据需要存入不同的数据。尤其要指出的是，Java 是属于强类型的编程语言，这意味着对每一个变量都必须作类型申明。变量具有名称、类型、值和作用域等特性，在使用一个变量前必须先定义。定义变量是用标识符为变量命名，确定其数据类型，还可以根据需要为它赋初值（变量初始化）。定义了变量即为变量指定了存储方式。若是基本类型的变量，因为它们的存储长度是固定的，如何分配存储单元就确定了。若是复合类型的变量，定义后还需要用 new 运算符为用户数据分配存储单元，复合类型变量中存储用户数据存储单元的引用（指针）。可以用如下语法定义变量：

type identifier［［＝element］,identifier］；

该语句告诉编译器用指定的类型 type 和以标识符 identifier 为名字建立一个变量，这里的分号将告诉编译器这是一个说明语句的结束；方括号中的逗号和标识符表示可以把几个类型相同的变量放在同一语句进行说明，变量名中间用逗号分隔。

在创建了一个变量以后，就可以给它赋值，或者用运算符对它进行允许的运算。

实训 2：变量的定义。

```
public class bl
{
int a = 10;       //定义全局变量 a
int b = 20;       //定义全局变量 b
public static void main（String[] args）{
bl bl = new bl（）;
System.out.println（"这个是全局变量 a = " + bl.a）;    //输出全局变量 a
bl.print（）;
}
void print（）{
int c = 30;       //定义局部变量 c
System.out.println（"这个是局部变量 c = " + c）;        //输出局部变量 c
}
}
```

程序运行结果

这个是全局变量 a = 10

这个是局部变量 c = 30

2.2.2 基本类型

Java 定义了 8 种基本数据类型，利用基本数据类型可以构造出复杂数据结构来满足 Java 程序的各种需要。如表 2.4 所示。

表 2.4　　　　　　　　　　　　基本数据类型表

数据类型	名称	位长/b	默认值	取值范围
布尔型	boolean	1	false	true, false
字节型	byte	8	0	$-128 \sim 127$
字符型	char	16	'\u0000'	'\u0000' ~ '\uffff'
短整型	short	16	0	$-32\,768 \sim 32\,767$
整型	int	32	0	$-2\,147\,483\,648 \sim 2\,147\,483\,647$
长整型	long	64	0	$-9\,223\,372\,036\,854\,775\,808 \sim 9\,223\,372\,036\,854\,775\,807$
浮点型	float	32	0.0	$\pm 1.4E-45$ 或 $\pm 3.402\,823\,5E+38$

表2.4(续)

数据类型	名称	位长/b	默认值	取值范围
双精度型	double	64	0.0	±4.9E－324 或 ±1.797 693 134 862 315 7E＋308

2.2.2.1 整型常量

Java的整型常量有3种形式:十进制、十六进制和八进制。十进制整数以10为基数,用0－9这10个数字和正、负号组成,如645,－354,0等。在Java中,十进制整数的第一位数字不能为0。十六进制整数以16为基数,用0－9的10个数字、字母A－F(小写也可,代表10－15这些整数)和正、负号组成。十六进制整数必须以0X或0x作为开头。如0x412,

－0xdac等。八进制整数以8为基数,用0－7的8个数字和正、负号组成。八进制整数必须用0开始,如0645,－0354等。

每一个整型常量默认为int类型,占有32bit(4B)的存储空间。整型常量所表示的范围为－2147483648～2147483647,若要使用更大的数,可用64位的长整型数(long类型)。如果希望把一个整数强制存为一个长整型数,可以在数字后面加l或L。

2.2.2.2 整型变量

整型变量按所占内存大小的不同有byte、short、int、long四种。Java的整数都是有符号数。表2.5列出了各整型数据所占内存的位数和表示范围。

表2.5　　　　　　　　　　整型数据类型

类型	所占字节	默认值	值范围
byte	1	0	－128～127
short	2	0	－32768～32767
int	4	0	－2147483648～2147483647
long	8	0L	－9223372036854775808～9223372036854775807

2.2.2.3 实型常量

Java的实型常量有标准和科学计数法2种表现形式。

(1)标准形式。由数字和小数点组成,且必须有小数点,如1.23、0.3666等。

(2)科学计数法形式。数字中带e或E,如124e或45.3E2,其中e或E前必须有数字,且e或E后面的数字(表示以10为底的乘幂部分)必须为整数。

实数后面可带后缀F、f或D、d,分别表示单精度实数和双精度实数,如1.4f、5.1d、36e12d等。

实型常量的默认存储空间为64位,即double型。若带有后缀,则按后缀决定类型。单精度float实数的存储空间占32位。

实数在机器中的存储格式以IEEE754格式存在。单精度实数有效位数为2进制23位、10进制7位精度,多余位四舍五入。双精度实数有效位数为2进制52位、10进制

15位精度，多余位四舍五入。

2.2.2.4 实型变量

实型变量有float和double两种，如表2.6所示。

表2.6　　　　　　　　　　　实型数据类型

类型	所占字节	默认值	值范围
float	4	0.0f	1.40129846432481707E-45 ~ 3.0282346638528864E38
double	8	0.0d	4.94065645841246544E-324 ~ 1.7976931348623157E308

2.2.2.5 字符型数据

字符型char数据是由一对单引号括起来的单个字符。Java使用Unicode格式的16位字符集，而不仅仅为ASCII字符集，因此此类型的范围为0~65535。Unicode能够容纳所有语言字符集，包括拉丁语、希腊语、汉语、日语等各国语言，因此使用16位是非常必要的。

在Java语言中，以反斜杠（\）开头的多个字符表示一个转义字符，转义字符一般用于表示某些非图形（非可视）字符。表2.7列出了Java中的转义字符。例如，'\u0041'表示ISO拉丁码的'A'。若写出一个不存在的转义字符，则会出错。

表2.7　　　　　　　　　　　转义符号表

转义符号	Unicode编码	功能	转义符号	Unicode编码	功能
\b	\u0008	退格	\f	\u000C	换页
\r	\u000D	回车	\'	\u0027	单引号
\n	\u000A	换行	\"	\u0022	双引号
\t	\u0009	水平制表符	\\	\u005c	反斜杠
\ddd		八进制转义序列	\uxxxx		十六进制转义序列

字符变量用char说明，用来存放单个字符，字符类型的缺省值是'\u0000'，它不是完整的字符串。示例如下：

char c1 = 'c';

char c2 = '\u0020';

char ch1 = 88;　//正确，字符'X'的代码

char ch2 = 'ab';　//错误，只能存储一个字符

char ch3 = "a";　//错误，不能用字符串初始化

实训3：字符型数据的输出。

//声明了x, y, z, i, j五个字符型数据变量

public class Char

{

public static void main (String [ ] args)

{

```
char x = '计';
char y = '算';
char z = '机';
char i = '科';
char j = '学';
System.out.println("这些字符组合起来就是:" +x+y+z+i+j);
   }
}
```

程序运行结果:

这些字符组合起来就是:计算机科学

2.2.2.6 布尔型数据

布尔 boolean 类型是最简单的一种数据类型,布尔数据只有两个值:true 和 false,且都是保留字,分别表示"真"和"假"两种状态。关系运算和逻辑运算返回布尔类型的值。

布尔型变量用 boolean 定义,布尔类型的默认值是 false,例如:

boolean mouseOn = true;

boolean done = false;

布尔型是一个独立的类型,它不像 C 语言中的布尔型代表 0 和 1 两个整数,由于这个原因,Java 中的布尔类型不能转换成数字。

实训 4:布尔型数据的应用举例。

```
public class Boolean {
public static void main(String[] args) {
int a = 44; //声明一个整型变量 a
int b = 36; //声明一个整型变量 b
boolean x, y, z; //声明三个布尔型变量 x、y、z
x = (a > b); //为变量 x 赋值
y = (a < b); //为变量 y 赋值
z = ((a + b) == 40); //为变量 z 赋值
System.out.println("x = " + x);
System.out.println("y = " + y);
System.out.println("z = " + z);
    }
}
```

程序运行结果:

x = true

y = false

z = false

2.2.2.7 字符串数据

字符串常量是用双引号括起来的零个或多个字符（包括转义字符）。例如：
"" //空串
"你好！java！\n" //一个包含转义字符的字符串

在 Java 语言中，字符串变量是类，是复合类型。有两种字符串变量类型：字符串类（String）和字符串缓冲器类（StringBuffer）。String 类是常量类，初始化后不能改变；StringBuffer 类是字符串缓冲区，可以修改。例如：

String str1 = new String（"this is a string."）；
String str2 = "this is a string."；
StringBuffer str3 = new StringBuffer（）；
StringBuffer str4 = new StringBuffer（"this is a string."）；

2.3 运算符

运算符的作用是与一定的运算数据组成表达式来完成相应的运算。对于不同的数据类型，有着不同的运算符。对运算符，有运算对象（操作数）个数及类型、运算优先级、结合性等特性。

运算符的优先级是指不同运算符在运算中执行的先后顺序。在 Java 语言中共有 17 种优先级，每个运算符分属确定的一个优先级别。Java 语言严格按照运算符的优先级由高到低的顺序执行各种运算。

运算符的结合性确定同级运算符的运算顺序。左结合性规定，运算数据先与左边的运算符结合，然后与右边的运算符结合。右结合性正好相反。

2.3.1 算术运算符

算术运算符按操作数的多少可分为一元（或称单目）和二元（或称双目）两类。一元运算符一次对一个操作数进行操作，二元运算符一次对两个操作数进行操作，算术运算符的操作数据类型是数值类型。

2.3.1.1 一元算术运算符

表 2.8 中列出了一元算术运算符。一元算术运算符的结合性是右结合性。

表 2.8　　　　　　　　　　　　一元算术运算符

运算符	实际操作	例子	功能
+	正值	+x	
-	负号	-x	对 x 取负
++	加 1	x++，++x	将 x 的值加 1 后再放回变量 x
--	减 1	x--，--x	将 x 的值减 1 后再放回变量 x

+和-运算符使操作数取正、负值，有提升操作数类型的作用。例如：
byte i = 10，j；

j = -i;

上述语句将产生编译错误，原因是 i 经过取负运算后，已经提升为 int 类型，直接向字节变量 j 赋值是不允许的。

++和--既可以作为前置运算符也可以作为后置运算符，这就说明，它们既可以放在操作数（必须是变量）前面（如++i），也可以放在后面（如i++）。单独使用的时候，前置后置作用相同。但若在表达式中使用，前置后置的意义是不同的。前置时，变量的值先增1或减1，然后用变量的新值参加表达式的计算；后置时，变量的值先参加表达式的计算，然后变量再增1或减1。例如：

i=5;
j=i++; 执行后，j 为 5，i 为 6。而
i=5;
j=++i; 执行后，j 为 6，i 为 6。

2.3.1.2 二元算术运算符

算术运算符的第二种类型是二元运算符，这种运算符并不改变操作数的值，而是返回一个必须赋给变量的值。下边这个表2.9中列出了二元算术运算符。二元算术运算符具有左结合性。

表2.9　二元算术运算符

运算符	实际操作	例子	功能
+	加运算	a+b	求a与b相加的和
-	减运算	a-b	求a与b相减的差
×	乘运算	a×b	求a与b相乘的积
/	除运算	a/b	求a除以b的商
%	取模运算	a%b	求a除以b的余数

这些都是常用的运算，对二元算术运算符，主要注意两点：两个整数运算的结果是整数，5/2结果是2，而不是2.5。另外，取模运算是求两个数相除的余数，如17%3的结果是2。可以对实数求余数。实数a%b的结果是a-(int)(a/b)*b，余数的符号与被除数a相同。例如123.4%10的结果为3.4。

2.3.2 关系运算符

关系运算符用于确定一个数据与另一个数据之间的关系，即进行关系运算。所谓关系运算时比较运算，将两个值进行比较。关系运算的结果值为true或false（布尔型）。表2.10列出Java语言提供的6种关系运算符，它们都是双目运算符。

注意的是：等于运算符==不要与赋值运算符=混淆。

表2.10　关系运算符

运算符	实际操作	例子
<	小于	a<b

表2.10(续)

运算符	实际操作	例子
>	大于	a>b
<=	小于或等于	a<=b
>=	大于或等于	a>=b
==	等于	a==b
!=	不等于	a!=b

实训5：关系运算符的应用举例。

```
//关系运算符的应用
public class gxysf
{
public static void main（String [] args）
{
int a=50；
int b=20；
System.out.println（"说a>b,对吗"+（a>b））；
System.out.println（"说a>=b,对吗?"+（a>=b））；
System.out.println（"说a<b,对吗?"+（a<b））；
System.out.println（"说a<=b,对吗?"+（a<=b））；
System.out.println（"说a==b,对吗?"+（a==b））；
System.out.println（"说a!=b,对吗?"+（a!=b））；
}
}
```

程序运行结果：

说a>b,对吗 true

说a>=b,对吗? true

说a<b,对吗? false

说a<=b,对吗? false

说a==b,对吗? false

说a!=b,对吗? true

2.3.3 逻辑运算符

逻辑运算符可以对布尔类型的数据（布尔常量、布尔变量、关系表达式和逻辑表达式等）进行运算，结果也为布尔类型。

表2.11列出了Java语言的逻辑运算符，逻辑运算规则如表2.12所示。

表 2.11　　　　　　　　　　　　　　布尔运算符

运算符	名称	例子	功能
!	非	!a	对布尔数据 a 取非
&	非简洁与	a&b	对布尔数据 a 和 b 进行非简洁与运算
|	非简洁或	a|b	对布尔数据 a 和 b 进行非简洁或运算
^	异或	a^b	对布尔数据 a 和 b 进行异或运算
&&	简洁与	a&&b	对布尔数据 a 和 b 进行简洁与运算
||	简洁或	a||b	对布尔数据 a 和 b 进行简洁或运算

表 2.12　　　　　　　　　　　　　　逻辑运算真值表

a	b	!a	a&&b a&b	a||b a|b	a^b
false	false	true	false	false	false
false	true	true	false	true	true
true	false	false	false	true	true
true	true	false	true	true	false

"&" 和 "｜" 称为非简洁运算符，因为在利用它们作与、或运算时，运算符左右两边的表达式总是会被执行，然后两表达式结果之间再进行与、或运算；而利用 "&&" 和 "｜｜" 作简洁运算时，运算符右边的表达式有可能被忽略而不执行，请体会下面语句的区别。

　　int x = 3，y = 5；
　　boolean b = x > y && x + + = = y - - ；
　　与
　　int x = 3，y = 5；
　　boolean b = x > y & x + + = = y - - ；

几个逻辑运算符中，单目布尔运算符 ! 的优先级最高，而 && 又高于 ｜｜。运算符 ! 高于算术运算符和关系运算符，运算符 &&、｜｜ 低于关系运算符。逻辑运算符的执行顺序为从左至右。在一个布尔表达式中，使用的运算符种类可能较多，应注意运算符的运算优先级。

实训 6：一个简洁或运算符应用的举例。

```
//逻辑运算符的应用
public class ljysf
{
    public static void main（String [ ] args）
    {
        int a = 50；
        int b = 20；
```

```
    int c = 110;
    System.out.println("认为既a>b又a<b,对吗?" + ((a>=b) || (a==b)));
    System.out.println("认为既a>b又a=c,对吗?" + ((a>=b) || (a==c)));
}
}
```
程序运行结果：
认为既a>b又a<b,对吗? true
认为既a>b又a=c,对吗? true

2.3.4 位运算符

位运算符用来对二进制进行运算，运算操作数应为整数类型，结果也是整数类型。表2.13列出了Java的位运算符。位运算规则如表2.14所示。

表2.13　　　　　　　　　　位运算符列表

运算符	实际操作	例子	功能
~	按位取反	~a	对a按二进制每位取反
&	与运算	a&b	对a和b按二进制位每位进行与运算
|	或运算	a|b	对a和b按二进制位每位进行或运算
^	异或运算	a^b	对a和b按二进制位每位进行异或运算
<<	左移	a<<b	对a左移b位，低位用0填充
>>	算术右移	a>>b	对a右移b位，高位用原高位重复
>>>	逻辑右移	a>>>b	对a右移b位，高位用0填充

表2.14　　　　　　　　　　位运算真值表

a	b	~a	a&b	a|b	a^b
0	0	1	0	0	0
0	1	1	0	1	1
1	0	0	0	1	1
1	1	0	1	1	0

实训7：一个异或运算符应用的举例。
```
public class wysf
{
    public static void main(String[] args)
    {
        int a = 4;    //4转换成二进制0100
```

int b = 12;　　//12 转换成二进制 1100
System. out . println (" a 与 b 异或的结果是:" + (a^b));//a, b 异或结果为二进制 1000 转换成十进制数为 8
　　}
}

程序运行结果为:
a 与 b 异或的结果是: 8

2.3.5　赋值运算符

赋值运算符都是二元运算符,具有右结合性。

2.3.5.1　简单赋值运算符(=)

赋值运算符"="用来将一个数值赋给一个变量。在赋值运算符两侧的类型不一致的情况下,若左侧变量的数据类型的级别高,则右侧的数据被转换为与左侧相同的高级数据类型,然后赋给左侧变量。否则,需要使用强制类型转换运算符。

2.3.5.2　复合赋值运算符

Java 语言允许使用复合赋值运算符,即在赋值运算符前加上其它运算符。复合赋值运算符是表达式的一种缩写。例如,a + = 5 等价于 a = a + 5。复合赋值运算符有 11 种,如表 2.15 所示。

表 2.15　　　　　　　　　　　复合赋值运算符

运算符	用法	等价于
+ =	op1 + = op2	op1 = op1 + op2
- =	op1 - = op2	op1 = op1 - op2
* =	op1 * = op2	op1 = op1 * op2
/ =	op1/ = op2	op1 = op1/op2
% =	op1% = op2	op1 = op1% op2
& =	op1& = op2	op1 = op1&op2
| =	op1 | = op2	op1 = op1 | op2
^ =	op1^ = op2	op1 = op1^op2
< < =	op1 < < = op2	op1 = op1 < < op2
> > =	op1 > > = op2	op1 = op1 > > op2
> > > =	op1 > > > = op2	op1 = op1 > > > op2

复合赋值运算符使用比较简单,但要注意下述两点:
(1) 复合赋值运算符的右边是一个整体。例如:
a * = b + c;
等价于

a = a * (b + c);

而不是

a = a * b + c;

（2）上表中的等价是有条件的，即 op1 仅计算一次。例如：

设有 int a [ ] = {1, 2}, b = 2, i = 0;   //a 是一数组

则   a [i + +] + = b;   //执行后 i = 1

不等价于 a [i + +] = a [i + +] + b;   //执行后 i = 2

实训 8：赋值运算符的举例。

```
public class fzysf
{
public static void main (String [ ] args)
{
int a = 8;
int b = 15;
System.out.println (" a + = b 的值:" + (a + = b));
System.out.println (" a - = b 的值:" + (a - = b));
System.out.println (" a * = b 的值:" + (a * = b));
System.out.println (" a/ = b 的值:" + (a/ = b));
System.out.println (" a% = b 的值:" + (a% = b));
System.out.println (" a > > = b 的值:" + (a > > = b));
System.out.println (" a > > > = b 的值:" + (a > > > = b));
System.out.println (" a < < = b 的值:" + (a < < = b));
System.out.println (" a& = b 的值:" + (a& = b));
System.out.println (" a| = b 的值:" + (a| = b));
System.out.println (" a^ = b 的值:" + (a^ = b));
}
}
```

程序运行结果：

a + = b 的值：23

a - = b 的值：8

a * = b 的值：120

a/ = b 的值：8

a% = b 的值：8

a > > = b 的值：0

a > > > = b 的值：0

a < < = b 的值：0

a& = b 的值：0

a| = b 的值：15

a^=b 的值：0

2.3.6 条件运算符

条件运算符是一种三元运算符，它的格式如下：

Operand？Expression1：Expression2

在这个式子中，先计算 Operand 的真假。若为真，则计算并返回 Expression1；若为假，则计算并返回 Expression2。例如：

(a>b)？a：b；

这个表达式将返回 a 和 b 中较大的那个数值。

2.3.7 字符串运算符

运算符"＋"可以实现两个或多个字符串的连接，也可实现字符串与其它类对象的连接。在连接时，其它类对象会被转换成字符串。另外，运算符"＋＝"把两个字符串连接的结果放进第一个字符串里。在前面的例子里，当想把几项输出内容输出在同一行里时使用的就是"＋"运算符。

2.4 常用 Java 数值计算方法

在 Java 的类 Math 中包含了一些数值常量，如 E 和 PI，以及一些基本的数值计算方法，如指数、对数、平方根和三角函数等，为用户程序进行数值计算带来了方便。表 2.16 列出了一下常用的数值计算方法。

表 2.16　　　　　　　　　类 Math 中常用的数值计算方法

方法	功能	参数类型	返回类型
abs（a）	求 a 的绝对值	（1）	（1）
sin（a）	求 a（弧度）的正弦值	double	double
cos（a）	求 a（弧度）的余弦值	double	double
tan（a）	求 a（弧度）的正切值	double	double
asin（a）	求 a 的反正弦值	double	double
acos（a）	求 a 的反余弦值	double	double
atan（a）	求 a 的反正切值	double	double
ceil（a）	求不小于 a 的最小整数	double	double
rint（a）	求最接近 a 的整数	double	double
exp（a）	求 e 的 a 幂次	double	double
floor（a）	求不大于 a 的最大整数	double	double
pow（a，b）	求 a 的 b 次方	double	double
random（）	产生 0.0 到 1.0 的伪随机数	double	double

表2.16(续)

方法	功能	参数类型	返回类型
sqrt (a)	求a的平方根	double	double
log (a)	求a的自然对数	double	double
max (a, b)	求a, b中的大者	(1)	(1)
min (a, b)	求a, b中的小者	(1)	(1)

表2.16中参数类型和返回类型标（1）处的类型可以是 int、long、float 和 double，返回类型与参数类型两者类型相同。

实训9：类 Math 中常量和方法的使用。

```
public class UseMath {
    public static void main (String args [ ]) {
        double a = 3.0, b = 4.0;
        double c = Math.sqrt (a*a+b*b);
        System.out.println ("半径为3.0的圆的面积是:" + Math.PI*a*a);
        System.out.println ("直角三角形直角边为3.0和4.0时的斜边长为:" +c);
        System.out.println ("-8和-4的较大都是:" + Math.max (-8, -4));
        System.out.println ("-18的绝对值是:" + Math.abs (-18));
        System.out.println ("不小于45.7的最小整数是:" + Math.ceil (45.7));
        System.out.println ("不大于45.7的最小整数是:" + Math.floor (45.7));
        System.out.println ("sin25度的值是:" + Math.sin (25.0/180*Math.PI ));
    }
}
```

程序运行结果：

半径为3.0的圆的面积是：28.274 333 882 308 138
直角三角形直角边为3.0和4.0时的斜边长为：5.0
-8和-4的较大都是：-4
-18的绝对值是：18
不小于45.7的最小整数是：46.0
不大于45.7的最小整数是：45.0
sin25度的值是：0.422 618 261 740 699 44

2.5 表达式

表达式是由操作数和运算符按一定的语法形式组成的符号序列。每个表达式运算后都会产生一个确定的值，称为表达式的值。表达式的值是有类型的，该类型称为表达式类型。表达式类型由运算符和参与运算的数据的类型决定，可以使简单类型，也可以是复合类型。

一个常量和一个变量是最简单的表达式，表达式的值即为该常量或变量的值。用运算符连接几个表达式构成的式子仍是表达式。

可以按表达式值的类型将表达式分类。

2.5.1 类型转换

在一个表达式中可能有不同类型的数据进行混合运算，这是允许的，但在运算时，Java 将不同类型的数据转换成相同类型，再进行运算。

2.5.1.1 自动类型转换

整型、实型和字符型数据可以进行混合运算。在运算中，不同类型的数据先转换成相同类型，然后再进行运算，转换从低级到高级。可混合运算数据类型从低到高排列如下：

（低）→byte，short，char，int，long，float，double→（高）

不同类型数据之间的转换规则如下表 2.17 所示。

表 2.17　　　　　　　　　　不同类型数据之间的转换规则

类型 1	类型 2	转换后的类型
byte 或 short	int	int
byte 或 short 或 int	long	long
byte 或 short 或 int 或 long	float	float
byte 或 short 或 int 或 long 或 float	double	double
char	int	int

2.5.1.2 强制类型转换

在高级数据转换为低级数据时，需进行强制类型转换，从一种类型转换到另一种类型可以使用下面的语句：

　　int a;
　　char b;
　　b =（char）a;

加括号的 char 告诉编译器把整型变成字符型，并将它赋值给 b。

由于整型和字符型变量的长度不同，整型是 32 位长，字符型是 16 位长，所以从整型转换到字符型可能会丢失信息。同样，当把 64 位的长整型数转换为整型时，由于长整型可能有比 32 位更多的信息，也很可能会丢失信息。即使两个量具有相同的位数，比如整型和单精度实型数据都是 32 位，在转换小数时也会丢失信息。当进行类型转换时要注意使目标类型能够容纳源类型的所有信息。不会丢失信息的类型转换如表 2.18 所示。

表 2.18　　　　　　　　　　不会丢失信息的类型转换

源类型	目标类型
byte	short，char，int，long，float，double

表2.18(续)

源类型	目标类型
short	int，long，float，double
char	int，long，float，double
int	long，float，double
long	float，double
float	double

需要说明的是，当执行一个这里并未列出的类型转换时可能并不总会丢失信息，但进行这样一个理论上并不安全的转换总是很危险的。

实训10：一个类型转换的举例。

```
public class zhlx
{
public static void main（String [] args）
{
int x;
double y;
x =（int）12.34 +（int）56.7;//强制转换
y =（double）x +（double）10;//自动转换
System.out.println（" x = " +x）;
System.out.println（" y = " +y）;
}
}
```

程序运行结果：

x = 68

y = 78.0

2.5.1.3 表达式求值中的自动类型提升

在表达式的求值过程中，运算中间值的精度有时会超出操作数的取值范围。例如：

byte x = 30，y = 50，z = 100;

int a = x * y/z;

在运算 x * y 项时，结果1500已经超出了操作数 byte 类型的范围。为解决这类问题，Java 语言在对表达式求值时，自动提升 byte 或 short 类型的数据为 int 类型。Java 语言对表达式求值的自动类型提升规则如下：

（1）所有 byte 和 short 类型提升为 int 类型。

（2）若一个操作数是 long 类型，则整个表达式提升为 long 类型。

（3）若一个操作数是 float 类型，则整个表达式提升为 float 类型。

（4）若有 double 类型，则表达式值为 double 类型。

自动类型提升对数据的运算带来了方便，但也容易引起编译错误。例如：

```
byte x = 30；
x = - x；          //编译错误！不能向 byte 变量赋 int 值
```

2.5.2 优先级

在一个表达式中可能有各种运算符，Java 语言规定了表达式中出现各种运算符的时候，那种运算符先进行运算，那种运算符后进行运算的运算符运算顺序，称为运算符的优先级。它指明了同一表达式中多个运算符被执行的次序，同一级里的操作符具有相同的优先级。在表达式中，优先级高的运算符先进行运算。例如，对于表达式：

a = b + c * d/ (c^d)

Java 处理时将按照表 2.19 所列的从最高优先级到最低优先级的次序进行。在上例中，因为括号优先级最高，所以先计算 c^d，接着是 c * d，然后除以 c^d，再将与 b 的和存储到变量 a 中。

不论任何时候，若一时无法确定某种计算的执行次序时，可以使用加括号的方法明确为编译器指定运算顺序，这也是提高程序可读性的一个重要方法。例如，对表达式：

a | 4 + c > > b&7 | | b > a%3

运算次序的理解就不如下面的表达式清晰，因为在下面的表达式中用括号（）清楚的表明了运算次序。

(a | (((4 + c) > > b) &7)) | | (b > (a%3))

表 2.19 按从高到低的优先级列出了运算符，同一行中的运算符优先级相同。

表 2.19 运算符优先级

优先次序	运算符
1	- [ ] ( )
2	+ + - - ! ~ instanceof
3	new，(type) 即强制类型转换
4	* / %
5	+ -
6	< < > > > > >
7	< > < = > =
8	= = ! =
9	& 按位与和非简洁与
10	^
11	| 按位或和非简洁或
12	&&
13	| |
14	?
15	= + = - = * = /= % = ^ = & = | = < < = > > = > > > =

课外实训

在下列程序段中：体会前自加和后自加的区别，并输出程序运行结果。

```
public class qzjhzj
{
public static void main（String [ ] args）
{
int a = 5；//这里的 a 是一个整型数据
System.out.println（" a = " + （a + +））；//输出整型变量 a 后自加结果
System.out.println（" a = " + （+ + a））；//输出整型变量 a 前自加结果
}
}
```

思考与练习

（一）判断题

1. Java 不区分大小写的语言。　　　　　　　　　　　　　　　　　　　　（　　）
2. 注释的作用是使程序在执行时在屏幕上显示//之后的内容。　　　　　（　　）
3. Java 的字符类型采用的是 Unicode 编码，但所占字节由具体软硬件环境决定。
　　　　　　　　　　　　　　　　　　　　　　　　　　　　　　　　　（　　）
4. Java 的各种数据类型所占用的内存长度与具体软硬件环境有关。　　（　　）
5. 在 Java 的方法中定义一个常量要用 const 关键字。　　　　　　　　　（　　）
6. Java 中%是取余运算符，要求两端操作数为整型。　　　　　　　　　（　　）
7. Java 语言中不同数据类型的长度是固定的，不随机器硬件不同而改变。（　　）
8. 所有的变量在使用前都必须进行初始化。　　　　　　　　　　　　　（　　）

（二）填空题

1. Java 语言中的浮点型数据根据数据存储长度和数值精度的不同，进一步分为_____和_____两种具体类型。
2. 表达式 3/6 * 5 的计算结果是_____。
3. 已知：int a = 8，b = 6；则：表达式 + + a - b + + 的值为_____。
4. 已知：boolean b1 = true，b2；则：表达式！b1 && b2 | | b2 的值为_____。
5. 已知：double x = 8.5，y = 5.8；则：表达式 x + + > y - - 值为_____。

（三）选择题

1. 以下标识符中哪项是不合法的（　　）
   A. BigOlLong $ 223　　　　　　B. _utfint
   C. $12s　　　　　　　　　　　D. 3d

2. 以下代码段执行后的输出结果为（　　）
   int x = 3 ; int y = 8 ; System. out. println（y％x）；
   A. 0　　　　B. 1　　　　C. 2　　　　D. 3

3. 以下哪个不是 Java 的关键字？（　　）
   A. TRUEB　　　B. const　　　C. super　　　D. void

4. 指出正确的表达式（　　）
   A. byte = 128　　　　　　　　B. Boolean = null
   C. long l = 0xfffL　　　　　　D. double = 0.9239d

5. 设有定义 int i = 6；则执行以下语句后，i 的值为（　　）。
   i + = i - 1 ;
   A. 10　　　　B. 121　　　　C. 11　　　　D. 100

（四）程序题

读下列程序，写出程序运行结果。
```
public class sdf
{
public static void main (String args [ ])
{
int x , y ;
byte b = 6 ;
float z = 1.234f ;
double w = 1.23 ;
boolean flag ;
        x = 12 ;
        y = 300 ;
        flag = x > y ;
        System. out . println (" x > y = = " + flag);
        flag = z > w ;
        System. out . println (" z > w = = " + flag);
}
}
```
程序运行结果是：

第 3 章　Java 编程基础

【学习目标】

流程控制对于任何一门编程语言来说都是至关重要的，它提供了控制程序步骤的基本手段。如果没有流程控制语句，整个程序将按照线性的顺序来执行，不能根据用户的输入决定执行的序列。本章将向读者介绍 Java 语言中的流程控制语句。

在完成了本章的学习后，读者应当能够掌握以下内容：
● 理解 Java 语言中复合语句的使用方法
● 掌握 if 条件语句的使用方法
● 了解 if 语句与 switch 语句间的区别
● 掌握 while 循环语句的使用方法
● 掌握 do…while 循环语句的使用方法
● 了解 while 语句与 do…while 语句的区别
● 掌握 for 语句的使用方法
● 了解跳转语句的使用
● 掌握数组的创建及使用方法
● 掌握字符串的创建以及常用的字符串操作

3.1　复合语句

与 C 语言或其他语言相同，Java 语言的复合语句是以整个块区为单位的语句，所以又称块语句。复合语句由开括号"｛"开始，闭括号"｝"结束。

在前面的学习中已经接触到了这种复合语句。例如在定义一个类或方法时，类体就是以"｛｝"作为开始与结束的标记，方法体同样也是以"｛｝"为标记。对于复合语句中的每个语句都是从上到下地被执行。复合语句以整个块为单位，可以用在任何一个单独语句可以用到的地方，并且在复合语句中还可以嵌套复合语句。

［例 3.1］在项目中创建 Compound 类，在主方法中定义复合语句块，其中包含另一复合语句块。运行结果如图 3.1 所示。

```
public class Compound {
    public static void main（String args［］）{
```

```
                    {
                        int y = 40;
                        System.out.println("输出y的值:" +y);
      复合            int z = 245;
      语句            boolean b;
                    {
                        b = y > z;                              //复合语句
                        System.out.println("y>z成立吗:" +b);
                    }
                    }
                    String word = " hello java";
                    System.out.println("输出字符串:" +word);
                }
            }
```

```
Problems  @ Javadoc  Declaration  控制台
<已终止> Compound [Java 应用程序] D:\java\jdk1.7.0\bin\javaw.exe
输出y的值: 40
y>z成立吗: false
输出字符串: hello java
```

图 3.1 使用复合语句

在使用复合语句时要注意，复合语句为局部变量创建了一个作用域，该作用域为程序的一部分，在该作用域中某个变量被创建并能够被使用。如果在某个变量的作用域外使用该变量，则会发生错误。例如在本实例中如果在复合语句外使用变量 x、y、b 将会出现错误。而变量 x 可在整个方法体中使用。

3.2 条件语句

条件语句可根据不同的条件执行不同的语句。条件语句包括 if 条件语句与 switch 多分支语句。本节将向读者介绍条件语句的用法。

3.2.1 if 条件语句

if 条件语句是一个重要的编程语句，它用于告诉程序在某个条件成立的情况下执行某段程序，而在另一种情况下执行另外的语句。

使用 if 条件语句，可选择是否要执行紧跟在条件之后的那个语句。关键字 if 之后是作为条件的"布尔表达式"。如果该表达式返回的结果为 true，则执行其后的语句若为 false，则不执行 if 条件之后的语句。if 条件语句可分为简单的 if 条件语句、if...else 语句和 if...else if 多分支语句。

3.2.1.1 简单的 if 条件语句

语法格式如下：

```
if（布尔表达式）{
语句序列
}
```

● 布尔表达式：必要参数，表示它最后返回的结果必须是一个布尔值。它可以是一个单纯的布尔变量或常量，或者使用关系或布尔运算符的表达式。

● 语句序列：可选参数。可以是一条或多条语句，当表达式的值为 true 时执行这些语句。如语句序列中仅有一条语句，则可以省略条件语句中的大括号。

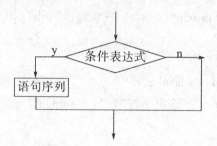

图 3.2　简单的 if 条件语句的执行过程

[例 3.2] 语句序列中只有一条语句。

Int a = 100；
If（a = =100）
System. out. print（"a 的值是 100"）；

说明：虽然 if 和 else 语句后面的复合语句块只有一条语句，省略"{}"并无语法错误，但为了增强程序的可读性最好不要省略。

[例 3.3] 省略了 if 条件表达式中的语句序列。

boolean b = false；
If（b）；
boolean b = false；
if（b）{}

[例 3.4] 在项目中创建 Getif 类，在主方法中定义整型变量。使用条件语句判断两个变量的大小来决定输出结果。运行结果如图 3.3 所示。

```
public class Getif {                          //创建类
    public static void main（String args []）{  //主方法
        int x = 45；                           //声明 int 型变量 x，并赋给初值
        int y = 12；                           //声明 int 型变量 y，并赋给初值
        if（x > y）{                           //判断 x 是否大于 y
            System. out. println（"变量 x 大于变量 y"）； //如果条件成立，输出
的信息
        }
        if（x < y）{                           //判断 x 是否小于 y
            System. out. println（"变量 x 小于变量 y"）； //如果条件成立，输出
的信息
```

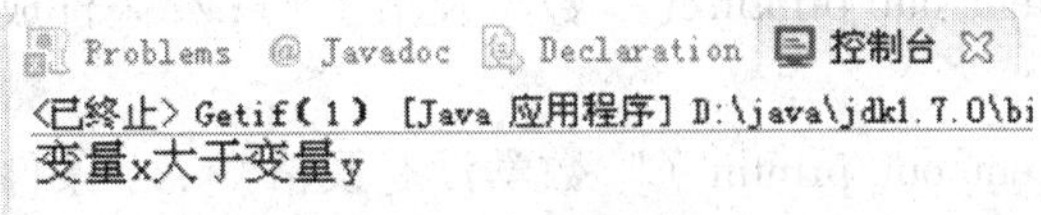

图 3.3 使用 if 语句判断大小

3.2.1.2 if…else 语句

if…else 语句是条件语句中最常用的一种形式，它会针对某种条件有选择地做出处理。通常表现为"如果满足某种条件，就进行某种处理，否则就进行另一种处理"。语法格式如下：

if（表达式）{
若干语句
}
else {
若干语句
}

if 后面（ ）内的表达式的值必须是 boolean 型的。如果表达式的值为 true，则执行紧跟 if 语句的复合语句；如果表达式的值为 false，则执行 else 后面的复合语句。if…else 语句的执行过程如图 3.4 所示。

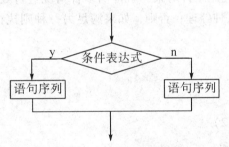

图 3.4 if…else 语句的执行过程

同简单的 if 条件语句一样，如果 if…else 语句的语句序列中只有一条语句（不包括注释），则可以省略该语句序列外面的大括号。有时为了编程的需要，else 或 if 后面的大括号里可以没有语句。

［例 3.5］在项目中创建 Getifelse 类，在主方法中定义变量，并通过使用 if…else 语句判断变量的值来决定输出结果。运行结果如图 3.5 所示。

```
public class Getifelse {
    public static void main (String args []) {    //主方法
        int math = 95;                //声明 int 型局部变量，并赋给初值 95
        int english = 56;             //声明 int 型局部变量，并赋给初
```

值 56
```
        if ( math > 60 ) {                              //使用 if 语句判断 math 是否大于 60
            System. out. println ( " 数学及格了");//条件成立时输出信息
        } else {
            System. out. println ( " 数学没有及格");//条件不成立输出的信息
        }
        if ( english > 60 ) {                           //判断英语成绩是否大于 60
            System. out. println ( " 英语及格了");    //条件成立输出的信息
        } else {
            System. out. println ( " 英语没有及格");//条件不成立输出的信息
        }
    }
}
```

```
Problems  @ Javadoc  Declaration  控制台
<已终止> Getifelse [Java 应用程序] D:\java\jdk1.7.0\bin\javaw.exe
数学及格了
英语没有及格
```

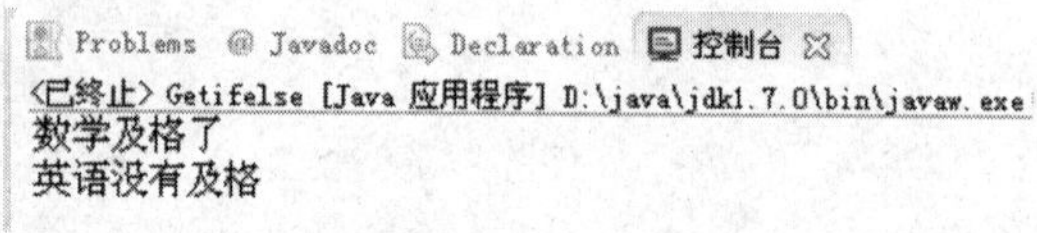

图 3.5　判断是否及格

3.2.1.3　f…else if 多分支语句

if…else if 多分支语句用于针对某一事件的多种情况进行处理。通常表现为"如果满足某种条件，就进行某种处理；否则，如果满足另一种则执行另一种处理"。语法格式如下：

if（条件表达式 1）｛
语句序列 1
｝
else if（条件表达式 2）｛
语句序列 2
｝
…
else if（条件表达式 n）｛
语句序列 n
｝

●条件表达式 1~条件表达式 n：必要参数。可以由多个表达式组成，但最后返回的结果一定要为 boolean 类型。

●语句序列：可以是一条或多条语句，当条件表达式 1 的值为 true 时，执行语句序列 1；当条件表达式 2 的值为 true 时，执行语句序列 2，依此类推。当省略任意一组语句序列时，可以保留其外面的大括号，也可以将大括号替换为";"。

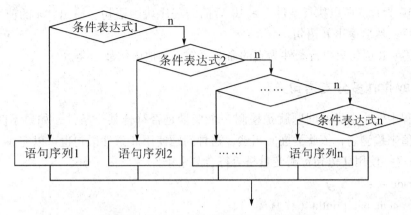

图 3.6 if…else if 多分支语句的执行过程

[例 3.6] 在项目中创建 GetTerm 类，在主方法中定义变量 x，使用 if…else if 多分支语句通过判断 x 的值决定输出结果。运行结果如图 3.7 所示。

```
public class GetTerm {                              //创建主类
    public static void main (String args []) {      //主方法
        int x = 20;                                 //声明 int 型局部变量
        if (x > 30) {                               //判断变量 x 是否大于 30
            System.out.println(" a 的值大于 30");    //条件成立的输出信息
        } else if (x > 10) {                        //判断变量 x 是否大于 10
            System.out.println(" a 的值大于 10，但小于 30");  //条件成立的输出信息
        } else if (x > 0) {                         //判断变量 x 是否大于 0
            System.out.println(" a 的值大于 0，但小于 10");   //条件成立的输出信息
        } else {                                    //当以上条件都不成立时，执行的语句块
            System.out.println(" a 的值小于 0");     //输出信息
        }
    }
}
```

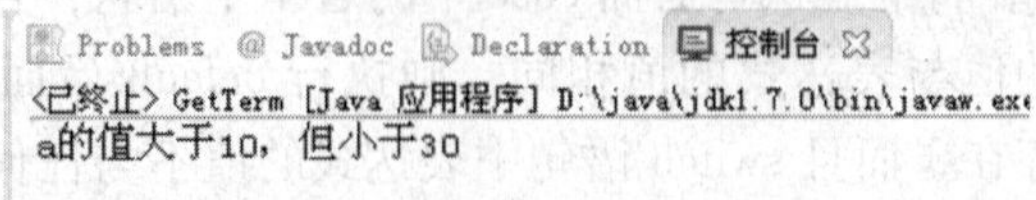

```
Problems  @ Javadoc  Declaration  控制台
<已终止> GetTerm [Java 应用程序] D:\java\jdk1.7.0\bin\javaw.exe
a的值大于10，但小于30
```

图 3.7 使用 if…else if 语句

在本例中，由于变量 x 为 20，条件 x > 30 为假，程序向下执行判断下面的条件：

条件 x > 10 为真，所以执行条件 x > 10 后面的程序块中语句。输出 "a 的值大于 10，但小于 30"，然后退出 if 语句。

●注意：if 语句只执行条件为真的命令语句，其他语句都不会执行。

3.2.2 switch 多分支语句

在编程中一个常见的问题就是检测一个变量是否符合某个条件，如果不匹配，再用另一个值来检测它，依此类推。当然，这种问题使用 if 条件语句也可以完成。

［例 3.7］使用 if 语句检测变量是否符合某个条件。

```
If (grade = =" A") {
    System. out. println ("真棒");
}
If (grade = =" b") {
    System. out. println ("做得不错");
}
```

这个程序显得比较笨重，程序员需要测试不同的值来给出输出语句。在 Java 语言中，可以用 switch 语句将动作组织起来，就能以一个较简单明了的方式来实现 "多选一" 的选择。语法格式如下：

```
Switch （表达式）
{
Case 常量值 1；
语句块 1
[break；]
…
Case 常量值 n；
语句块 n
[break；]
default；
语句块 n +1；
[break；]
}
```

switch 语句中表达式的值必须是整型或字符型，常量值 1～常量值 n 必须也是整型或字符型。switch 语句首先计算表达式的值，如果表达式的值和某个 case 后面的变量值相同，则执行该 case 语句后的若干个语句直到遇到 break 语句为止。此时如果该 case 语句中没有 break 语句，将继续执行后面 case 中的若干个语句，直到遇到 break 语句为止。若没有一个常量的值与表达式的值相同，则执行 default 后面的语句。default 语句为可选的，如果它不存在，而且 switch 语句中表达式的值不与任何 case 的常量值相同，switch 则不做任何处理。

●注意：同一个 switch 语句，case 的常量值必须互不相同。

switch 语句的执行过程如图 3.8 所示。

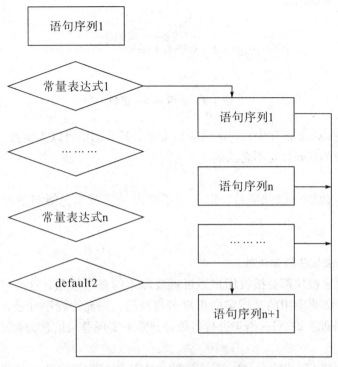

图 3.8 switch 语句的执行过程

[例 3.8] 在项目中创建 GetSwitch 类,在主方法中应用 switch 语句将周一~周三的英文单词打印出来。运行结果如图 3.9 所示。

```
public class GetSwitch {                    //创建类
public static void main (String args [ ]) {  //主方法
    System. out. println ("今天是星期几:");
    int week = 2;                           //定义 int 型变量 week
    switch (week) {                         //指定 switch 语句的表达式为变量 week
    case 1:                                 //定义 case 语句中的常量为 1
        System. out. println (" Monday");   //输出信息
        break;
    case 2:                                 //定义 case 语句中的常量为 2
        System. out. println (" Tuesday");
        break;
    case 3:                                 //定义 case 语句中的常量为 3
        System. out. println (" Wednesday");
        break;
    default:                                //default 语句
        System. out. println (" Sorry, I don't Know");
    }
}
}
```

45

}

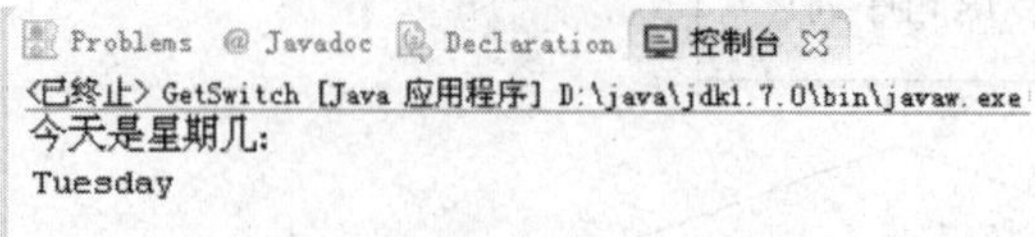
Problems @ Javadoc Declaration 控制台
<已终止> GetSwitch [Java 应用程序] D:\java\jdk1.7.0\bin\javaw.exe
今天是星期几:
Tuesday

图 3.9　使用 switch 语句

●注意：在 switch 语句中，case 语句后常量表达式的值可以为整数，但绝不可以是实数。例如下面的代码就是不合法的。

Case1. 1；

常量表达式的值可以是字符，但一定不可以是字符串。例如下面的代码也是非法的。

Case” ok”

实训 1：验证登录信息的合法性。

大多系统登录模块都会接收用户通过键盘输入的登录信息，这些登录信息将会被登录模块验证。如果使用的是指定的用户名与密码，则允许程序登录，否则将用户拒之门外。本实训通过 if…else 语句进行多条件判断来实现登录信息的验证。运行结果如图 3. 10 所示。

在项目中创建 CheckLogin 类，在该类的主方法中接收用户输入的登录用户名与登录密码，然后通过 if 条件语句分别判断用户名与密码，并输出登录验证结果。代码如下：

```
import java. util. Scanner;
public class CheckLogin {
    public static void main (String [] args) {
        Scanner scan = new Scanner (System. in);  //创建扫描器
        System. out. println (" 请输入登录用户名:");
        String username = scan. nextLine ();          //接收用户输入登录名
        System. out. println (" 请输入登录密码:");
        String password = scan. nextLine ();  //接收用户输入登录密码
        if (! username. equals (" mr")) {            //判断用户名合法性
            System. out. println (" 用户名非法。");
        } else if (! password. equals (" mrsoft")) { //判断密码合法性
            System. out. println (" 登录密码错误。");
        } else {                //通过以上两个条件判断则默认通过登录验证
            System. out. println (" 恭喜您，登录信息通过验证。");
        }
    }
}
```

实训 2：为新员工分配部门。

本实训的关键技术在于 switch 多分支语句的使用，该语句只支持对常量的判断，

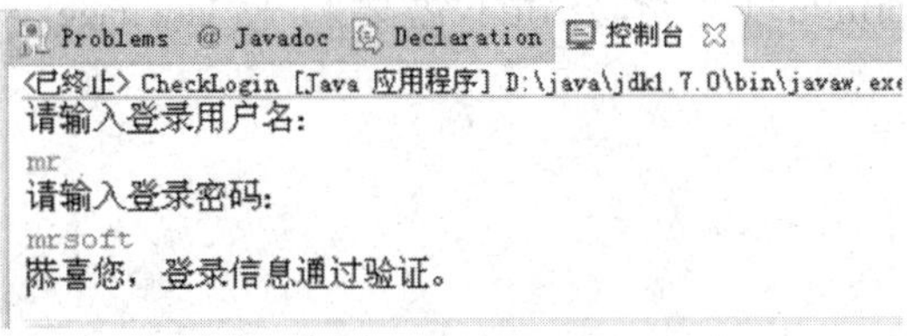

图 3.10　验证登录信息的合法性

而常量又只能是 Java 的基本数据类型，采用字符串的哈希码进行判断，也就是把 String 类的 hashCode() 方法返回值作为 switch 语法的表达式，case 关键字之后跟随的是各种字符串常量的哈希码整数值。运行结果如图 3.11 所示。

在项目中创建 Example 类，在该类的主方法中创建标准输入流的扫描器，通过扫描器获取人事部门输入的姓名与应聘编程语言，然后根据每个语言对应的哈希码来判断分配部门。代码如下：

```java
import java.util.Scanner;
public class Example {
    public static void main (String [] args) {
        Scanner scan = new Scanner (System.in);
        System.out.println (" 请输入新员工的姓名:");
        String name = scan.nextLine ();          //接收员工名称
        System.out.println (" 请输入新员工应聘的编程语言:");
        String language = scan.nextLine ();      //接收员工应聘的编程语言
                                                 //根据编程语言确定员工分配的部门
        switch (language.hashCode ()) {
            case 3254818:                        // java 的哈希码
            case 2301506:                        // Java 的哈希码
            case 2269730:                        // JAVA 的哈希码
                System.out.println (" 员工" + name + " 被分配到 Java 程序开发部门。");
                break;
            case 3104:                           // c#的哈希码
            case 2112:                           // C#的哈希码
                System.out.println (" 员工" + name + " 被分配到 C#项目维护组。");
                break;
            case -709190099:                     // asp.net 的哈希码
            case 955463181:                      // Asp.net 的哈希码
            case 9745901:                        // ASP.NET 的哈希码
                System.out.println (" 员工" + name + " 被分配到 Asp.net 程序测试部门。");
                break;
            default:
```

```
            System.out.println(" 本公司不需要" + language + " 语言的程序开发
人员。");
                }
        }
}
```

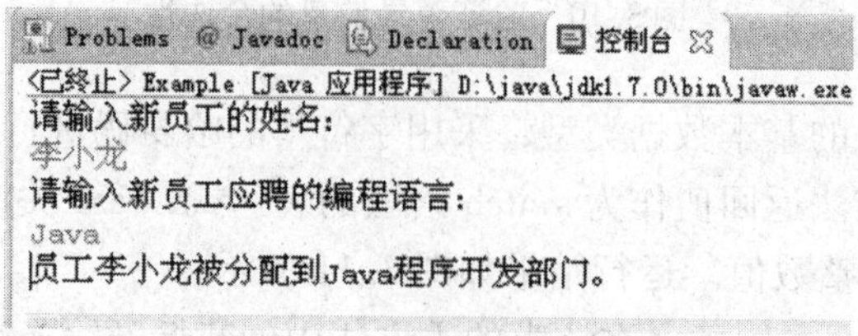

图 3.11 为新员工分配部门

在 switch 语法中每个 case 关键字可以作为一个条件分支，但是对于多个条件采取相同业务处理的情况，可以把多个 case 分支关联在一起，省略它们之间的 break 语句，而在最后一个相同的 case 分支中实现业务处理并执行 break 语句。

3.3 循环语句

循环语句就是在满足一定条件的情况下反复执行某一个操作。在 Java 中提供了 3 种常用的循环语句，分别是 while 循环语句、do...while 循环语句和 for 循环语句。下面分别对这 3 种循环语句进行介绍。

3.3.1 while 循环语句

while 循环语句也称为条件判断语句，它的循环方式为利用一个条件来控制是否要继续反复执行这个语句。语法格式如下：
while（条件表达式）
{
执行语句
}
当条件表达式的返回值为真时，则执行"{}"中的语句，当执行完"{}"中的语句后，重新判断条件表达式的返回值，直到表达式返回的结果为假时，退出循环。while 循环语句的执行过程如图 3.12 所示。

[例 3.9]在项目中创建 GetSum 类，在主方法中通过 while 循环将整数 1~10 相加。运行结果如图 3.13 所示。

```
public class GetSum {                              //创建类
    public static void main (String args []) {     //主方法
        int x = 1;                                 //定义 int 型变量 x，并赋给初值
        int sum = 0;                               //定义变量用于保存相加后的结果
        while (x <= 10) {
```

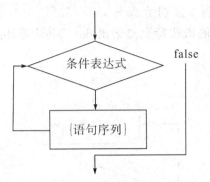

图3.12 while 循环语句执行过程

```
        sum = sum + x;    //while 循环语句当变量满足条件表达式时执行循环体语句
        x++;
    }
    System.out.println("1 到 10 的和是：sum = " + sum);    //将变量 sum 输出
    }
}
```

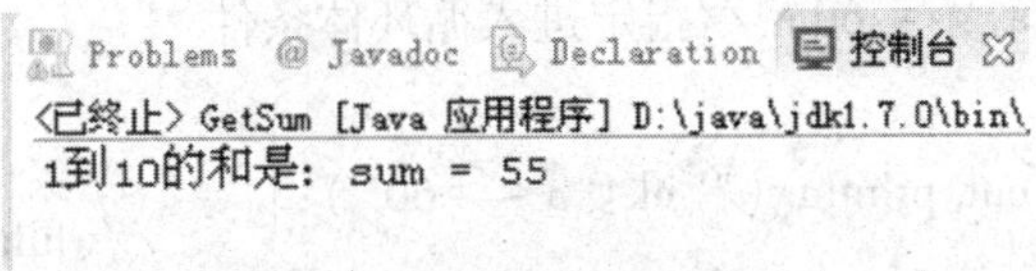

图3.13 使 while 循环求和

●注意：初学者经常犯的一个错误就是在 while 表达式的括号后加";"。例如：
While（x==5）；
System.out.println（"x 值为5"）；
这时程序会认为要执行一条空语句，而进入无限循环，Java 编译器又不会报错，可能会浪费很多时间去调试，应该注意这个问题。

3.3.2 do…while 循环语句

do…while 循环语句与 while 循环语句类似，它们之间的区别是 while 循环语句为先判断条件是否成立再执行循环体，而 do…while 循环语句则先执行一次循环后，再判断条件是否成立。也就是说 do…while 循环语句中大括号中的程序段至少要被执行一次。语法格式如下：
do
{
执行语句
}
While（条件表达式）；

与 while 语句的一个明显区别是 do…while 循环语句在结尾处多了一个分号（;）。根据 do…while 循环语句的语法特点总结出 do…while 循环语句的执行过程如图 3.14 所示。

{语句序列}
条件表达式
true
false

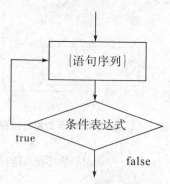

图 3.14　do…while 循环语句的执行过程

［例 3.10］在项目中创建 Cycle 类，在主方法中编写代码，通过本实例可看出 while 循环语句与 do…while 循环语句的区别。运行结果如图 3.15 所示。

```
public class Cycle {
    public static void main (String args [ ]) {
        int a = 100; //声明 int 型变量 a 并赋初值 100
        while (a == 60) //指定进入循环体条件
        {
        System.out.println (" ok! a==60");      //while 语句循环体
        a--;
        }
        int b = 100;                  //声明 int 型变量 b 并赋初值 100
        do
        {
            System.out.println (" ok! b==100");      //do…while 语句循环体
            b--;
        }
        while (b == 60);              //指定循环结束条件
    }
}
```

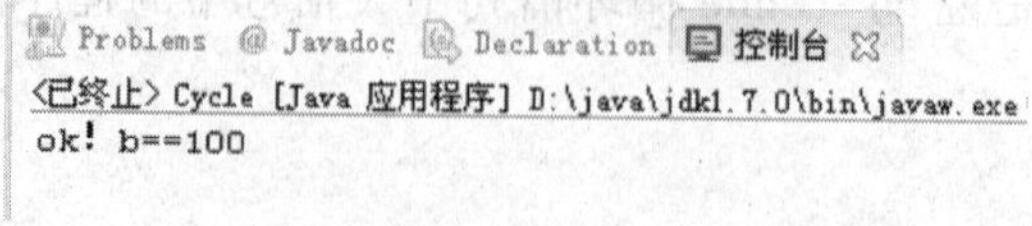

Problems @ Javadoc Declaration 控制台
<已终止> Cycle [Java 应用程序] D:\java\jdk1.7.0\bin\javaw.exe
ok! b==100

图 3.15　使用 do…while 循环语句

3.3.3 for 循环语句

for 循环语句是 Java 程序设计中最有用的循环语句之一。一个 for 循环可以用来重复执行某条语句,直到某个条件得到满足。在 Java 5 以后新增了 foreach 语法,本节将对这两种 for 循环形式进行详细的介绍。

3.3.3.1 for 语句

语法格式如下:

for(表达式1;表达式2;表达式3)
{
语句序列
}

- 表达式1:初始化表达式,负责完成变量的初始化。
- 表达式2:循环条件表达式,值为 boolean 型的表达式,指定循环条件。
- 表达式3:循环后操作表达式,负责修整变量,改变循环条件。

在执行 for 循环时,首先执行表达式1,完成某一变量的初始化工作;下一步判断表达式2的值,若表达式2的值为 true,则进入循环体;在执行完循环体后紧接着计算表达式3,这部分通常是增加或减少循环控制变量的一个表达式。这样一轮循环就结束了。第二轮循环从计算表达式2开始,若表达式2返回 true,则继续循环,否则跳出整个 for 语句。for 循环语句的执行过程如图 3.16 所示。

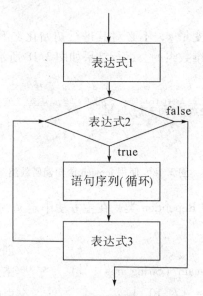

图 3.16 for 循环语句的执行过程

[例 3.11] 在项目中创建 Circulate 类,在主方法中使用 for 循环语句来计算 2~100 之间所有偶数之和。运行结果如图 3.17 所示。

```
public class Circulate {                    //创建 Circulate 类
    public static void main(String args[]) {    //主方法
        int sum = 0;                        //声明变量,用于保存各数相加后的结果
```

```
        for (int i=2; i<=100; i+=2) {
            sum = sum+i;                        //指定循环条件及循环体
        }
        System.out.println("2~100之间所有偶数之和为:"+sum);    //将结果输出
    }
}
```

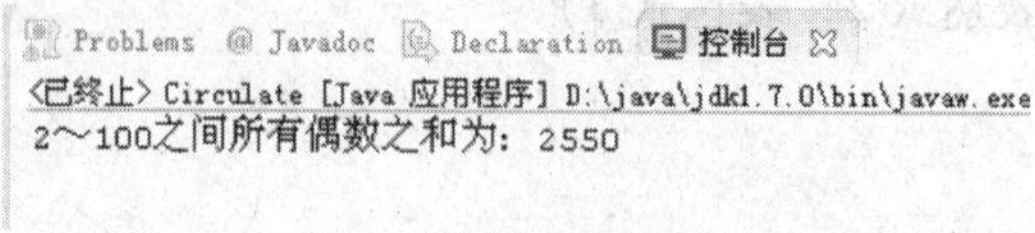

```
<已终止> Circulate [Java 应用程序] D:\java\jdk1.7.0\bin\javaw.exe
2~100之间所有偶数之和为: 2550
```

图 3.17 使用 for 循环语句计算偶数和

3.3.3.2 foreach 语句

foreach 语句是 for 语句的特殊简化版本,foreach 语句并不能完全取代 for 语句,然而任何 foreach 语句都可以改写为 for 语句版本。foreach 并不是一个关键字,习惯上将这种特殊的 for 语句格式称之为 foreach 语句。foreach 语句在遍历数组等方面为程序员提供了很大的方便。语法格式如下:

```
for (元素变量 x:遍历对象 obj) {
    引用了 x 的 java 语句;
}
```

foreach 语句中的元素变量 x,不必对其进行初始化。下面通过简单的例子来介绍 foreach 语句是怎样遍历一维数组的。运行结果如图 3.18 所示。

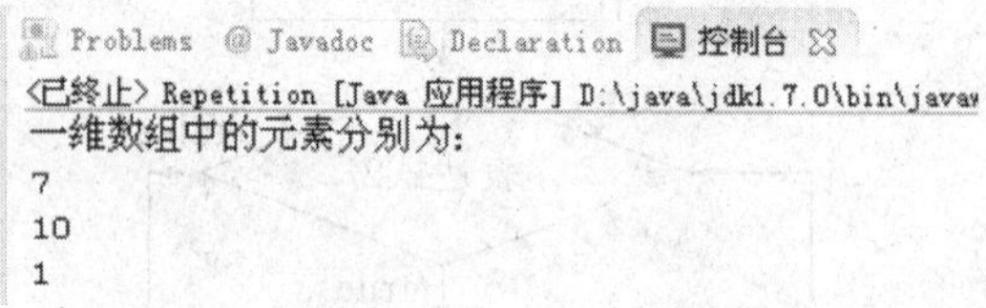

```
<已终止> Repetition [Java 应用程序] D:\java\jdk1.7.0\bin\javaw
一维数组中的元素分别为:
7
10
1
```

图 3.18 使用 foreach 语句遍历数组

例 3.12 在项目中创建 Repetition 类,在主方法中定义一维数组,并用 foreach 语句遍历该数组。

```
public class Repetition {                              //创建类 Repetition
    public static void main (String args[]) {          //主方法
        int arr[] = {7,10,1};                          //声明一维数组
        System.out.println("一维数组中的元素分别为:");    //输出信息
        for (int x : arr) {                            //foreach 语句
            System.out.println(x+" \t");
        }
    }
}
```

实训 3：使用 while 循环遍历数组

本实训利用自增运算符结合 while 循环获取每个数组元素的值，然后把它们输出到控制台中。其中自增运算符控制索引变量的递增。运行结果如图 3.19 所示。

创建 ErgodicArray 类，在该类的主方法中创建一个鸟类数组，然后创建一个索引变量，这个变量用于指定数组下标。随着该索引的递增，while 循环会逐步获取每个数组的元素并输出到控制台中。代码如下：

```java
public class ErgodicArray {
    public static void main (String [] args) {
        String [] aves = new String [] {"白鹭","丹顶鹤","黄鹂","鹦鹉","乌鸦","喜鹊",
            "布谷鸟","灰纹鸟","百灵鸟"};        // 创建鸟类数组
        int index = 0;                          // 创建索引变量
        System.out.println("我的花园里有很多鸟，种类大约包括:");
        while (index < aves.length) {           // 遍历数组
            System.out.print (aves[index++] + "   ");  // 自增索引值
        }
    }
}
```

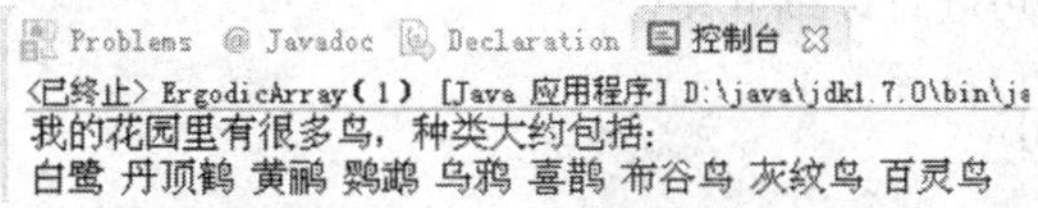

图 3.19　使用 while 循环遍历数组

实训 4：使用 for 循环输出九九乘法表。

Java 基本语法中的 for 循环非常灵活并且可以嵌套使用，其中双层 for 循环是程序开发中使用最频繁的，常用于操作表格数据。对于行数与列数相同的表格操作代码比较简单，但是类似九九乘法表就不好控制了，因为它的列数要与行数对应。可以说这个表格是个三角形，本实训通过双层循环输出了这个九九乘法表。运行结果如图 3.20 所示。

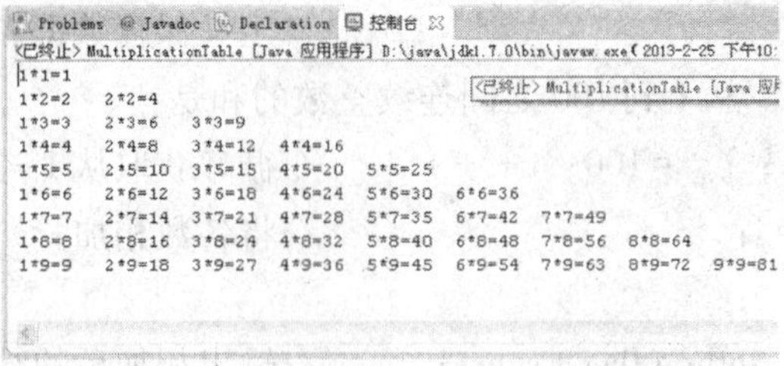

图 3.20　使用 for 循环输出九九乘法表

创建 MultiplicationTable 类，在该类的主方法中创建双层 for 循环。第一层 for 循环也称为外层循环，用于控制表格的行；第二层循环也称为内层循环，用于控制表格的

列。这里第二层循环的控制变量非常重要,它的条件判断是列数要等于行数的最大值,然后输出内层与外层循环控制变量的乘积,这样就实现了九九乘法表。代码如下:

```java
public class MultiplicationTable {
    public static void main (String [] args) {
        for (int i = 1; i <= 9; i++) {           // 循环控制变量从1遍历到9
            for (int j = 1; j <= i; j++) {        // 第二层循环控制变量与第一层最大索引相等
                System.out.print (j + " * " + i + " = " + i * j + " \t");   // 输出计算结果但不换行
            }
            System.out.println ();                // 在外层循环中换行
        }
    }
}
```

3.4 跳转语句

Java 语言中提供了三种跳转语句,分别是 break 语句、continue 语句和 return 语句。下面对这三种跳转语句进行详细介绍。

3.4.1 break 语句

break 语句大家应该不会陌生,在介绍 switch 语句时已经应用过了。在 switch 语句中,break 语句用于中止下面 case 语句的比较。实际上,break 语句还可以应用在 for、while 和 do...while 循环语句中,用于强行退出循环,也就是忽略循环体中任何其他语句和循环条件的限制。

[例3.13] 使用 for 循环语句计算 1~100 之间所有连续整数的和。运行结果如图 3.21 所示。

```java
public class Summult {
    public static void main (String [] args) {
        int sum = 0;                              //定义保存数据和的 int 变量
        String flag = " 从1到100之间连续整数的和是:";  //给出输出信息
        for (int i = 1; i <= 100; i++) {          //循环获取从1~100的数
            sum += i;                             //将各数相加
        }
        System.out.println (flag + sum);          //输出相加后的结果
    }
}
```

在上面的循环中添加通过 if 语句控制的 break 语句,具体代码如下。运行结果如图 3.22 所示。

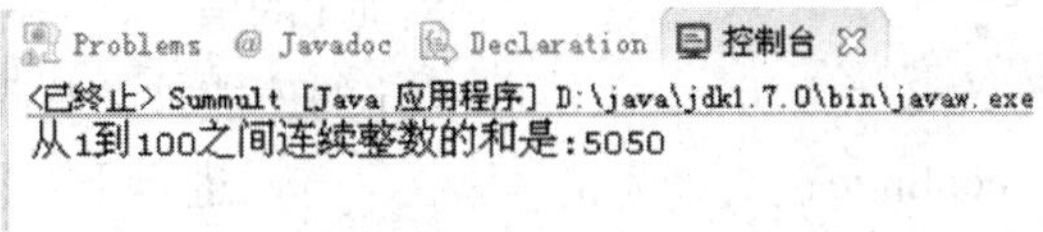

```
已终止 Summult [Java 应用程序] D:\java\jdk1.7.0\bin\javaw.exe
从1到100之间连续整数的和是:5050
```

图 3.21　输出 1～100 的和

```
public class Summult {
    public static void main (String [ ] args) {
        int sum = 0;
        String flag = " 从 1 到 100 之间连续整数的和是:";
        for ( int i = 1; i < = 100; i + + ) {      //循环获取从 1～100 的数
            sum + = i;                              //将各数相加
            if ( sum > 1000) {                      //如果 sum 大于 1000
                flag = " 从 1 到" + i + " 之间连续整数的和是:";
                break;                              //break 关键字退出循环
            }
        }
        System. out. println ( flag + sum);         //输出相加后的结果
    }
}
```

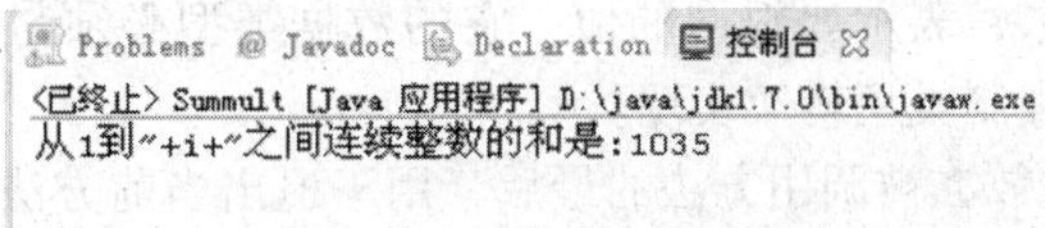

```
已终止 Summult [Java 应用程序] D:\java\jdk1.7.0\bin\javaw.exe
从1到"+i+"之间连续整数的和是:1035
```

图 3.22　使用 break 语句

从上面的两段代码中可以看出，虽然 for 循环被设计为计算从 1～100 之间所有连续整数的和，但是由于当累加和大于 1000 时使用 break：语句中止了 for 循环语句，所以当循环结束时 i 的值并不等于 100，而是等于 45。需要说明的是，使用 break 语句只能退出当前循环。

3.4.2　continue 语句

continue 语句只能应用在 for、while 和 do…while 循环语句中，用于让程序直接跳过其后面的语句，进行下一次循环。

[例 3.14] 在项目中创建 ContinueDemo 类，在主方法中应用 while 循环语句和 continue 语句输出 10 以内的全部奇数。运行结果如图 3.23 所示。

```
public class ContinueDemo {
    public static void main (String [ ] args) {
        int i = 0;                    // 定义循环增量
        System. out. println ( " 十以内的全部奇数是:");
        while (i < 10) {
```

```
            i++;                    // 累加i的值
            if(i%2==0){             // 当i的值能被2整除，表示该数不是奇数
                continue;           // 进行下一次循环
            }
            System.out.print(i+"  ");  // 输出i的值
        }
    }
```

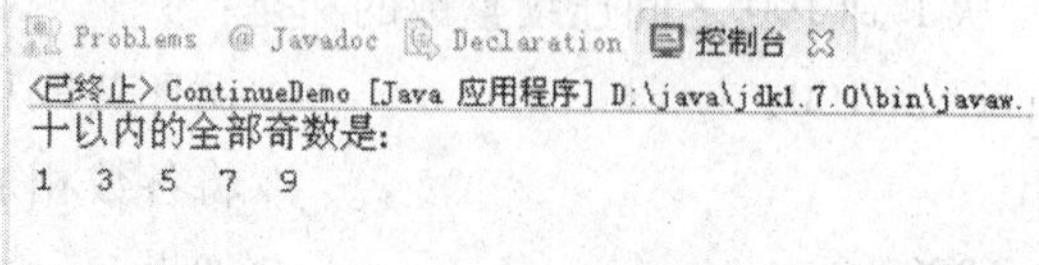

```
Problems  @ Javadoc  Declaration  控制台
<已终止> ContinueDemo [Java 应用程序] D:\java\jdk1.7.0\bin\javaw.
十以内的全部奇数是：
1  3  5  7  9
```

图 3.23 输出 10 以内的奇数

当使用 continue 语句中止本次循环后，如果循环条件的结果为 false，则退出循环，否则继续下一次循环。

3.4.3 return 语句

return 语句可以从一个方法返回，并把控制权交给调用它的语句。语法格式如下：
return［表达式］；
表达式：可选参数，表示要返回的值。它的数据类型必须与方法声明中的返回值类型一致，可以通过强制类型转换实现。

return 语句通常被放在被调用方法的最后，用于退出当前方法并返回一个值。当把单独的 return 语句放在一个方法的中间时，会产生 Unreachable code 编译错误。但是可以通过把 return 语句用 if 语句括起来的方法，将 return 语句放在一个方法中间，用来实现在程序未执行完方法中的全部语句时退出。

实训 5：终止循环体。

循环用于复杂的业务处理，可以提高程序的性能和代码的可读性，但是循环中也有特殊情况，如由于某些原因需要立刻中断循环去执行下面的业务逻辑。运行结果如图 3.24 所示。

在项目中创建 BreakCyc 类，在该类的主方法中创建一个字符串数组，在使用 foreach 语句遍历时判断如果发现数组中包含字符串"老鹰"则立刻中断循环。然后创建一个整数类型二维数组，使用双层 foreach 循环遍历，当发现第一个小于 60 的数组元素时，则立刻中断整个双层循环，而不是内层循环。代码如下：

```
public class BreakCyc {
    public static void main(String[] args){
        System.out.println("\n--------------中断单层循环的例子。---------------");
        String[] array = new String[]{"白鹭","丹顶鹤","黄鹂","鹦鹉","乌鸦",    // 创建数组
```

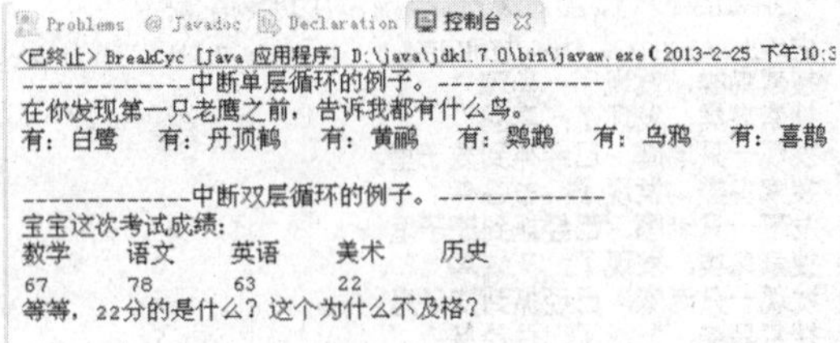

"喜鹊","老鹰","布谷鸟","老鹰","灰纹鸟","老鹰","百灵鸟"};
        System.out.println("在你发现第一只老鹰之前,告诉我都有什么鸟。");
        for(String string : array){   // foreach 遍历数组
            if(string.equals("老鹰"))   // 如果遇到老鹰
                break;   // 中断循环
            System.out.print("有:" + string + "   "); // 否则输出数组元素
        }
        System.out.println("\n\n--------------中断双层循环的例子。---------------");
        int[][] myScores = new int[][]{{67,78,63,22,66}, // 创建成绩数组
            {55,68,78,95,44},{95,97,92,93,81}};
        System.out.println("宝宝这次考试成绩:\n数学\t语文\t英语\t美术\t历史");
        No1: for(int[] is : myScores){   // 遍历成绩表格
            for(int i : is){
                System.out.print(i + "\t");   // 输出成绩
                if(i < 60){   //如果中途遇到不及格的,立刻中断所有输出
                    System.out.println("\n等等," + i + "分的是什么?这个为什么不及格?");
                    break No1;
                }
            }
        }
        System.out.println();
```

图 3.24  终止循环体

实训 6:循环体的过滤器。

循环体中可以通过 break 语句中断整个循环,这增加了循环的控制能力,但是对于
```

特殊情况还是不够。例如某些条件下需要放弃部分循环处理，而不是整个循环体。Java 提供了 continue 语句来实现这一功能，continue 可以放弃本次循环体的剩余代码，不执行它们而开始下一轮的循环。本范例利用 continue 语句实现了循环体过滤器，可以过滤"老鹰"字符串，并做相应的处理，但是放弃 continue 语句之后的所有代码。运行结果如图 3.25 所示。

在项目中创建 CycFilter 类，在该类的主方法中创建鸟类名称的字符串数组，其中包含多个"老鹰"字符串，然后通过 foreach 循环遍历该数组，在循环过程中如果遍历的数组元素是"老鹰"字符串，则输出发现老鹰的信息并过滤循环体之后的所有代码。代码如下：

```
public class CycFilter {
    public static void main (String [] args) {
        String [] array = new String [] {"白鹭","丹顶鹤","黄鹂","鹦鹉","乌鸦",         // 创建数组
            "喜鹊","老鹰","布谷鸟","老鹰","灰纹鸟","老鹰","百灵鸟"};
        System.out.println ("在我的花园里有很多鸟类，但是最近来了几只老鹰，请帮我把它们抓走。");
        int eagleCount = 0;
        for (String string : array) {                 // foreach 遍历数组
            if (string.equals ("老鹰")) {              // 如果遇到老鹰
                System.out.println ("发现一只老鹰，已经抓到笼子里。");
                eagleCount++;
                continue;                              // 中断循环
            }
            System.out.println ("搜索鸟类，发现了:" + string);    // 否则输出数组元素
        }
        System.out.println ("一共捉到了:" + eagleCount + "只老鹰。");
    }
}
```

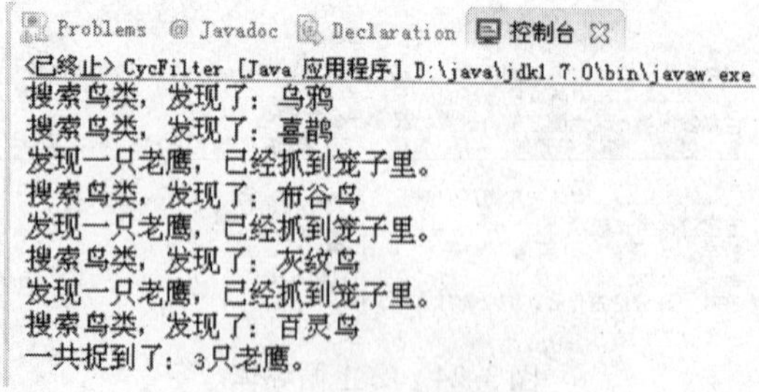

图 3.25 循环体的过滤器

break 语句和 continue 语句都是对循环体的控制语句，它们不仅应用于 for 循环，在

任何循环体中都可以使用这些语句,灵活使用可以让循环实现更加复杂的运算和业务处理。

实训 7：使用 for 循环输出空心的菱形

本实训的目的在于熟练掌握 for 循环的嵌套使用。运行结果如图 3.26 所示。

创建 Diamond 类,在该类的主方法中调用 printHollowRhombus() 方法完成 10 行的空心菱形输出。其中 printHollowRhombus() 方法是范例中自定义的,该方法使用两个双层 for 循环分别输出菱形的上半部分与下半部分。代码如下：

```java
public class Diamond {
    public static void main (String [ ] args) {
        printHollowRhombus (10);
    }
    public static void printHollowRhombus (int size) {
        if (size % 2 == 0) {
            size ++;                          // 计算菱形大小
        }
        for (int i = 0; i < size / 2 + 1; i++) {
            for (int j = size / 2 + 1; j > i + 1; j--) {
                System.out.print (" ");       // 输出左上角位置的空白
            }
            for (int j = 0; j < 2 * i + 1; j++) {
                if (j == 0 || j == 2 * i) {
                    System.out.print (" *");  // 输出菱形上半部边缘
                } else {
                    System.out.print (" ");// 输出菱形上半部空心
                }
            }
            System.out.println ("");
        }
        for (int i = size / 2 + 1; i < size; i++) {
            for (int j = 0; j < i - size / 2; j++) {
                System.out.print (" ");       // 输出菱形左下角空白
            }
            for (int j = 0; j < 2 * size - 1 - 2 * i; j++) {
                if (j == 0 || j == 2 * (size - i - 1)) {
                    System.out.print (" *");  // 输出菱形下半部边缘
                } else {
                    System.out.print (" ");// 输出菱形下半部空心
                }
            }
```

```
                System.out.println("");
            }
        }
    }
```

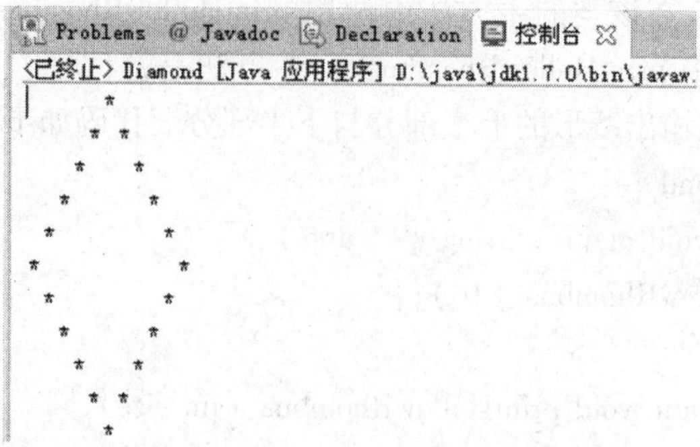

图 3.26　使用 for 循环输出空心的菱形

实训 8：使用 for 循环输出杨辉三角。

杨辉三角形由数字排列，可以把它看作一个数字表，其基本特性是两侧数值均为 1，其他位置的数值是其正上方的数值与左上角数值之和。本范例通过数组来实现这个杨辉三角形。运行结果如图 3.27 所示。

创建 YanghuiTriangle 类，在该类的主方法中创建一个二维数组，并指定二维数组的第一维长度。这个数组用于存放杨辉三角形的数值表，通过双层 for 循环来实现第二维数组的长度，然后计算整个数组的每个元素的值。代码如下：

```
public class YanghuiTriangle {
    public static void main(String[] args) {
        int triangle[][] = new int[8][];                    // 创建二维数组
        for (int i = 0; i < triangle.length; i++) {         // 遍历二维数组的第一层
            triangle[i] = new int[i+1];                     // 初始化第二层数组的大小
            for (int j = 0; j <= triangle[i].length-1; j++) {   // 遍历第二层数组
                if (i==0 || j==0 || j==triangle[i].length-1) {  // 将两侧的数组元素赋值为1
                    triangle[i][j] = 1;
                } else {                                    // 其他数值通过公式计算
                    triangle[i][j] = triangle[i-1][j] + triangle[i-1][j-1];
                }
                System.out.print(triangle[i][j] + "\t");    // 输出数组元素
            }
            System.out.println();
        }
```

					}
				}

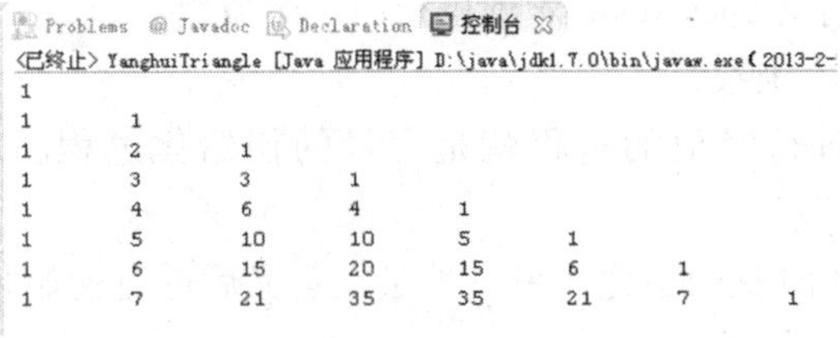

```
Problems  @Javadoc  Declaration  控制台
<已终止> YanghuiTriangle [Java 应用程序] D:\java\jdk1.7.0\bin\javaw.exe(2013-2-
1
1    1
1    2    1
1    3    3    1
1    4    6    4    1
1    5   10   10    5    1
1    6   15   20   15    6    1
1    7   21   35   35   21    7    1
```

图 3.27　使用 for 循环输出杨辉三角

3.5　数组

数组（array）是相同类型变量的集合，可以使用共同的名字引用它。数组可被定义为任何类型，可以是一维或多维。数组中的每一个数据也称为数组的一个元素。数组中的每一个元素是通过下标来访问的。在内存中存放数组元素的地址空间是连续的，这是数组的最大特点。

3.5.1　一维数组

一维数组是一组相关变量的一维集合。在程序设计中，这样的列表很常见。例如可以使用一维数组存放学生的年龄等。

3.5.1.1　创建一维数组

java 语言的类型包括基本类型和复杂类型两种，数组属于复杂类型，是对象的特殊类。数组元素类似变量，可以用来运算。但元素和变量之间，元素只使用大于或等于零的整数来表示其在数组中的位置。为了在程序中使用一个数组，必须声明一个引用该数组的变量，并指明变量可以引用数组中元素的数据类型。

声明一维数组的基本形式如下所示：

Type array_ name [ ] = new type [size];

type 声明了数组的基本类型，如 int，float 等，也可以是自己定义的类型。基本类型确定了数组中包含的每个元素的数据类型。size 确定了数组中存储元素的数量。由于数组是作为对象来实现的，所以创建数组需要两个步骤：第一，声明一个数组引用变量。第二，可以向数组变量赋予一个对内存的引用，从而为数组分配内存。在 Java 中，所有数组都是使用 new 运算符来分配内存的。

下面举几个一维数组的例子：

int bookID [20];　　　　　　　　// 将 bookID 声明为含有 20 个元素的 int 数组
String bookName [ ] = new string [20]; //将 bookName 声明为含有 20 个元素的 string 数组

bookName 变量存储了一个由 new 声明的数组。该数组的容量可以存储 20 个 int 类型的元素。由于使用了对象，可以把声明分为两部分。如下所示：

Int [ ] bookName;

bookName = new int [20];

在这种情况下,第一次创建 bookName 时,它是 null,因为它没有引用实际对象。只有第二条语句执行结束 bookName 才真正指向一个数组。

3.5.1.2 初始化一维数组

对新定义的变量进行赋值的过程就是变量的初始化过程。对数组初始化有两种方法。

一种是在数组声明时就初始化,另一种是在定义后进行初始化。

下面是两个初始化的例子:

Int a [ ] = {1, 4, 5, 87, 45, 2};   //声明一个数组变量并且初始化
String [ ] b = new string [3];   //声明一维数组变量并申请内存空间
//初始化数组
b [0] = " one";
b [1] = " two";
b [2] = " three";

3.5.1.3 使用一维数组

在 Java 中,可以通过索引的方式来访问数组中的单个元素。索引(index,表示元素在数组中位置)描述了元素的相对位置。

和 c 语言一样,Java 中的数组索引值也是从 0 开始。如果数组下标越界则会抛出 ArrayIndexOutOfBoundsException 运行时异常。下面通过一个具体的实例来演示一维数组的定义和使用方法,代码如下。以下代码中,先定义一个 int 型数组变量 y 并初始化,最后通过 for 循环依次输出数组中元素的值。执行该代码,结果如图 3.28 所示。

```
public class Array
{
    public static void main (String [ ] args)
    {
        int y [ ] = {1, 2, 3, 4, 5, 6, 7, 8, 9, 10};
        for (int i = 1; i < 10; i + +)
            System. out. println (" x [" +i+"] = " +y [i]);
    }
}
```

3.5.2 二维数组

与 C、C + +一样,Java 中多维数组可以被看作数组的数组,如二维数组为一个特殊的一维数组,其每个元素又是一个一维数组。下面主要以二维数为例来进行说明,与高维的情况是类似的。

3.5.2.1 创建二维数组

多维数组的声明和一维数组的声明大致相同。声明数组包括数组的名称、数组包含元素的数据类型。

声明一个二维数组有以下两种格式:

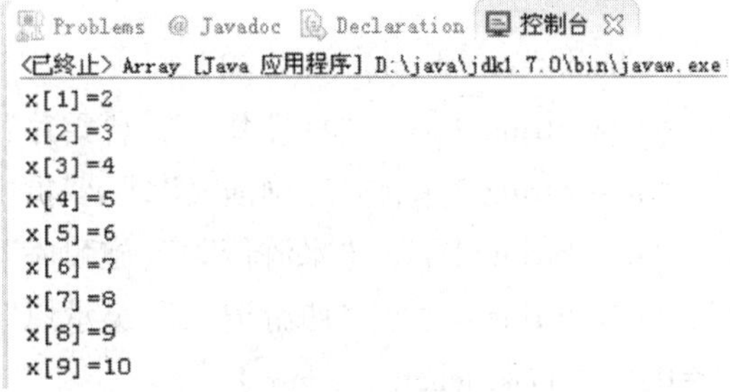

```
Problems  Javadoc  Declaration  控制台
<已终止> Array [Java 应用程序] D:\java\jdk1.7.0\bin\javaw.exe
x[1]=2
x[2]=3
x[3]=4
x[4]=5
x[5]=6
x[6]=7
x[7]=8
x[8]=9
x[9]=10
```

图 3.28　执行结果

Type arrayName [ ] [ ] = new type [size1] [size2];

Type [ ] [ ] arrayName = new type [size1] [size2];

与一维数组相比，等号两边均多一个中括号（即"[ ]"）。等号右边的 size1，size2 分别指明数组的长度，其中 size1 指定最外层数组的长度，size2 指定内层数组的长度。

3.5.2.2　初始化二维数组

定义一个 int 型的二维数组如下：

Int temp [ ] [ ] = new int [2] [3];

初始化数组是由内到外逐步初始化，如下所示：

Int temp [ ] [ ] = new int [2] [3];

temp [0] [0] =1;

temp [0] [1] =2;

temp [0] [2] =3;

temp [1] [0] =4;

temp [1] [1] =5;

temp [1] [2] =6;

3.5.3　数组的基本操作

数组的基本操作包括：排序、搜索与比较等。Java 中提供了 Array 类，可以协助完成这几个操作。Arrays 类位于 java.util 包中，它提供了几个方法可以用来完成对数组的一些基本操作。

3.5.3.1　遍历数组

遍历数组就是对数组所有元素进行访问。遍历一维数组数组比较简单，只用 for 循环即可。二维数组的遍历其实与一维数组的遍历大致相同，只需要弄清楚二维数组是一个特殊的一维数组即可，本节将主要介绍如何遍历二维数组。

遍历二维数组需要使用双层 for 循环，外层 for 循环遍历外层数组，内层 for 循环遍历内层数组，代码如下：在该代码中，首先定义了一个二维数组并进行赋值，然后通过双层 for 循环实现数组的遍历输出。执行以下代码，结果如图 3.29 所示。

```
public class twoArray
{
    public static void main（String [ ] args）
```

```
        String [ ] [ ] book = new String [4] [2];
        book [0] = new String [ ] {"红楼梦","曹雪芹"};
        book [1] = new String [ ] {"三国演义","罗贯中"};
        book [2] = new String [ ] {"水浒传","施耐庵"};
        book [3] = new String [ ] {"西游记","吴承恩"};
        for (int i = 0; i < book.length; i + +)
        {
            for (int j = 0; j < book [i].length; j + +)
            {
                System.out.print (book [i] [j] + "   ");
            }
            System.out.println ();
        }
    }
}
```

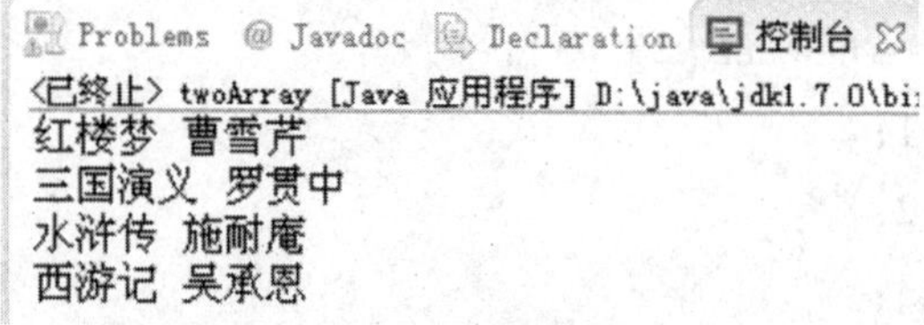

图 3.29 二维数组遍历的运行结果

3.5.3.2 填充替换数组元素

填充替换就是将数组中的一个或多个元素的值改为同一个值,数组的填充替换可以使用 Arrays 类中的 fill () 方法。该方法有多种重载形式,满足各种数据类型的数组元素替换。下面是该方法的两种重载形式:

Arrays.fill (array_name, value)

Arrays.fill (array_name, int fromIndex, int toIndex, value)

其中 array_name 表示需要进行元素替换的数组名称;value 表示替换后的新元素值;fromIndex 表示起始索引,替换范围包括起始索引对应的元素;toIdex 表示终止索引,替换范围不包括终止索引对应的元素,如果 toIndex 等于 fromIndex,则替换范围为空。

下面使用 fill () 方法替换数组元素的示例,代码如下。结果如图 3.30 所示。

```
import java.util.*;
public class arrayfill
{
    public static void main (String [ ] args)
    {
```

```
        String [ ] a = {"a","b","c","d","e"};    //数组 a
        Arrays.fill (a, "d");
        for (int i = 0; i < a.length; i++)
            System.out.print (a[i] + "  ");
        System.out.println ();    //换行
        String [ ] b = {"a","b","c","d","e"};    //数组 b
        Arrays.fill (b, 0, 3, "s");
        for (String str : b)
            System.out.print (str + "  ");
    }
}
```

图 3.30 替换数组运行结果

从结果中可以发现，使用 Arrays.fill（array_name，value）方法替换数组元素时，将替换掉数组中的所有元素；而使用 Arrays.fill（array_name，int fromIndex，int toIndex，value）方法时，则可以替换数组中指定范围内的元素。（注意：替换数组时指定索引值不能超过数组索引的有效范围。

3.5.3.3 对数组进行排序

排序算法在 C++之类的面向过程的编程语言中很常见，不过 Java 作为面向对象的编程语言，它提供了直接排序的方法。

对数组排序可以使用 Arrays 类下的 sort（）方法，用于对数组中的元素进行升序排序，程序代码如下。运行结果如图 3.31 所示。

```
import java.util.*;
public class ArraySort
{
    public static void main (String [ ] args)
    {
        int a[ ] = {-2, 5, 3, -9, 45, 23, 8};
        System.out.println ("排序前结果:");
        for (int i : a)
            System.out.print (i + " ");
        System.out.println ();
        Arrays.sort (a);
        System.out.println ("排序后结果:");
        for (int j : a)
            System.out.print (j + " ");
```

```
 }
}
```

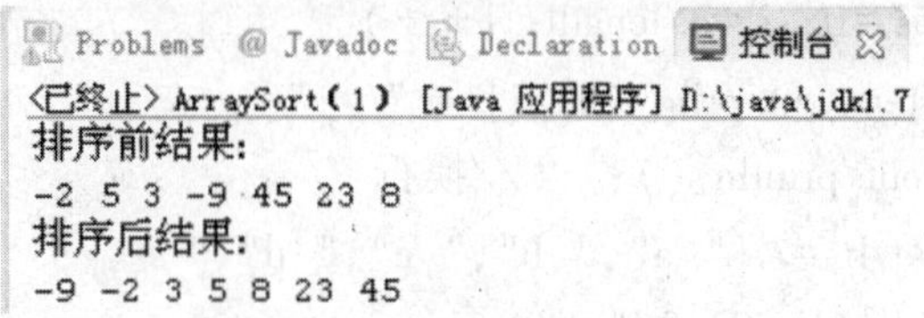

```
Problems  @ Javadoc  Declaration  控制台
<已终止> ArraySort(1) [Java 应用程序] D:\java\jdk1.7
排序前结果:
-2 5 3 -9 45 23 8
排序后结果:
-9 -2 3 5 8 23 45
```

图 3.31 使用数组函数排序

在实际应用中，经常需要使用各种各样的排序算法，这里对排序算法做一个总结。

● 冒泡排序

冒泡排序是最简单的排序算法，冒泡排序算法的策略是：搜索整个数组，比较相邻元素，如果两者的相对大小次序不对，则交换它们，其结果是最大值"像水泡一样"移动到数组的最后一个位置上，这也是它在最终完成排序的数组中合适的位置。

然后，再次搜索数组，将第二大的值移动至倒数第二个位置上，重复该过程，直至将所有元素移动到正确的位置上。

下面是使用冒泡排序算法对数组进行升序排列的示例，代码如下。在该代码中，定义一维数组 a 并初始化。然后通过双层 for 循环对数组进行冒泡排序。在循环中，外层 for 循环负责控制数组排序所需要的次数，内层 for 循环负责对数组的每个元素进行比较，求出最大值。执行代码，结果如图 3.32 所示。

```java
import java.util.*;
public class arraysSort1
{
    public static void main (String [] args)
    {
        int [] a = {2, 5, 6, 9, 8, 7, 12, 15, 1, 4};        //定义数组
        for (int i = 0; i < a.length - 1; i++)
        {
            for (int j = 0; j < a.length - i - 1; j++)
            {
                if (a[j] > a[j+1])
                {
                    int c = a[j];
                    a[j] = a[j+1];
                    a[j+1] = c;
                }
            }
        }
        for (int Int: a)
            System.out.print (Int + "   ");        //输出数组
```

         }
    }

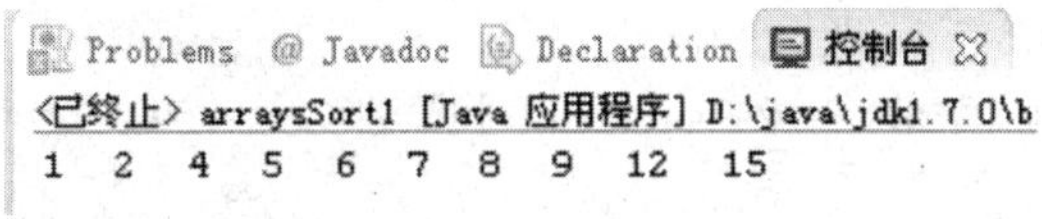

```
<已终止> arraysSort1 [Java 应用程序] D:\java\jdk1.7.0\b
1 2 4 5 6 7 8 9 12 15
```

图 3.32 冒泡排序

● 直接选择排序

选择排序是搜索整个数组，找到最小值。将最小值与数组中第一个位置上的值进行交换。搜索剩下的数组元素（第一个除外），找到其中的最小值。然后将其与数组中第二个位置上的值进行交换。对数组中的每个位置重复该过程，在算法结束时，就可以完成了对数组的排序。

下面是使用选择排序算法对数组进行升序排列的示例，代码如下。冒泡排序与选择排序有些类似，同样是用双层 for 实现数组排序。区别是：在内层 for 循环中求出最小值并将最小值的索引号赋值给变量 index，在外层 for 将最小值与数组中的第一个位置进行交换，比较剩下的数组元素（第一个除外），找到其中的最小值，然后将与数组中第二个位置上的值进行交换。重复该过程，直到最后完成排序。执行代码，结果如图 3.33 所示。

```java
public class arraysSort2
{
    public static void main（String [] args）
    {
        int [] a = {2, 5, 6, 9, 8, 7, 12, 15, 1, 4};         //定义数组
        for（int i = 0; i < a.length; i++）
        {
            int index = i;
            for（int j = i + 1; j < a.length; j++）
            {
                if（a [j] < a [index]）
                {
                    index = j;
                }
            }
            int c = a [i];
            a [i] = a [index];
            a [index] = c;
        }
        for（int Int: a）
            System.out.print（Int + "    "）;         //输出数组
```

```
                }
        }
```

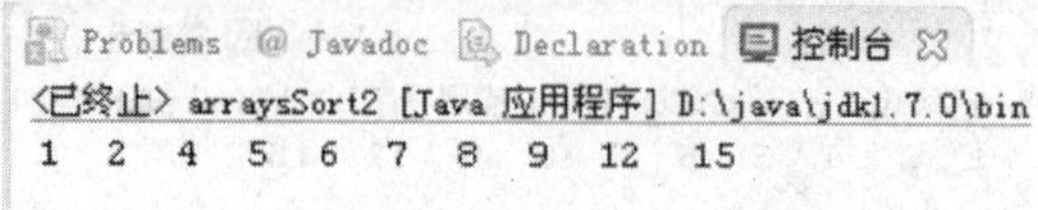

```
Problems  @ Javadoc  Declaration  控制台
<已终止> arraysSort2 [Java 应用程序] D:\java\jdk1.7.0\bin
1  2  4  5  6  7  8  9  12  15
```

图 3.33 选择排序

● 插入排序

插入排序是先按大小秩序排序数组中的前两个值,然后在相对于两个值的适当位置插入数组的第 3 个值。再在相对于前 3 个值的适当位置插入数组的第 4 个值,以此类推。

插入排序每进行一次插入操作,有序子集中的数值个数将递增 1。重复该过程,直至数组中的所有值都按照秩序排列为止。

下面是使用插入排序算法对数组进行升序排列的示例,代码如下。结果如图 3.34 所示。

```java
import java.util.*;
public class arraySort3
{
    public static void main(String [] args)
    {
        int [] a = {2, 5, 6, 9, 8, 7, 12, 15, 1, 4};        //定义数组
        for(int i = 1; i < a.length; i++)
        {
            for(int j = i; j > 0; j--)
            {
                if(a[j] < a[j-1])
                {
                    int c = a[j];
                    a[j] = a[j-1];
                    a[j-1] = c;
                }
            }
        }
        for(int Int : a)
            System.out.print(Int + "  ");                    //输出数组
    }
}
```

3.5.3.4 复制数组

在 java 中,数组的复制可以用 System.arraycopy(scurce, 0, dest, 0, x) 函数来

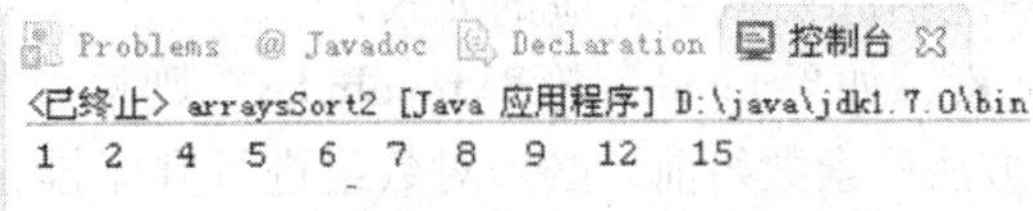

```
<已终止> arraysSort2 [Java 应用程序] D:\java\jdk1.7.0\bin
1  2  4  5  6  7  8  9  12  15
```

图 3.34 插入排序

完成。函数语句的意思是：将源数组中从下标 0 开始的 x 个元素复制到目的数组，从目标数组的下标 0 所对应的位置开始存储。下面是使用 System.arraycopy（）函数复制数组的示例程序，代码如下。以下代码中，首先定义两个数组并进行初始化，然后用 System.arraycopy（）函数将原数组 a [ ] 中下标从 0 开始的 4 个元素复制到目的数组 b [ ] 中，从数组 b [ ] 下标 1 的位置开始存储。（注意：复制的数组元素的个数一定不要超过目的数组的长度，否则会有异常产生。）运行结果如图 3.35 所示。

```java
public class Arraycopy
{
    public static void main（String [ ] args）
    {
        int a [ ] = {1, 2, 3, 4};
        int b [ ] = {8, 9, 10, 11, 12};
        System.arraycopy（a, 0, b, 1, 4）;
        //复制源数组中从下标为 0 开始的 3 个元素到目的的数组，从上档数组下标 1 的位置开始存储
        for（int i = 0; i < a.length; i + +）
            System.out.print（a [i] +"  "）;
        System.out.println（）;
        for（int j = 0; j < b.length; j + +）
            System.out.print（b [j] +"  "）;
    }
}
```

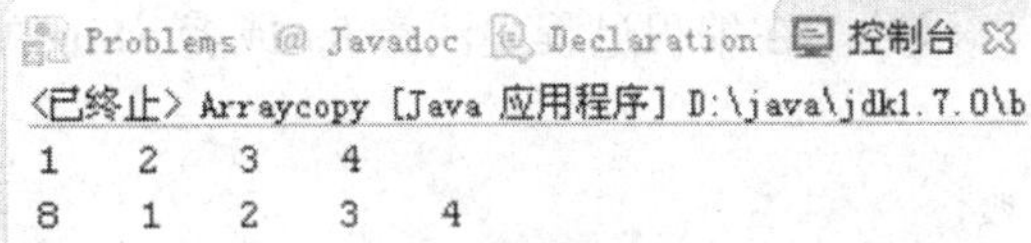

```
<已终止> Arraycopy [Java 应用程序] D:\java\jdk1.7.0\b
1  2  3  4
8  1  2  3  4
```

图 3.35 使用数组函数复制数组

3.5.3.5 数组查询

Arrays 类中的 binarySearch（）方法专门用于实现使用二分查询算法查询指定数组，该方法返回查询元素的索引值，并提供了多种重载形式。下面介绍该方法的两种重载形式：

Arrays.binarysearch（array_name, key）
Arrays.binarysearch（array_name, int fromIndex, int toIndex, key）

其中，array_name 表示数组名称，key 表示需要在数组中检索的元素；fromIndex 表

示起始索引，检索范围包括起始索引对应的元素；toindex 表示终止索引，检索范围不包括终止索引对应的元素，如果 tolndex 等于 fromIndex，则检索范围为空。（注意：在使用 binarysearch（）方法检索数组前，必须对数组进行升序排序，否则返回值不是确定的，排序方式使用 arrays 类的 sort 类即可。）

使用 binarySearch（）方法检索数组中元素的示例如下所示。在该代码中，先声明了一个数组并赋值，通过 Arrays.sort（）对数组进行排序。然后用 Arrays.bina 可 Search（）对数组进行检索，最后输出要检索的数据信息，如图 3.36 所示。

```
import java.util.*;
public class ArraySort
{
    public static void main (String [] args)
    {
        int a [] = {-2, 5, 3, -9, 45, 23, 8};
        Arrays.sort (a);
        int index1 = Arrays.binarySearch (a, 5);
        System.out.println (" 5 在数组中的位置是::" + index1);
    }
}
```

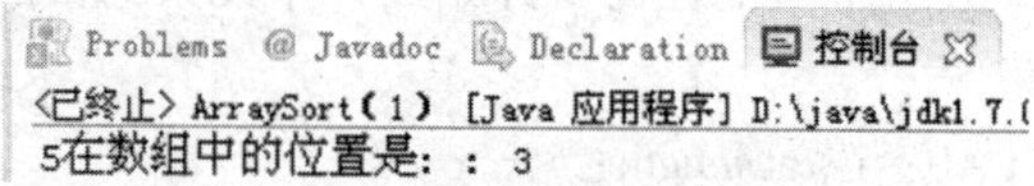

图 3.36 搜索数组函数

实训 9：综合实训—— Josephus 问题。

Josephus 问题是，一群小孩围成一圈，任意假定一个数 m，从每一个小孩起，顺时针方向数，每数到 m 个小孩时，该小孩离开。小孩不断离开，圈子不断缩小。最后，剩下的一个小孩便是胜利者。求解究竟胜利者是第几个小孩。步骤如下：

（1）新建文件，创建一个文件名为 Josephus.java 的文件。

（2）编写 main（）函数。在编程过程中注意 for 或者 while 的应用，以用及数组的访问方法，代码如下：

```
import java.math.*;
public class Josephus
{
    public static void main (String [] args)
    {
        int num = 10;           //孩子总数
        int interval = 5;       //每次数 interval 个孩子，就让该孩子离开
        int [] child = new int [num + 1];   //孩子数组
        int [] flag = new int [num + 1];    //每个孩子是否在圈子的标志，1:
```
在 0：不在

```
        for (int i = 1; i <= num; i++) {
            child[i] = i;
            flag[i] = 1;         //开始每个孩子都在圈内
            System.out.println("第" + i + "个孩子的名字:" + child[i]);
        }
        int n = 0;
        int i = 3;              //从第几个孩子开始
        int j = 1;              //从1开始记数
        boolean noEnd = true;   //是否结束的标志
        while (noEnd)
        {
            while (j < interval) {
                i = (i + 1 > num? 1 : i + 1);
                j += flag[i];
            }
            flag[i] = 0;
            n++;
            if (n == num) {
                noEnd = false;
                System.out.println("第" + i + "个孩子最后胜利");
            }
            else {
                System.out.println("第" + i + "个孩子离开");
                j = 0;          //j达到interval时，重新开始记数
            }
        }
    }
}
```

（3）执行上述代码，结果如图 3.37 所示。

3.6 字符串

本节主要详细介绍一下 String 类（声明字符串的关键字），以及字符串操作的方法。

3.6.1 String 类概述

String 类是 Java.1ang 包中的一个 final 类，主要用来创建一个字符串对象。Java 中的字符串使用 String 对象表示，也可以使用直接赋值方式创建，这不同于其他的程序

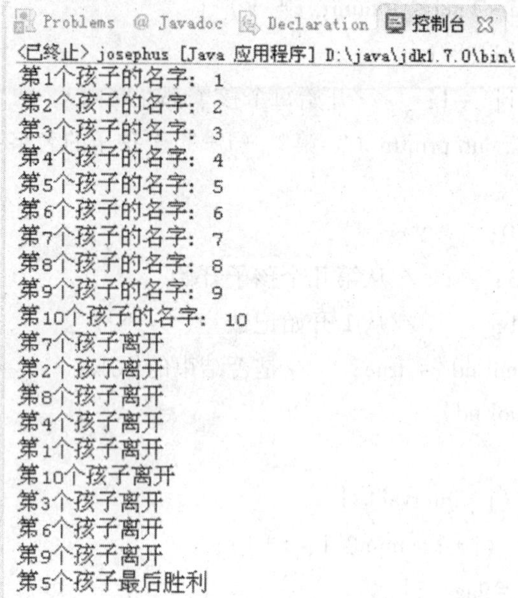

```
Problems  @ Javadoc  Declaration  控制台
<已终止> josephus [Java 应用程序] D:\java\jdk1.7.0\bin\
第1个孩子的名字: 1
第2个孩子的名字: 2
第3个孩子的名字: 3
第4个孩子的名字: 4
第5个孩子的名字: 5
第6个孩子的名字: 6
第7个孩子的名字: 7
第8个孩子的名字: 8
第9个孩子的名字: 9
第10个孩子的名字: 10
第7个孩子离开
第2个孩子离开
第8个孩子离开
第4个孩子离开
第1个孩子离开
第10个孩子离开
第3个孩子离开
第6个孩子离开
第9个孩子离开
第5个孩子最后胜利
```

图 3.37 Josephus 问题

设计语言。

字符串是不可变（只读）的字符序列。字符串在创建之后，其内容就永远不能再修改。

字符串可以隐式地创建，可以通过使用字符串字面常量（如"good"）或者通过使用+或+=运算符连接两个 String 对象来创建一个新的 String 对象。也可以通过 new 来显式地创建字符串。String 类支持以下这引起简单的构造器：

●public String（） 创建一个新的 String 对象，其内容是空字符串（即""）。

●public String（String value） 创建一个新的 String 对象，它是指定的 String 对象 value 的一个副本。因为 String 对象是不可变的，所以该方法很少用到。

●public String（StringBuilder value） 创建一个新的 String 对象，其内容与指定的 StringBuilder 对象 value 的内容一样。

●public String（StringBuffer value） 创建一个新的 String 对象，其内容与指定的 stringBuffer 对象 value 的内容一样。

String 对象最基本的两个方法是 length 和 charAt，是由 CharSequence 接口定义的。下面这个循环就利用这两个方法计算字符串中的字符个数：

For （int i = 0; i < str. length （）; i + +）
counts ［str. charAt (i)］ + +;

在 String 类的大部分方法中，如果访问字符串的索引值小于 0 或大于 length（）-1，就会抛出 IndexOutOfBoundsException 异常。而另外一些方法的实现会抛出更为具体的 StringIndexOutOfBoundException 异常，这种异常可以接受非法的索引值作为异常构造器的引元，然后在详细信息中包含它。对于那些从数组中复制数值或将数值复制到数组中的方法或构造器，如果它们想要访问超出数组边界的数值，那么也会抛出 IndexOutOmoundsException 异常。

3.6.2　String 类的基本操作

字符串在创建之后，其内容就永远不能再修改。但 String 类提供了许多用于处理字符串搜索、比较以及其他字符序列交互的方法。本节介绍字符串的部分常用操作，包括获取字符串长度、获取子字符串、判断字符串的开始与结尾等。

获取字符串信息。使用 String 类的 length（）和 Indexof（）函数，可以实现对字符串一些操作，包括字符串的长度，在字符串中获取指定索引位置的字符和字符串的查找等功能。

3.6.2.1　获取字符串长度

Java 提供了 length（）方法求字符串的长度。Length（）的方法原型是 public int length（），它返回字符串的长度。长度等于字符串中 16 位 Unicode 字符数。它的返回结果是此对象表示的字符序列的长度。可以使用 length（）求某一字符串的长度，代码如下。在该代码中，创建了两个字符串变量由 str1 和 str2 并赋值，通过字符串的 length（）方法将字符串的长度赋值整型给变量 a 和 b，然后输出字符串的长度信息。执行代码，结果如图 3.38 所示。

```
public class StringLength
{
    public static void main（String [ ] args）
    {
        String str1 = " abcde";
        String str2 = " hello wang";
        int a = str1. length（）;                    //获取字符串长度
        int b = str2. length（）;
        System. out. println（" 字符串 str1 的长度是:" + a）;   //输出字符串长度
        System. out. println（" 字符串 str2 的长度是:" + b）;   //输出字符串长度
    }
}
```

图 3.38　获取字符串长度

3.6.2.2　字符串查找

String 类中提供了两个方法，用于在字符串中获取匹配字符（串）的索引值。分别是 indexOf（）方法和 lastIndexOf（）方法。

●indexOf（）方法

indexOf 方法用于返回字符（串）在指定字符串中首次出现的索引位置，如果能找到，则返回索引值，否则返回 -1。该方法主要有如下两种重载形式。

str. indexOf（value）;

str. indexOf（value, int fromIndex）;

其中，str 表示指定字符串；value 表示待查找的字符（串）；fromindex 表示查找时的起始索引，如果不指定 fromIndex，则默认从指定字符串中的开始位置（即 fromIndex 默认为 0）开始查找。

indexOf（）方法的使用示例代码如下。在该代码中，声明并赋值了一个字符串变量 str，通过字符串的 indexOf（）方法对字符串 str 进行了 3 次索引查找，并将返回的值分别赋值给变量 a、b 和 c，最后输出检索信息。执行代码，结果如图 3.39 所示。

```
public classIndexOf
{
    public static void main（String [ ] args）
    {
        String str = " onetwothreefour";
        int a = str. indexOf（" e"）;
        int b = str. indexOf（" e", 4）;
        int c = str. indexOf（" e", 12）;
        System. out. println（a）;
        System. out. println（b）;
        System. out. println（c）;
    }
}
```

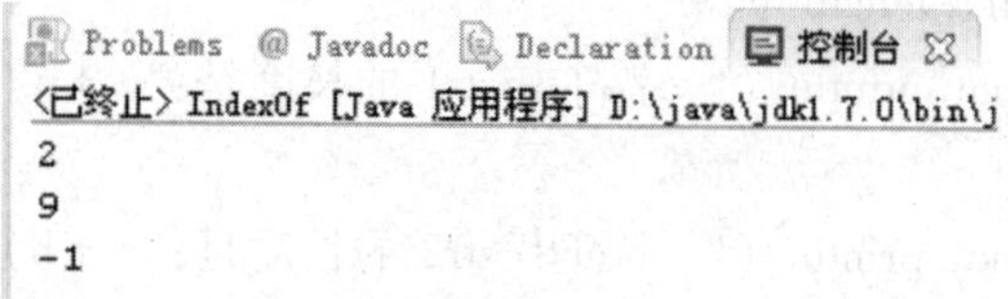

```
Problems  @ Javadoc  Declaration  控制台
<已终止> IndexOf [Java 应用程序] D:\java\jdk1.7.0\bin\j
2
9
-1
```

图 3.39　字符串查找

●lastIndexOf（）方法

lastIndexOf（）方法用于返回字符（串）在指定字符串中最后一次出现的索引位置，如果能找到，则返回索引值，否则返回 -1。该方法也有两种重载形式，如下所示：

str. lastIndexOf（value）;

str. lastIndexOf（value, int fromIndex）;

注意：lastIndexOf（）方法的查找策略是从右往左查找，如果不指定起始索引，则从字符串的末尾开始查找。

lastIndexOf（）方法的使用示例代码如下所示。在该代码中，声明并赋值了一个字符串变量 str，通过字符串的 lastIndexOf（）方法对字符串即进行了 3 次索引查找，并将返回的值分别赋值给变量 a、b 和 c，最后输出检索信息。执行代码，结果如图 3.40 所示。

```java
public class IndexOf
{
    public static void main (String [] args)
    {
        String str = " onetwothreefour";
        int a = str.lastIndexOf (" o");
        int b = str.lastIndexOf (" o", 4);
        int c = str.lastIndexOf (" o", 12);
        System.out.println (a);
        System.out.println (b);
        System.out.println (c);
    }
}
```

```
Problems  @ Javadoc  Declaration  控制台
<已终止> IndexOf [Java 应用程序] D:\java\jdk1.7.0\bin\j
12
0
12
```

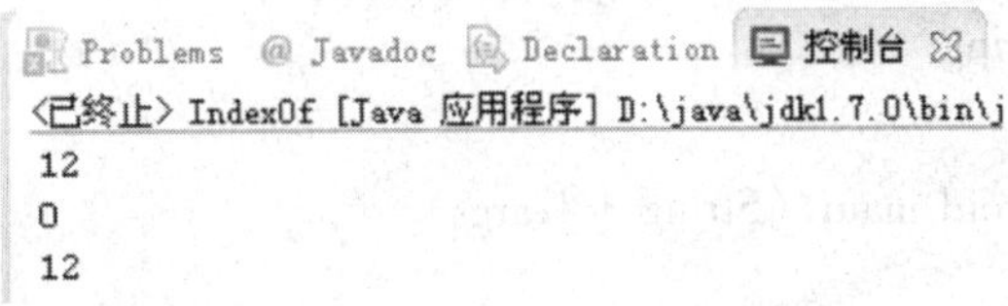

图 3.40　lastIndexOf () 方法查找字符串

3.6.2.3　指定索引位置获取字符

String 类中提供了 charAt () 方法，用于返回指定字符串中指定索引的字符。该方法的语法形式如下。在该代码中，定义并赋值了一个字符串变量，通过字符串的 charAt () 方法截取指定位置的字符并分别赋值给字符变量 a、b 和 c。执行代码，结果如图 3.41 所示。

Str.charAt (int index);

charAt () 方法的使用示例代码如下：

```java
public class charAt
{
    public static void main (String [] args)
    {
        String str = " onetwothreefour";
        char a = str.charAt (2);
        char b = str.charAt (5);            //获取指定位置的字符
        char c = str.charAt (13);
        System.out.println (a);              //输出结果
        System.out.println (b);
        System.out.println (c);
```

```
            }
```

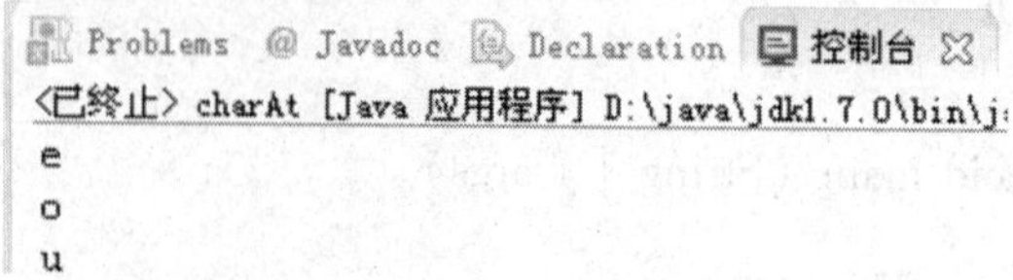

```
Problems @ Javadoc  Declaration  控制台
<已终止> charAt [Java 应用程序] D:\java\jdk1.7.0\bin\j
e
o
u
```

图3.41　获取指定位置字符

3.6.2.4　获取子字符串

字符串对象调用 String 类的 substring 方法，可以对字符串进行取子字符串的操作。

●String substring（int beginIndex）把指定索引后面的子字符串作为返回值返回；

●String substring（int beginIndex，int endIndex）把指定的起始索引值与结束索引值之间的子字符串作为返回值返回。

下面实例应用 substring（）方法获取子字符串，代码如下所示。在该代码中，定义并赋值了一个字符串变量 str，通过字符串的 substring（）方法对字符串 str1 进行截取操作并分别赋值给空字符串 str1 和 str2 通过执行代码，结果如图3.42所示。

```java
public class SubString
{
    public static void main（String []args）
    {
        String str = " hello mr. wang";
        String str1 = null;
        String str2 = null;
        str1 = str.substring（6）; //获取字符串
        str2 = str.substring（2，8）; //获取字符串
        System.out.println（str1）;
        System.out.println（str2）; //输出获取字符串 str2
    }
}
```

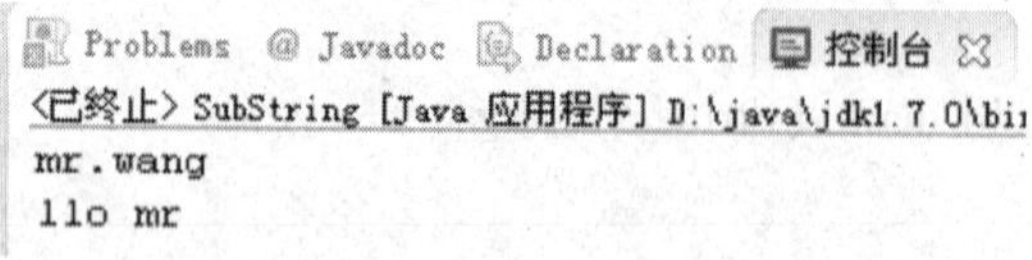

```
Problems @ Javadoc  Declaration  控制台
<已终止> SubString [Java 应用程序] D:\java\jdk1.7.0\bi
mr.wang
llo mr
```

图3.42　获取子字符串

3.6.2.5　判断字符串的开始与结尾

使用 String 类中的 startsWith（）方法和 endsWith（）方法，可以判断某字符串是否以指定字符串开始或结尾。

使用 String 类中的 startsWith（）方法来判断某字符串是否是指定字符串开始，该方法的语法形式如下：

str. startswith（value）;

该方法返回布尔值，如果 str 以 value 表示的字符串开头，则返回 true，否则返回 false。与此类似，在 String 类中还有一个 endsWith（）方法，用于判断某字符串是否以指定字符串结尾，该方法的语法形式如下：

str. endsWith（value）;

示例代码如下所示。在该代码中，定义并赋值了一个字符串变量 str，通过字符串的 startsWith（）方法和 endsWith（）方法判断是否以指定字符开头或结尾，并将结果分别赋值给 boolean 型变量 s、s1、x 和 x1。执行代码，结果如图 3.43 所示。

```
public class starts
{
    public static void main（String［］args）
    {
        String str = " wangfdsklafjdsf. doc";    //字义字符串并赋值
        boolean  s = str. startsWith（" wang"）;     //判断 str 是否以字符串"wang"开头
        boolean s1 = str. startsWith（" xiao"）;
        boolean x = str. endsWith（". doc"）;        //判断 str 是否以字符串". doc"结尾
        boolean x1 = str. startsWith（". txt"）;
        System. out. println（s）;
        System. out. println（s1）; //输出结果
        System. out. println（x）;
        System. out. println（x1）;
    }
}
```

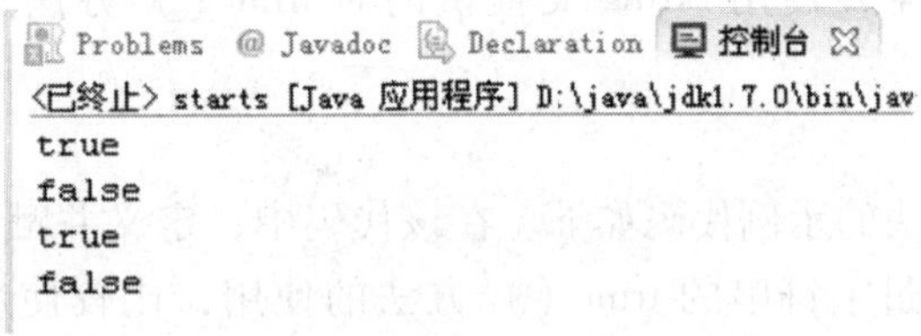

```
Problems  @ Javadoc  Declaration  控制台
<已终止> starts [Java 应用程序] D:\java\jdk1.7.0\bin\jav
true
false
true
false
```

图 3.43　判断字符串的开始与结尾

3.6.2.6　按字典顺序比较两个字符串

字符串对象的比较可以使用 String 类中的 compareTo（）方法，该方法按字典顺序和参数对字符串进行比较。如果当前字符串对象与参数字符串对象相同，该方法返回值为 0；如果大于参数字符串对象，该方法返回正值；如果小于参数字符串对象，该方法返回负值。示例代码如下所示。在该代码中，定义并赋值了 3 个字符串变量 str、str1 和 str2，通过字符串的 compareTo（）方法分别对字符串进行比较并输出比较结果。执行代码，结果如图 3.44 所示。

```java
public class compareTo
{
    public static void main (String [ ] args)
    {
        String str = " abcdefg";
        String str1 = " abckl9o";
        String str2 = " abcdefg";
        System. out. println (str. compareTo (str1));
        System. out. println (str. compareTo (str2));
        System. out. println (str1. compareTo (str));
    }
}
```

```
Problems  @ Javadoc   Declaration  控制台
<已终止> compareTo [Java 应用程序] D:\java\jdkl.7.0\bin'
-7
0
7
```

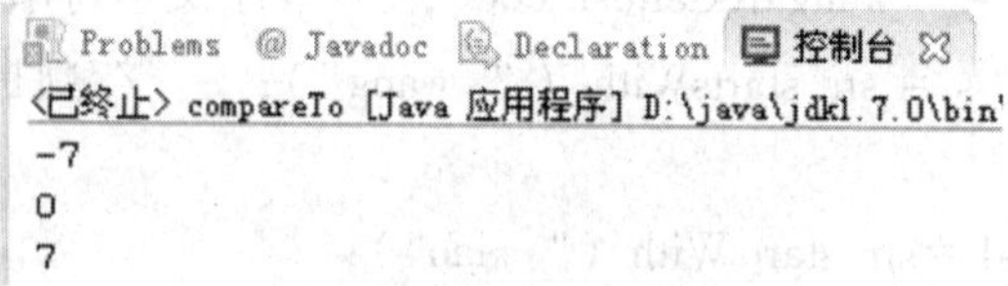

图 3.44　比较两个字符串

3.6.3　字符串其他操作

除了上面介绍的几个重要应用之外，字符串还可以完成其他操作，如字符串的替换、去除空格、判断字符串是否相等和字母大小写转换等。

3.6.3.1　去除空格

字符串中存在的首尾空格一般情况下都没有任何意义，如字符串"hello"。但是，这些空格会影响到字符串的操作，如连接字符串或比较字符串等，所以应该去掉字符串中的首尾空格。这需要使用 String 类提供的时 trim () 方法，该方法的语法形式如下：

Str. trim ( );

使用 trim ( ) 方法的示例代码如下。在该代码中，定义并赋值了 3 个字符串变量由 str、str1 和 str2，通过字符串的 trim ( ) 方法的使用，比较使用 trim ( ) 和不使用 trim ( ) 方法的区别。执行代码，结果如图 3.45 所示。

```java
public class trim
{
    public static void main (String [ ] args)
    {
        String str = " abc";
        String str1 = " de ";
        String str2 = " fgh";              //定义字符串并赋值
        String str3 = str + str1 + str2;   //连接字符串
```

```
String str4 = str + str1.trim() + str2;    //使用 trim() 连接字符串
System.out.println(str3);         //输出字符串
System.out.println(str4);
    }
}
```

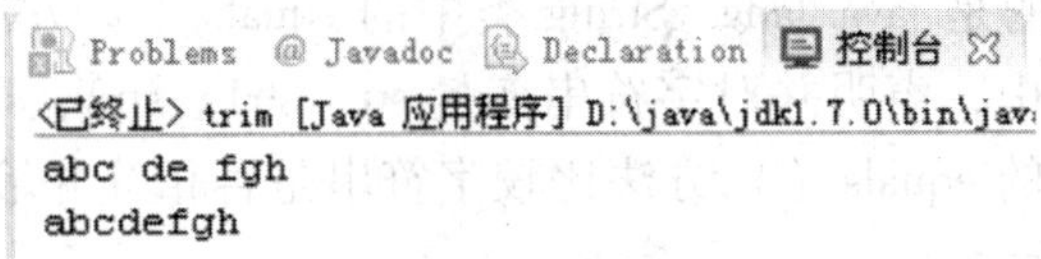

```
Problems  @ Javadoc  Declaration  控制台
<已终止> trim [Java 应用程序] D:\java\jdk1.7.0\bin\jav
abc de fgh
abcdefgh
```

图 3.45　去除字符串空格

3.6.3.2　字符串替换

在 String 类中，通过 replace() 方法，可以返回一个新的字符串。而所返回的新字符串（或字符）将替换原来的字符串中出现的所有指定子字符串（或字符）。

该方法的语法为：String replace(char oldChar, char newChar)，newChar 参数替换与 oldChar 所匹配的所有字符，而获得一个新字符串。

而 String replaceFirst(String regex, String replacement) 方法和 replace() 方法的原理一样，只替换第一次匹配的子字符串。

使用 replace() 方法的示例代码如下。在该代码中，定义并赋值了一个字符串变量 Str，通过字符串的 replace() 方法把字符串中的字符 "s" 替换为'"A"。执行代码，结果如图 3.46 所示。

```
public class replace
{
    public static void main(String [] args)
    {
        String str = " my name is mr. wang. ";
        String str1 = str.replace('s','A');
        //使用 replace 方法替换 str 的值并赋值给 str1
        String str2 = str.replaceFirst(" w"," ao");
        System.out.println(str1);   //输出结果
        System.out.println(str2);
    }
}
```

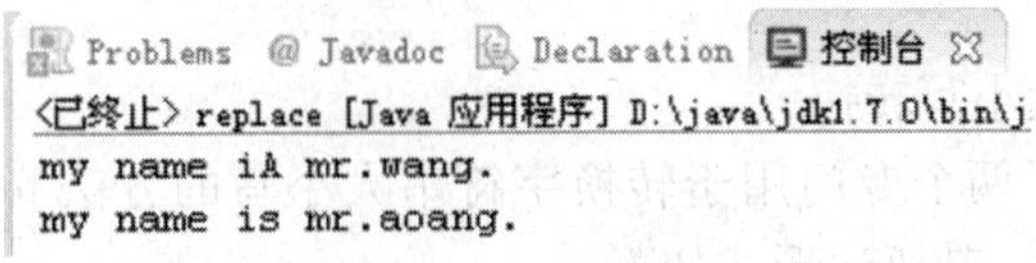

```
Problems  @ Javadoc  Declaration  控制台
<已终止> replace [Java 应用程序] D:\java\jdk1.7.0\bin\j
my name iA mr.wang.
my name is mr.aoang.
```

图 3.46　字符串替换

3.6.3.3 判断字符串是否相等

字符串比较是使用较频繁的一组操作,字符串对象调用 String 类中的 equals() 方法,比较当前字符串对象是否与参数指定的字符串相同。该方法与前面介绍的比较运算符中双等号("==")含义一样,但是在具体比较的方式不一样。

equals() 方法表示的两个变量是否是对同一个对象的引用,即栈中的内容是否相同。以下示例,使用的是 java.lang.String 类中的 equals() 方法对字符串进行比较,代码如下。在该代码中,声明并对字符串变量 str、str1、str2、str3 和 str4 进行赋值操作,通过使用字符串的 equals() 方法比较字符串是否相等并输出比较结果。执行代码,结果如图 3.47 所示。

```
public class den
{
    public static void main (String [] args)
    {
        String str = new String (" wang");
        String str1 = " wang";
        String str2 = new String (" wang");
        String str3 = " wa" +" ng";
        String s = " ng";
        String str4 = " wa" +s;
        System.out.println (str.equals (str1));
        System.out.println (str.equals (str2));
        System.out.println (str1.equals (str2));
        System.out.println (str1.equals (str3));
        System.out.println (str1.equals (str4));
    }
}
```

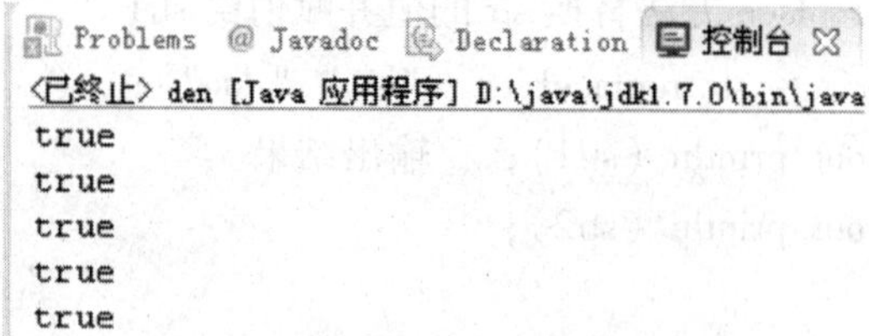

```
Problems  @ Javadoc  Declaration  控制台
<已终止> den [Java 应用程序] D:\java\jdk1.7.0\bin\java
true
true
true
true
true
```

图 3.47 比较字符串是否相等

3.6.3.4 字母大小写转换

String 类中提供了两个专门用于转换字符串大小写的方法 toLowerCase() 方法与 toUpperCase() 方法。其语法形式如下:

Str.toLowerCase()   //将 str 中的字母全部转换为小写,非字母不受影响

Str.toUpperCase()   //将 str 中的字母全部转换为大写,非字母不

受影响

示例代码如下所示。在该代码中,声明并对字符串变量 str、str1 和 str2 进行赋值操作,通过使用字符串的 toLowerCase() 和 toUpperCase() 方法将字符串转换为小写字符串或大写字符串并输出。执行代码,结果如图 3.48 所示。

```
public class toLowerCase
{
    public static void main(String [] args)
    {
        String str = " wAnG";                    //定义字符串
        String str1 = str.toLowerCase();
        String str2 = str.toUpperCase();         //赋值语句
        System.out.println(str1);
        System.out.println(str2);                //输出结果
    }
}
```

```
Problems  @ Javadoc  Declaration  控制台
<已终止> toLowerCase [Java 应用程序] D:\java\jdk1.7.0\bi
wang
WANG
```

图 3.48　字母大小写转换

3.6.3.5　字符串分割

String 类提供的 split() 方法,可以按指定的分割符对目标字符串进行分割,分割后的内容存放在字符串数组中,该方法主要有如下两种重载形式。

str.split(strinq sign)

str.split(string sign, int limit)

其中,str 为需要分割的目标字符串,sign 为指定的分割符,可以是任意字符串,可以使用正则表达式;limit 表示分割后生成字符串的限制个数,如果不指定,则表示不限制,直到将整个目标字符串完全分割为止。

使用 split() 方法对字符串进行分割的示例代码如下所示。在该代码中,声明并赋值了一个字符串变量 str,通过字符串的 split() 方法把字符串分割成数组并输出。执行代码,结果如图 3.49 所示。

```
public class split
{
    public static void main(String [] args)
    {
        String str = " 1,2,3,4,5,6,7,8,9";
        String [] a = str.split(",");            //不限制字符串个数
        String [] b = str.split(",", 4);         //限制字符串个数为4
        for(String temp：a)                       //输出数组 a 中的元素
```

```
            System.out.print（temp + "    "）;
            System.out.println（）;                    //换行
            for（String temp: b）                      //输出数组 b 中的元素
            System.out.print（temp + "    "）;
        }
    }
```

```
Problems  @ Javadoc  @ Declaration  □ 控制台 ⊠
<已终止> split [Java 应用程序] D:\java\jdk1.7.0\bin\javaw
1  2  3  4  5  6  7  8  9
1  2  3  4,5,6,7,8,9
```

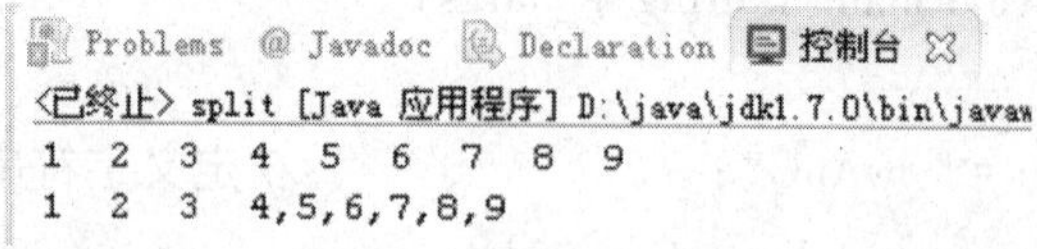

图 3.49　字符串分割

3.6.4　stringBuffer 类

通过 string 类创建的字符串，无论完成任何操作，都会形成一个字符串副本用来完成操作。对于字符串的任何操作，如替换，其结果只会影响字符串副本，而对于字符串的存储值不会有任何影响。如果要改变字符串存储的值，可以使用 StringBuffer 类。

StringBuffer 类允许用户创建可以以各种方式修改的字符串对象，它与描述字符串常量的 String 类不同。当用户使用 StringBuffer 类的字符串时，用户并没有创建一个新的 String 对象，而是直接操作源字符串本身。为此，StringBuffer 类提供了与 String 类不同的方法集，所有的操作都直接发生在包含该字符串的缓冲区上。

StringBuffer 类提供了几个构造方法，允许用户以各种方式构造 StringBuffer 对象。这些构造方法如下所示：

● StringBuffer（）//构造一个其中不带字符的字符串缓冲区，初始容量为 16 个字符

● StringBuffer（int capacity）//构造一个不带字符，但具有指定初始容量的字符串缓冲区

● StringBuffer（String str）//构造一个字符串缓冲区，并将其内容初始化为指定的字符串内容

3.6.4.1　创建 StringBuffer

创建一个 StringBuffer 对象，代码如下所示。在该代码中，实例化了一个容量为 10 的 StringBuffer 类 str 对象，并通过 StringBuffer 类的 append（）方法对变量由追加字符串并输出字符串长度。执行代码，结果如图 3.50 所示。

```
public class Buffer
{
    public static void main（String [] args）
    {
        StringBuffer str = new StringBuffer（10）;
        //创建一个初始容量为 10 个字符的 StringBuffer 对象
        System.out.println（"字符串长度为" + str.length（））;
```

		str. append（" abcdefg"）；//放入一个字符串
		System. out. println（" 字符串长度为" + str. length（））；
		//创建一个初始内容为指定字符串的 StringBuffer 对象
		str = new StringBuffer（" abcdefghijklmnopqrstuvwxyz"）；
		System. out. println（" 字符串长度为" + str. length（）+ " \ t"）；
	}
}

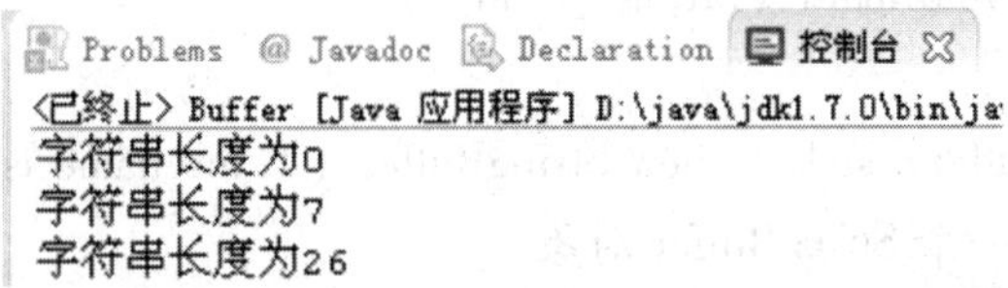

```
Problems  @ Javadoc  Declaration  控制台
<已终止> Buffer [Java 应用程序] D:\java\jdk1.7.0\bin\ja
字符串长度为0
字符串长度为7
字符串长度为26
```

图 3.50　创建 StringBuffer

3.6.4.2　StringBuffer 应用

一个值可以改变的 StringBuffer 类，可以完成替换、追加和删除等操作。StringBuffer 对象常用方法如下所示：

● StringBuffer append（boolean b）　　　//向该序列追加参数所指定的布尔值
● StringBuffer append（String str）　　　//向该序列追加参数所指定的字符串
● int capacity（）　　　　　　　　　　　//返回 StringBuffer 对象当前的容量
● char charAt（int index）　　　　　　　//返回参数所指定索引位置的字符
● StringBuffer delete（int start，int end）//从该序列中删除参数所指定的子序列
● int indexOf（String str）　　　　　　　//返回在该序列中首次出现指定字符串的索引值
● int indexOf（String str，int fromIndex）//返回从该序列指定索引开始，首次出现指定字符串的索引值
● StringBuffer insert（int offset，String str）// 向该序列中指定的索引处插入指定字符串
● int lastIndexOf（String str，int fromIndex）//返回从该序列指定索引开始，最后一次出现指定字符串的索引值
● int length（）　　　　　　　　　　　　//返回该序列中包含的字符数
● StringBuffer replace（int start，int end，string str）　// 使用参数指定的字符串替换该序列中指定的内容
● StringBuffer reverse（）　　　　　　　//把该序列反序排列
● void setCharAt（int index，char ch）　//用指定字符替换该序列指定索引处的字符
● String substring（int start）　　　　　//返回该序列中指定的字符串

这些常用方法中有许多和 String 类中的方法完成的功能相同，如 length（）、indexOf（）、substring（）、replace（）、toString（）等方法。下面将忽略这些重复的内容，主要介绍 StringBuffer 类所特有的方法。

3.7 字符串追加

append（String str）方法用来给 StringBuffer 对象追加字符串对象。使用方法代码如下所示。执行代码，结果如图 3.51 所示。

```
public class BufferAppend
{
    public static void main（String [] args）
    {
        StringBuffer  str1 = new StringBuffer（" my name is "）;
        //创建一个 StrignBuffer 对象
        String str = " Mr. wang";
        str1. append（str）;              //向 StringBuffer 对象追加 str 字符串
        System. out. println（str1）;
    }
}
```

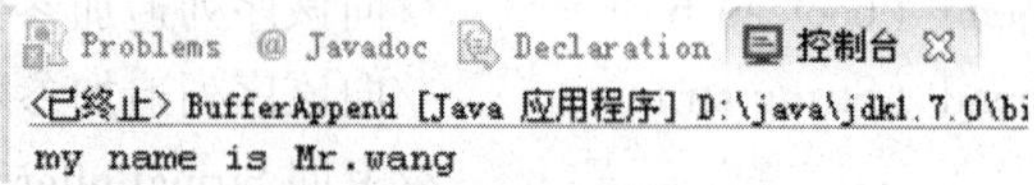

```
Problems  @ Javadoc  Declaration  控制台
<已终止> BufferAppend [Java 应用程序] D:\java\jdk1.7.0\bi
my name is Mr.wang
```

图 3.51　字符串追加

在生成 stringbuffer 对象后可以使用 capacity（） 方法来查看该对象的缓冲区的大小，代码如下。执行代码，结果如图 3.52 所示。

```
public class capacity
{
    public static void main（String [] args）
    {
        StringBuffer buffer = new StringBuffer（" my name is"）;
        int size = buffer. capacity（）;
        int length = buffer. length（）;
        System. out. println（size）;
        System. out. println（length）;
    }
}
```

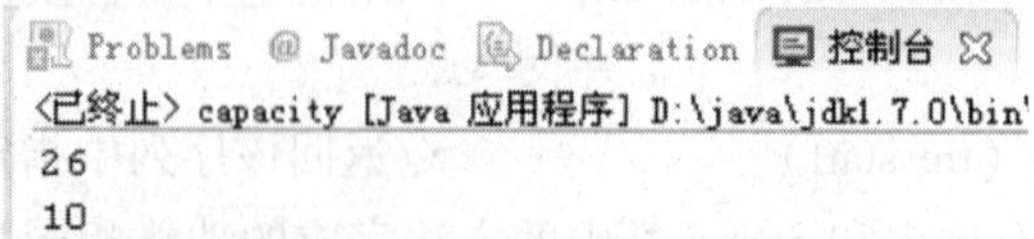

```
Problems  @ Javadoc  Declaration  控制台
<已终止> capacity [Java 应用程序] D:\java\jdk1.7.0\bin'
26
10
```

图 3.52　查看 stringbuffer 对象的缓冲区大小

注意：stringbuffer 对象 capacity（）方法和 length（）方法的意义不同：第一个方法返回的是 stringbuffer 对象能够容纳字符的数量；第二个方法返回的是 stringbuffer 对象已经容纳字符的数量。

3.8 字符串删除

stringbuffer 类中的 delete（）方法用来删除 stringbuffer 对象中的字符或字符串。stringbuffer 类中的 insert（）方法用来向 stringbuffer 对象中插入字符或字符串。stringbuffer 类中的 reverse（）方法对 stringbuffer 对象中的字符串进行反序排列。

使用字符串删除方法的代码如下所示。执行代码，结果如图 3.53 所示。

```
public class BufferDel
{
    public static void main（String [ ] args）
    {
        String temp = "，World";
        StringBuffer buffer = new StringBuffer（" Hello!"）;
        System.out.println（buffer）;
        buffer.insert（5，temp）; //把字符串 temp 插入到感叹号前面
        System.out.println（buffer）;
        buffer.delete（0，3）; //删除前三个字符
        System.out.println（buffer）;
        //把 buffer 对象中的字符串反序排列后生成一个 StringBuffer 对象
        StringBuffer resultBuffer = buffer.reverse（）;
        System.out.print（resultBuffer）;
    }
}
```

```
Problems  @ Javadoc  Declaration  控制台
<已终止> BufferDel [Java 应用程序] D:\java\jdk1.7.0\bin
Hello!
Hello,World!
lo,World!
!dlroW,ol
```

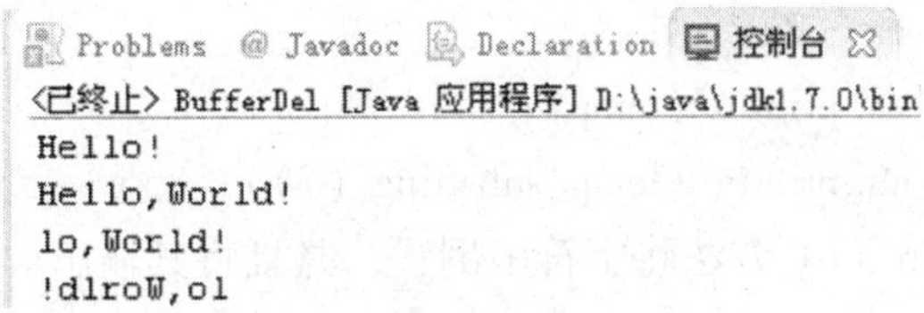

图 3.53 字符串删除

在生成 StringBuffer 对象后，可以使用 ensureCapacity（）来设定字符串缓冲区的大小，也可以用 setLength（）显式指明字符串的长度。对于 StringBuffer 类的其他操作，这里就不再介绍了，读者可以参考 API 帮助文档。

实训 10：字符串处理综合实训。

通过完成下面这个实训，要求可以更熟练地处理字符串数据。实训要求如下：

●有两个字节数组：｛'I'，'a'，'m'，'a'，'b'，'o'，'y'｝，以及｛'h'，'e'，'i'，'s'，'a'，'b'，'o'，'y'｝，请将它们以字符串形式输出。

- 用缓冲字符串来输出上面的字符串。
- 用前面学到的字符串处理方法来处理它。

操作步骤如下：

（1）创建 charCmd.java 类文件。

（2）在主函数中编写处理字符串代码，代码如下所示：

```java
public class charCmd
{
    public static void main (String [] args)
    {
        //初始化两个字符数组 C1 和 C2
        char [] c1 = {'I', 'a', 'm', 'a', 'b', 'o', 'y'};
        char [] c2 = {'h', 'e', 'i', 's', 'a', 'b', 'o', 'y'};
        //利用这两个字符数组构造两个字符串对象 x 和 y, 并且将其输出
        String x = new String (c1);
        String y = new String (c2);
        System.out.println (x);
        System.out.println (y);
        //将字符串 x 构成成一个缓冲字符串对象 temp
        StringBuffer temp = new StringBuffer (x);
        //使用 append 方法将 y 与 x 连在一起, 并且将其输出
        temp.append (y);
        System.out.println (temp);
        //提取某个 charAt 方法位置上的元素
        System.out.println (temp.charAt (0));
        temp.setCharAt (0, 'y');
        temp.insert (1, 'o');
        temp.insert (2, 'u');
        System.out.println (temp);
        System.out.println (temp.substring (7));
        //使用 reverse 方法将字符串倒置, 并且将其输出
        temp.reverse ();
        System.out.println (temp);
    }
}
```

（3）执行上述代码，结果如图 3.54 所示。

课外实训

1. 输出九宫格。在一个三维方阵的 9 个元素中分别填入 1~9 中的 9 个数，使得每

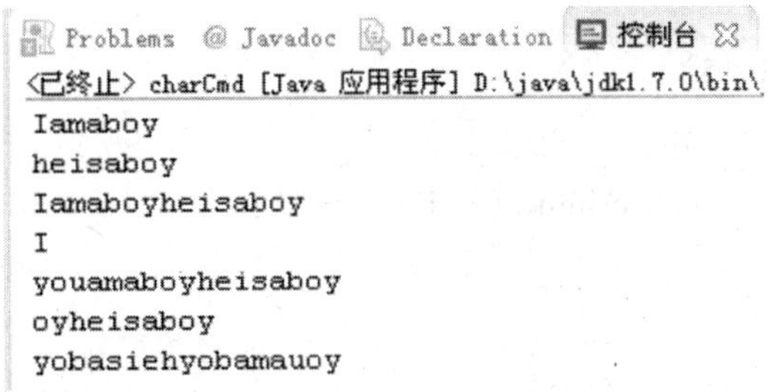

```
Iamaboy
heisaboy
Iamaboyheisaboy
I
youamaboyheisaboy
oyheisaboy
yobasiehyobamauoy
```

图 3.54

一行、列和对角线上的三个数的和都等于 15。

2. 通过复选框控件数组实现添加多个复选框控件。如图 3.55 所示。复选框控件在 GUI 程序界面设计时经常使用。例如，选择用户爱好的程序界面中要添加很多选项，这些选项如果通过 GUI 界面设计器来输入非常费时，而且生成的代码繁琐，不方便维护。不过可以通过复选框控件数组实现在窗体中添加多个复选框。编写程序，实现通过复选框控件数组选择用户爱好的复选框。要求界面中的复选框数量可以根据指定复选框名称的字符串数组的长度来自动调节。

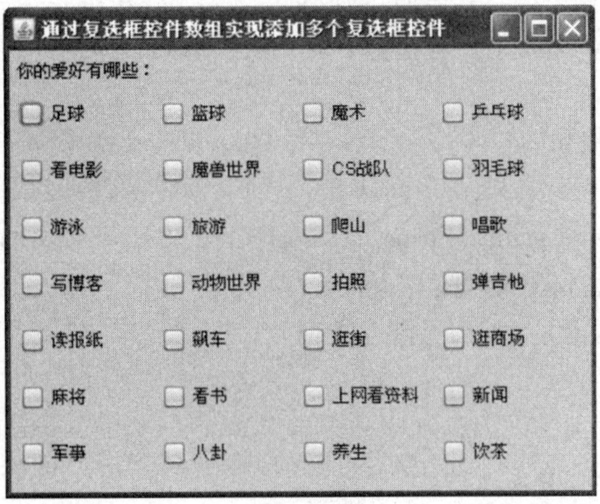

图 3.55

思考练习

（一）填空题

1. 完成九九乘法表格的输出，需要使用_____层循环语句的嵌套。

2. 能够跳过本次循环的语句是_____。

3. 能够终止循环的是_____语句。

4. 下列代码的输出结果是_____。

```
public class Test {
    public static void main (String args []) {
```

```
            int i = 10;
            if (i < 5);
                i = 50;
            System.out.println(" i = " + i);
        }
    }
```

5. 下列代码将会在控制台输出_____。
```
public class Test {
    public static void main (String [] args) {
        int i = 0;
        while (i + + < 10);
        System.out.println(" i = " + i);
    }
}
```

6. 如果需要获得数组中可以保存的元素数量，可以使用数组的_____属性。

7. 字符串的下标从 0 始，数组的下标从_____开始。

8. 遍历数组的 Foreach _____（填"是"或"不是"）所有循环语句的简写格式。

9. 下列代码将会输出_____。
```
public class Test {
    public static void main (String [] args) {
        char [] array = {'a', 98};
        System.out.println(array[1]);
    }
}
```

10. 下列代码运行时会发生_____。
```
public class Test {
    public static void main (String [] args) {
        String [] array = {" a, b"};
        System.out.println(array[1]);
    }
}
```

11. 使用 String 类的_____方法可以让字符串"ABCdef"和字符串"abcDEF"比较的返回值是 true。

12. 以下代码的运行结果是_____。
```
public class Test {
    public static void main (String [] args) {
        String text1 = " MingRi";
        String text2 = " Soft";
```

System.out.println（text1 + text2.replace（"Ri","ri"））;
　　　}
}

13. "\\D*"这个正则表达式的作用是_____。
14. StringBuilder类的append（）方法的作用是_____。
15. String类的_____方法可以判断字符串与指定的表达式是否匹配。

（二）选择题

1. 当编译和运行下列代码后输出的结果是Second，则x的范围是（　　）。
```
public class Test {
    public static void main（String [] args）{
        int x =（）;
        if（x > 0）
            System.out.println（"First"）;
        else if（x > -3）
            System.out.println（"Second"）;
        else
            System.out.println（"Third"）;
    }
}
```
　　A. x > 0　　　　　　　　　　　　　B. x <= 0
　　C. x < -3　　　　　　　　　　　　D. x <= 0 且 x > -3

2. switch多分支语句括号中能够接受下列哪些类型的条件表达式？（　　）
　　A. byte　　　B. long　　　C. char　　　D. float
　　E. Short　　　　　　　　　　F. Long

3. 当编译和运行下列代码时会发生什么？（　　）
```
public class Test {
    public static void main（String [] args）{
        int i = 1;
        switch（i）{
            case 1:
                i += 1;
            case 2:
                i = 10;
            default:
                i = 0;
        }
        System.out.println（"i = " + i）;
    }
}
```

A. 输出 2　　　　　　　　　　B. 输出 0
　　C. 输出 10　　　　　　　　　 D. 运行错误

4. 当编译和运行下列代码时会发生什么？（　　）
```
public class Test {
    public static void main (String [] args) {
        int i = 1, j = 10;
        do {
            if (i++ > --j)
                break;
        } while (i < 5);
        System.out.println ("i =" + i + " \tj =" + j);
    }
}
```
　　A. i = 6 j = 5　　B. i = 5 j = 5　　C. i = 5 j = 6　　D. i = 6 j = 4

5. 当编译和运行下列代码时会发生什么？（　　）
```
public class Test {
    public static void main (String [] args) {
        int total = 0;
        for (int i = 0; i > total; i++) {
            System.out.println (i);
        }
        System.out.println (total);
    }
}
```
　　A. 编译错误　　B. 运行错误　　C. 输出 total　　D. 输出 0

6. 正确定义一维数组的方式包括（　　）。
　　A. int [] array　　B. int [4] array　　C. int array []　　D. int array [4]

7. 当编译和运行下列代码时会发生什么？（　　）
```
public class Test {
    public static void main (String [] args) {
        char [] array = {'a', 'b'};
        System.out.println (array [0]);
    }
}
```
　　A. 运行错误　　B. 编译错误　　C. 输出 a　　D. 输出 0

8. 下列定义二维数组的语句，哪些是正确的？（　　）
　　A. Double [] [] array = new double [3] [3];
　　B. double array [] [] = new double [3] [3];

C. double [ ] [ ] array = new double [ ] [3];
D. double array [ ] [ ] = new double [ ] [3];
E. double [ ] [ ] array = new double [3] [ ];
F. double array [ ] [ ] = new double [3] [ ];

9. 当编译和运行下列代码时会发生什么？（　　）
```
public class Test {
    public static void main (String [ ] args) {
        int [ ] array = new int [10];
        array.length = 15;
        System.out.println (array.length);
    }
}
```
  A. 编译错误 B. 运行错误 C. 输出 10 D. 输出 15

10. 对数组排序最简单的代码是（　　）
  A. 使用直接选择排序算法 B. 使用冒泡排序算法
  C. 调用 Arrays 类的 sort（　　）方法 D. 使用插入排序算法

11. 获取字符串长度应该使用下列哪个方法？
  A. length B. 1ength（　　）
  C. codePointAt（　　） D. chatAt（　　）

12. 当编译和运行下列代码时会发生什么（　　）
```
public class Test {
    public static void main (String [ ] args) {
        System.out.println ("" + 2 + 3);
        System.out.println (2 + "" + 3);
        System.out.println (2 + 3 + "");
    }
}
```
  A. 编译错误 B. 运行错误
  C. 输出 23、23 和 5 D. 输出 5、5 和 23

13. 如果 String text = "MingRiSoft"，则以下哪些语句是合法的？（　　）
  A. text > > = 3; B. text [3] = 'a'
  C. int length = text.ength（　　）; D. text + 12345;

14. 当编译和运行下列代码时会发生什么？（　　）
```
public class Test {
    public static void main (String [ ] args) {
        String text = " ABCD";
        text + = " E";
        text.replace (" C"," F");
        System.out.println (text);
    }
}
```

}
　}
　　　A. 编译错误　　　　　　　　　　B. 输出 ABCEDF
　　　C. 输出 ABFDE　　　　　　　　D. 输出 ABCDE
15. 在编译和运行在编译和运行下列代码时会发生什么？（　　）
public class Test {
　　public static void main (String [ ] args) {
　　　　String str = " 123456789";
　　　　char mychar = str.charAt (9);
　　System.out.println (mychar);
　　}
}
　　　A. 编译错误　　　　　　　　　　B. 输出 9
　　　C. 输出 123456789　　　　　　　D. 运行时出现错误

（三）编程题

1. 编写 Java 程序，实现判断变量 x 是奇数还是偶数。
2. 编写 Java 程序，应用 for 循环打印菱形。
3. 编写 Java 程序，使用 while 循环语句计算 1 + 1/2! + 1/3! …1/20! 之和。
4. 编写 Java 程序，创建一维数组 arr [ ]，将数组中最大的数输出。
5. 编写 Java 程序，创建二维数组 arr [ ] [ ]，将二维数组中所有元素的和输出。
6. 本章介绍了去除字符串空格的两种方法，试着不利用这两种方法，只利用 for 循环和 if 条件语句实现去除空格。
7. 在项目中创建 Number 类，判断字符串 "mingrikejijavabu" 中字符 "i" 出现了几次，并将结果输出。

第4章 面向对象程序设计

【学习目标】

本章主要介绍面向对象的基本概念和特征：类、对象、继承以及多态。本章将通过简单的程序代码，来讲述如何利用 Java 语言声明类的方法，以及成员的访问权限；同时利用简单易懂的实训介绍 Java 程序中对象的生成和使用，以及继承和多态的概念及其实现；然后介绍了接口和包的概念及其使用；最后介绍了 Java 中常用类库。

在完成了本章的学习后，读者应当能够掌握以下内容：
- OOP 基本概念和特征
- 类的声明，成员变量、方法的声明和访问权限
- 对象的生成和使用
- 继承和多态的概念及其实现
- 接口和包的概念及其实现
- 了解 Java 常用类库的使用

4.1 面向对象概述

4.1.1 面向对象的基本概念

面向对象程序设计的基本原则是：按照人们通常的思维方式建立问题的解空间，要求解空间尽可能自然地表现问题空间。为了实现这个原则，必须抽象出组成问题空间的主要事物，建立事物之间相互联系的概念，还必须建立按人们一般思维方式进行的描述的准则。在面向对象程序设计中，对象（Object）和消息传递（Message Passing）分别表现事物以及事物之间的相互关系。类（Class）和继承（Inheritance）是按照人们一般思维方式的描述准则。方法（Method）是允许作用于该类对象上的各种操作。这种对象、类、消息（Message）和方法的程序设计的基本点在于对象的封装性（Encapsulation）和继承性。通过封装能将对象的定义和对象的实现分开，通过继承体现类与类之间的相互关系，以及由此带来的实体的多态性（Polymorphism），从而构成了面向对象的基本特征。下面分别介绍这些概念和特征：

4.1.1.1 对象

对象是具有某些特殊属性（数据）和行为方式（方法）的实体。可以把现实生活中的任何事物都看作是对象。对象可以是有生命的个体，比如一个人或一只大象；对

象也可以是无生命的个体,比如一台电视机或一辆汽车;对象也可以是一个抽象的概念,比如天气的变化或鼠标所产生的事件。

对象有两个特征:属性(Property)和行为(Behavior)。例如:一个人的属性有姓名、性别、年龄、身高、体重等,行为有跳舞、打球、骑车、学习等。

在面向对象程序设计中,对象的概念由现实世界对象而来,可以看作是一组成员变量和相关方法的集合。对象的属性保存在成员变量(Variables)或数据字段(Data Field)里,而行为则借助方法(Methods)来实现。对象占据存储空间,一旦给对象分配了存储空间,相应的属性赋了值,就确定了对象的状态,而与每个对象相关的方法定义了该对象的操作。

对象可以看作是一片私有存储空间,其中有数据也有方法。其他对象的方法不能直接操纵该对象的私有数据,只有对象自己的方法才可以操纵它。

对象的模型可通过图4.1描述:

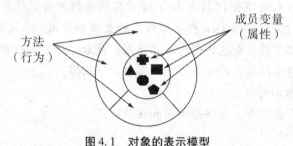

图4.1 对象的表示模型

4.1.1.2 消息

单一对象本身并不是很有用处,而通常是成为一个包含许多对象的较大程序的一个组件。对象之间需要进行交互,通过程序中对象的交互,程序可以完成更高级的功能以及更复杂的行为。程序中的交互是通过消息来实现的。消息用来请求对象执行某一处理或回答某些信息的要求。

一个消息由三方面内容组成:

(1)消息的接收者,即消息的目标对象;

(2)接收对象采用的方法;

(3)执行方法所需用的参数(Parameters)。

发送消息的对象称为发送者,接收消息的对象称为接收者。消息中只包含发送者的要求,它告诉接收者需要完成的处理,并不指示接收者如何去完成这些处理。消息完全由接收者解释,接收者决定采用什么方式完成需要的处理。对于传来的消息,接收者可以返回相应的应答信息,但并不是必需的。采用消息的处理方式的好处有:一方面,一个对象的行为通过它的方法来表达,所以(除了直接的变量存取外)消息传递支持所有对象间可能的交互;另一方面,对象不需要在相同的程序中、相同的机器上送出或接收与其他对象间的交互信息。

当一个面向对象的程序运行时,一般要做三件事情:首先,根据需要创建对象;其次,当程序处理信息或响应来自用户的输入时,要从一个对象传递消息到另一个对象;最后,若不再需要该对象时,应删除该对象并回收它所占用的存储空间。

4.1.1.3 类

在现实世界里,有许多相同"种类"的对象。而这些同"种类"的对象可被归类为一个"类"。例如可将世界上所有的汽车归类为汽车类,所有的动物归类为动物类。在面向对象程序设计中,类的定义实质上是一种对象类型,它是对具有相同属性和相似行为对象的一种抽象。例如,汽车类有些共同的属性(档位数,颜色,排气量……)和行为(换挡,转向,开灯……)。

对象是在程序中根据需要动态生成的,一个类可以生成许多状态不同的对象。同一个类的所有对象具有相同的性质,即它们的属性和行为相同。一个对象的内部状态只能由其自身来修改,任何别的对象都不能改变它。因此,同一个类的对象虽然属性相同,但它们可以有不同的状态,这些对象是不相同的。

4.1.2 面向对象的基本特性

面向对象的编程(OOP)的三个基本特征是封装、继承和多态。

4.1.2.1 封装

在对象的表示模型里,可以看到对象的核心是由对象的成员变量构成。对象的方法包围在核心职位,使得核心对于其他对象是隐藏的,而将对象的变量包裹在其对象方法的保护性监护之下就称为封装。封装用来将对其他对象不重要的细节隐藏起来。也就是说,用户不用知道一个类的完整结构如何,只要知道调用哪一个方法即可。面向对象程序设计是将数据成员和属于此数据的操作方法,放在同一个实体或对象中,这就是所谓的封装。封装提供的两大便利:

(1)封装是一种信息隐藏的技术,用户在访问对象的时候,只能看到对象表面上的东西,它们是留给对象访问对象的接口(API),而内部的信息,外部用户是不能直接访问的。

(2)模块化:一个对象的原始文件可以独立地被编写和维护而不影响其他对象,而且对象可以轻易地在系统中来回的传递使用。

4.1.2.2 继承

小学生、中学生、大学生都是学生,故属学生类,称其继承(Inherit)学生类,而小学生、中学生、大学生也都可以自成一类。这样学生类就称为超类(Superclass)、基类(Base Class)或父类,而小学生、中学生、大学生就称为子类(Subclass)、继承类(Derives Class)或次类。

从这里可以发现"学生类"是比较通用、概念性的类,所以在学生类中定义了一些通用的属性与行为。比如学号、性别、学校、年龄等,但这些属性与行为在学生类中可不用实现(Implement),而在子类(小学生、中学生、大学生)中实现。例如"年龄"在学生类中只定义有这样的属性,而到了大学生类中才实现为"18"。这样在基类中只定义一些通用的状态和实现部分的行为,到了子类中才实现细节,称此基类为抽象类(Abstract Class)。在抽象类中只定义一些状态,并实现少部分行为,这样其他的程序设计人员就可按照他们所要的特定子类进行实现与定义,就像小学生、中学生、大学生都有他们特定的状态与行为,例如学校、年龄等。

继承的好处体现在下面两点:

（1）实现代码复用。利用已经存在的基类程序代码，在编写子类时，只要针对其所需的特别属性与行为进行编写即可，提高程序编写的效率。

（2）先写出定义好却尚未实现的抽象超类，可使得在设计子类时，简化设计过程，只要将定义好的方法填满即可。

通常认识一个对象是通过它的类。面向对象程序设计是用类来定义一个对象的。当要使用一个对象（的成员变量或方法）时，首先要想到它是属于哪一类。

若一个类只从一个基类继承，则称为单继承；若一个类从多个基类继承，称多重继承（Multi-inheritance）。Java 在定义类时，只允许单继承，即只能从一个基类继承。

4.1.2.3 多态

在使用面向过程的程序设计语言时，主要工作是编写一个个过程和函数，来完成一定的功能，它们之间是不重名的，否则就会出错。而在面向对象程序设计中，多态这个词是从希腊文而来，意思是"多种状态"。在同一个类中可有许多同名的方法，但其参数数量与数据类型不同，而且操作过程与返回值也可能不会相同。在 Java 里，多态指的是在运行中，可决定使用哪一个多态方法的能力。

4.2 Java 中的类

类是 java 程序中最小的组成单位，java 编译器无法处理比类更小的程序代码。当开始编写 java 程序时，就是要建立一个类。这些类有可能是顶层的抽象类，也有可能是直接继承某一个类的子类。若要使用 java 编写程序解决一个较大的项目时，需要先规划好类的层次关系，以及各个类的存取控制特性等。

4.2.1 类的定义

java 中定义类的一般格式为：

［类修饰符］class 类名［extends 基类］［implements 接口］
{
//成员变量声明（member variable declaration）

//成员方法声明（member method declaration）
}

其中，class、extends 和 implements 都是 java 的关键字。类修饰符、extends 和 implements 分别是关于修饰符、继承和接口的内容，在后续章节中介绍。类名是用户定义的标识符。

类中定义的方法和成员变量都是类的成员。对于类的成员可以使用以下修饰符：private、protected、public、default。类的成员可分为实例成员和类成员两种。

例如：简单定义一个描述圆的类，并能根据给定的半径计算和显示圆的面积：

```
public class Circle {
    private float fRadius;         //成员变量
    final float PI = 3.14f;        //定义常变量 PI
    void setRadius (float fR) {
```

```
            fRadius = fR;
        }
        void showArea () {                    //显示圆面积
            System.out.println ("  圆面积是" + fRadius * fRadius * PI);
        }
        public static void main (String [] args) {    //主方法,即程序入口
            Circle circle = new Circle ();            //创建圆类的对象
            circle.setRadius (40);//引用对象方法,设置圆半径
            circle.showArea ();//引用对象方法,显示圆面积
        }
}
```

程序运行结果:
圆面积是 5024.0

我们进一步来探讨类的定义(下面的实例仍然使用圆为例):

实训 1:定义一个圆。

在类 Circle 的定义中,首先是它的一些属性定义。我们定义的是一个圆,它的圆心坐标和半径都是这个圆的一些特性。如前面所述,将这些属性设为私有,不要让它们直接被外界访问或修改属性值。但我们也定义了一个公共的属性,即圆周率的值。

属性定义完了之后就是方法的定义。在这个例子当中,我们看到了两个私有的方法,分别为:distanceX () 和 distanceY (),它们只能被在这个类中定义的方法使用,不能被外面的 Java 程序直接使用。后面的公共方法 distanceTo () 定义中使用到了上面这两个私有方法,distanceTo () 方法本身的访问权限是公共的,外界可以直接访问它。然后通过它会间接用到类的私有方法 distanceX () 和 distanceY ()。

```
/*定义一个表示圆的类 */
class Circle {
    /* 类的私有属性 */
    private double x;// 圆心的 X 轴坐标 x
    private double y;// 圆心的 Y 轴坐标 y
    private double radius;// 圆半径:radius
    /* 类的公共属性 */
    public final double PI =
3.14159265358979323846264338327950288419716939937510582;
    /* 类的私有方法 */
    private double distanceX (double x0) {
        return x - x0;
    }
    private double distanceY (double y0) {
        return y - y0;
    }
```

```java
/* 类的公共方法 */
public double distanceTo (double x0, double y0) {
    return Math.sqrt (distanceX (x0) * distanceX (x0) + distanceY (y0)
        * distanceY (y0));
}
public boolean inCircle (double x0, double y0) { // 判断点 (x0, y0) 是否在圆的内部
    return distanceTo (x0, y0) < radius;
}
public void moveTo (double x0, double y0) { // 设置圆心位置
    x = x0; // 在类定义内部可以直接改变私有属性的值
    y = y0;
    return;
}
public void getPosition () { // 输出圆心的位置
    System.out.println ("x = " + x); // 在类定义内部可以直接使用私有属性
    System.out.println ("y = " + y);
    return;
}
public void setRadius (double r) { // 设置圆的半径
    radius = r;
    return;
}
public double getRadius () { // 取得圆的半径值
    return radius;
}
public double getDiameter () { // 计算圆的直径长度：2*R
    return 2 * radius;
}
public double getCircumference () { // 计算圆的周长：PI*D
    return PI * getDiameter ();
}
public double getArea () { // 计算圆的面积：PI*R*R
    return PI * radius * radius;
}
public double getCurvature () { // 计算圆的曲率：1/R
    return 1.0 / radius;
}
}
```

在类 Circle 中，一共定义了 10 个公共方法。它们涵盖了圆的各种操作，如计算直径、周长、面积、曲率等。要注意的是，公共类型的属性在本类的方法中也是可以直接使用的。在计算圆周长的方法 getCircumference () 中就使用了公共的属性 PI。公共方法是可以被类中定义的其他方法使用的。在后面的 Java 主程序中我们逐个地调用了前面定义的公共方法，让大家看一下类的方法调用。接下来就看 Java 主程序的代码：

```
public class CircleTest { // 本 Java 程序文件的主类
    public CircleTest () { // 类 CircleTest 的构造方法
    }
    public static void main (String [] argv) { // Java 程序入口主函数
        System. out . println (" This is CircleTest. ");
        Circle circle1; // 定义对象 circle1
        Circle circle2; // 定义对象 circle2
        circle1 = new Circle (); // 新建对象 circle1
        circle2 = new Circle (); // 新建对象 circle2
        /* 对象的私有成员不可以直接被外面的程序访问 如果去掉下面两行的注释，Java 在编译时会报错 */
        // circle1. radius = 6; // 非法访问对象私有成员属性
        // circle1. distanceY (0.0); // 非法访问对象私有成员方法
        /* 公共方法，可以直接访问，用来改变私有属性的值 */
        circle1. setRadius (6); // 设置对象 circle1 的半径为 6
        // 输出 circle1 的半径，验证上一行的执行结果
        System. out . println (" circle1's radius: " + circle1. getRadius ());
        circle2. setRadius (9); // 设置对象 circle2 的半径为 9
        System. out . println (" PI: " + circle2. PI); // 访问 circle2 的公共属性值
        circle1. moveTo (0, 0); // 设置圆 circle1 的圆心位置为 (0, 0)
        circle2. moveTo (3, 4); // 设置圆 circle2 的圆心位置为 (3, 4)
        circle2. getPosition (); // 输出圆 circle2 的圆心位置
        /* 公共方法，可以直接访问，输出 circle2 的圆心到坐标原点的距离 */
        System. out . println (" The distance from circle2's center to (0, 0) is: "
            + circle2. distanceTo (0, 0));
        System. out . println (" The point (0, 0) in circle2? "
            + circle2. inCircle (0, 0));
        System. out . println (" The diameter of circle1 is: "
            + circle1. getDiameter ());
        System. out . println (" The circumference of circle1 is: "
            + circle1. getCircumference ());
        System. out . println (" The area of circle1 is: " + circle1. getArea ());
        System. out . println (" The curvature of circle2 is: "
            + circle2. getCurvature ());
```

```
            System.out.println(" Congratulations! You've done successfully!");
        }
}
```

程序运行的结果如图 4.2 所示：

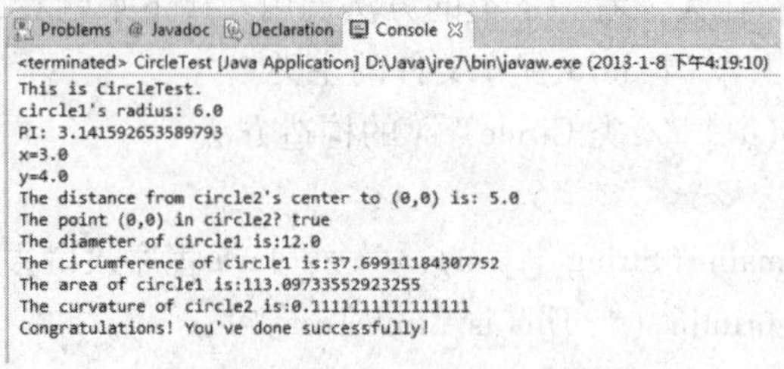

图 4.2　CircleTest 运行结果

4.2.2　成员变量

成员变量属于全局变量。成员变量的声明或定义的完整格式为：

［成员访问修饰符］［成员存储类型修饰符］数据类型 成员变量［＝初值］；

格式说明：

（1）java 中允许为成员变量赋初值。类的成员变量在使用前必须加以声明，除了声明变量的数据类型之外，还需要说明变量的访问属性和存储方式。访问修饰符包括：public、protected、private 和缺省（即不带访问修饰符），成员变量的访问修饰符关键字功能如表 4.1 所示：

表 4.1

关键字	用途说明
Public	此成员能被任何包中的任何类访问
Protected	此成员能被同一包中的类和不同包中该类的子类访问
Private	此成员能被同一类中的方法访问，包以外的任何类不能访问
缺省	此成员能被同一包中的任何类访问

存储类型修饰符包括：static、final、volatile 和 transient，成员变量的存储类型修饰符关键字功能如表 4.2 所示：

表 4.2

关键字	用途说明
Static	声明类成员，表明该成员为所有对象所共有
Final	声明常变量，该变量将不能被重新赋值
Volatile	声明共享变量

（2）根据在内存中的存储方式和作用范围的不同，成员变量可分为类变量和实例

变量。普通的成员变量也称实例变量。如果用 static 修饰成员变量,表示成员变量为静态成员变量,也称类变量。类变量的作用范围属于类,不像一般实例变量是依赖于对象的。一般实例变量伴随着实例的创建而创建,伴随着实例的消亡而消亡。静态成员变量随着类的定义而诞生,被所有实例所共享。

(3) 访问成员变量的格式为:

对象.成员变量

如果考虑 static 关键字,那么访问格式可细化为:

对象.静态成员变量(或实例成员变量)

或:类名.静态成员变量

因此,点操作符".'也称为"对象成员操作符"。

(4) 成员变量的类型可以是 java 中任意的数据类型,可以是简单类型也可以是类、接口、数组等复合类型。在一个类中的成员变量是唯一的。

(5) 需要强调的是:在一个类中声明成员变量时,必须在任何方法之外声明,它的作用范围是整个类,如果定义在方法体内部就是局部变量;另外需要注意,不要把语句写在方法外部(属性定义区)。

成员变量与局部变量的区别:两者的声明格式不同,方法里的局部变量不能用修饰符修饰。若在一个方法体里声明变量用了修饰符,则编译会产生错误,局部变量不能被外界存取。

4.2.3 成员方法

成员方法描述对象所具有的功能或操作,反映对象的行为,是具有某种独立功能的程序模块。一个类或对象可以具有多个成员方法,对象通过执行它的成员方法对传来的消息作出响应,完成特定的功能。成员方法一旦定义,便可以在不同的程序段中多次调用,可增强程序结构的清晰度,提高编程效率。

从成员方法的来源看,可以将成员方法分为:

(1) 类库成员方法。这是由 java 类库提供的,编程人员只需按照相应的调用格式去使用这些成员方法即可。

(2) java 类库提供了丰富的类和方法,可以完成常见的算术运算、字符串运算、输入输出处理等操作。

用户自定义的成员方法。这是用户根据需要自己编写的成员方法,程序设计的主要工作就是编写用户自定义类、自定义方法。

成员方法声明的完整格式为:

[成员访问修饰符][成员存储类型修饰符] 数据类型 成员方法([参数列表])[throws Exception];

成员方法定义的完整格式为:

[成员访问修饰符][成员存储类型修饰符] 数据类型 成员方法([参数列表])[throws Exception] {

　　[<类型> <局部变量>;]

　　……方法体语句;

};

①在类的成员方法的声明或定义前,除了声明方法的返回值数据类型之外,还需要说明方法的访问属性和存储方式。访问修饰符包括:public、protected、private 和缺省,成员方法访问修饰符的作用与成员变量访问修饰符的作用相同;存储类型修饰符包括:static、final、abstract、native 和 synchronized,成员方法的存储类型修饰符关键字功能如表 4.3 所示:

表 4.3

关键字	用途说明
static	声明类方法,表明该方法为所有对象所共有
final	声明最终方法,该方法将不能被子类重写
abstract	声明抽象方法,没有方法体,该方法需要其子类来实现
native	声明本地方法,本地方法用另一种语言如 C 实现
synchronized	声明同步方法,该方法在任一时刻只能由一个线程访问

②如果类体中的一个方法只有声明没有定义(即没有方法体),则此方法是 abstract 的,且类体和方法体前都需加 abstract 关键字修饰。

③访问成员方法的格式为:

对象.成员方法

如果考虑 static 关键字,那么访问格式可细化为:

对象.静态成员方法(或实例成员方法)

或:

类名.静态成员方法

④方法的返回值可分为两类:无返回值的方法和有返回值的方法。有返回值方法的返回值类型可以是 java 允许的任何数据类型。无返回值方法用 void 关键字声明,不能包含 return 语句;有返回值方法需在方法名前指出方法的返回值类型,并且包含 return 语句,return 后跟返回的结果,结果的数据类型即为返回值类型。

⑤在声明方法中的参数时,需要说明参数的类型和个数。参数之间用逗号隔开,参数的数据类型可以是 java 认可的任何数据类型。参数名称在它的作用范围内是唯一的,即同一个方法中的参数名称不能相同。对象可以作为方法的参数。

[例 4.1] 定义一个求 3 个整数中最小数的方法 min3(),求 3 个数中的最小数。

```
class zuixiaoshu {
    public static void main (String [ ] args) {
        int a =78, b =12, c = -5, zuixiaoshu;
        zuixiaoshu =min3 (a, b, c);
        System. out . println (" 最小的数是:" +zuixiaoshu);
        // TODO 自动生成的方法存根
    }
static int min3 (int x, int y, int z) {
```

```
        int small;
        small = Math.min(x, y);
        small = Math.min(small, z);
            return(small);
    }
}
```

程序的运行结果：

最小的数是：-5

4.2.4 构造方法

构造方法是一种特殊的方法，用来创建类的实例。声明构造方法时，可以附加访问修饰符，但没有返回值，不能指定返回类型。构造方法名必须和类同名。调用构造方法创建实例时，用 new 运算符加构造方法名，如利用一个求盒子体积的 Box 构造函数，它根据自变量设置每个指定盒子的尺寸。特别注意 Box 对象是如何被创建的：

实训2：求盒子体积。

```
class Box {
    double width;
    double height;
    double depth;
    Box(double w, double h, double d) {
        width = w;
        height = h;
        depth = d;
    }
    double volume() {
        return width * height * depth;
    }
}
public class BoxDemo {
    public static void main(String args[])
    {Box mybox1 = new Box(10, 20, 30);
    Box mybox2 = new Box(3, 6, 9);
    double vol;
    vol = mybox1.volume();
    System.out.println(" volume is" + vol);
    vol = mybox2.volume();
    System.out.println(" volume is" + vol);
```

         }
}
程序运行结果：
volume is6000.0
volume is162.0

在程序代码中，每个对象被它的构造函数指定的参数初始化。例如：
Box mybox1 = new Box（10,20,30）;

当 new 创建对象时，值10,20,30传递到Box（）构造函数。这样，mybox1 的拷贝 width、height、depth 将分别包含值10、20、30。

4.3 对象

类与对象是面向对象程序设计中最基本的两个概念，类是对象的模板，对象是类的具体实现。在java语言中，类只有实例化即生成对象才能被使用。

4.3.1 创建对象

创建对象的语法格式：

类名　对象名；　　　　　　//声明对象

对象名 = new 类名（参数）；　　//创建对象

实训3：用户自定义日期类，给定年，判断该年是否为闰年。

```java
public class Dateclass{
int   year;
void setDate（int y）{
    year = y;
}
boolean IsLeapYear（int y）{
    if（y%400 = =0||y%4 = =0&&y%100! =0）
        return true;
    else
        return false;
}
public static void main（String args［］）{
    Dateclass d1;                    //声明类的对象
    d1 = new Dateclass（）;           //创建对象，为对象分配空间
    d1.setDate（2016）;
    if（d1.IsLeapYear（d1.year））
        System.out.println（d1.year + " 是闰年!"）;
    else
        System.out.println（d1.year + " 不是闰年!"）;
```

}

程序运行结果:

2016 是闰年!

在这段程序中,"Dateclass d1;"声明了一个类型为 Dateclass 的对象。对象的声明并不为对象分配内存空间。new 运算符使系统为对象分配内存空间并且实例化一个对象。new 运算符调用类的构造方法,返回该对象的一个引用。用 new 运算符可以为一个类实例化多个不同的对象。这些对象占据不同的存储空间,改变其中一个对象的属性值,不会影响其他对象的属性值。

4.3.2 使用对象

对象的使用包括使用对象的成员变量和成员方法,通过运算符"."可以实现对成员变量的访问和成员方法的调用。访问对象的成员变量的格式为:

对象名.成员变量名;

对象名表示是一个已经存在的对象或能够生成对象的表达式。

访问对象的成员方法的格式为:

对象名.成员方法名(参数列表);

例:给定长方体的长、宽、高,计算体积。

```
public class cft {
    double length;
    double width;
    double height;
    void setlwh (double l, double w, double h) {
        length = l;
        width = w;
        height = h;
    }
double tj ( ) {
    return length * width * height;
}
    public static void main (String [ ] args) {
        cft t1;                    //声明类的对象
        t1 = new cft ( );          //创建对象,为对象分配空间
        t1.setlwh (10, 20, 30);    //调用成员方法进行赋值
        System.out.println (" 长方体的体积为:" + t1.tj ( ));
    }
}
```

程序运行结果:

长方体的体积为:6000.0

在这个程序中，类对象调用成员方法 setlwh（）方法为 length、width 和 height 进行赋值，然后调用 tj（）方法计算机体积。

4.3.3 销毁对象

java 运行时，系统通过自动垃圾回收机制周期性的释放无用对象所使用的内存，完成对象的清除工作。当不存在一个对象的引用（程序执行到对象的作用域之外或把对象的引用赋值为 null）时，该对象成为一个无用的对象。java 自动垃圾回收机制自动扫描对象的动态内存区，对被引用对象加以标记。当系统的内存空间用完或程序中调用 system.gc（）要求进行垃圾处理时，垃圾回收线程在系统空闲时异步执行。java 采用自动垃圾回收进内存管理，使程序员不需要跟踪每个生成的对象，避免了使用 C/C++错误释放内存带来系统崩溃的麻烦。在对象作为垃圾被回收前，java 运行时系统会自动调用对象的 finalize（）方法，使它可以清除自己所使用的资源。

4.4 继承

类通过继承可实现代码复用，从而提高程序设计效率，缩短开发周期。java 的类大致有 2 种：系统提供的基础类和用户自定义类。基础类面向系统底层，为用户进行二次开发提供技术支持；自定义类是用户为解决特殊问题、面向实际问题设计的类。用户通过在已有类的基础上扩展子类的形式来构建程序新的功能，子类继承父类的属性和方法，同时也加入自身独特的属性和方法，以区别于父类。

4.4.1 类继承的实现

4.4.1.1 创建子类

java 中的继承是通过 extends 关键字来实现的，在定义新类时使用 extends 关键字指明新类的基类，就在两个类之间建立了继承关系。

创建子类的一般格式为：

class 子类名 extends 父类名 ｛

…

｝

子类名为 java 标识符，子类是父类的直接子类，如果父类又继承某个类，则子类存在间接父类。子类可以继承所有基类的内容。如果不出现 extends 子句，则该类的基类为 java.lang.object。子类可以继承基类中访问控制为 public、protected、default 的成员变量和方法。但不能继承访问控制为 private 的成员变量和方法。下面的例子创建了一个父类（superclass）A 和一个名为 B 的子类（subclass），注意其中怎么用关键字 extends 来创建 A 的子类。

实训 4 类继承的简单实现

class A ｛

    int i, j;

    void showij（）

```
            System. out . println (" i and j:" +i+" " +j);
        }
}
class B extends A {
    int k;
    void showk () {
        System. out . println (" k:" +k);
    }
    void sum () {
        System. out . println (" i+j+k: " + (i+j+k));
    }
}
public class simpleinheritance {
    public static void main (String args []) {
        A superOb = new A ();
        B subOb = new B ();
        superOb. i = 10;
        superOb. j = 20;
        System. out . println (" contents of superOb:");
        superOb. showij ();
        System. out . println ();
        subOb. i = 5;
        subOb. j = 6;
        subOb. k = 7;
        System. out . println (" contents of subOb:");
        subOb. showij ();
        subOb. showk ();
        System. out . println (" sum of i, j and k in subOb:");
        subOb. sum ();
    }
}
```

程序运行结果为：

contents of superOb：
i and j: 10 20
contents of subOb：
i and j: 5 6
k: 7
sum of i, j and k in subOb：
i+j+k: 18

上述例子中，子类 B 包括它的父类 A 中的所有成员，这就是为什么 subOb 可以获取 i 和 j 以及调用 showij（）方法的原因。同样，sum（）内部，i 和 j 可以被直接引用，就像它们是 B 的一部分。

4.4.1.2 成员变量的隐藏和方法的重写

在类的继承中，若在子类中定义了与基类相同的成员变量，则在子类中基类的成员变量被隐藏。基类的同名成员变量在子类对象中仍占据自己的存储空间，子类隐藏基类的同名成员变量只是使他不可见。若在子类中定义了与基类相同的成员方法，子类成员方法清除基类同名的成员方法所占据的存储空间，从而使得基类的方法在子类对象中不复存在。注意，重写的方法和基类中被重写的方法要具有相同的名字，相同的参数表和相同的返回类型。

子类通过成员变量的隐藏和方法的重写可以把基类的属性和行为改变为自身的属性和行为。有关方法重写内容在后续章节中详细介绍。

4.4.2 this 和 super 关键字

4.4.2.1 this 关键字

this 用于类的成员方法的内部，用于代替调用这个方法的实例。this 是对象的别名，是当前类的当前实例的引用。this 本质上是一个指针，指向操作当前方法的那个实例，这与 C++ 的 this 指针完全相同，但是因为 Java 中没有显式指针，我们可以把它理解成引用（即隐式指针）。如果方法中的成员调用前没有操作实例名，则默认省略了 this。但是，在一些特殊情况下，this 是不能省略的，例如：当方法的局部变量与全局变量重名时，则必须使用 this 来区分全局变量。

小提示：this 关键字不能用于 static 方法，否则会有 "non—static variable this cannot be referenced from a static context" 的编译错误。

［例 4.2］this 关键字的使用

```
class A {
    int a, b;
    public A (int a) {
        this. a = a;
    }
    public A (int a, int b) {
        this (a);      //引用同类的其他构造方法
        this. b = b;   //访问当前对象的数据成员
    }
    public int add () {
        return a + b;
    }
    public void display () {
        System. out . println (" a = " + a + ", b = " + b);//访问当前对象的成员方法
```

```
            System.out.println("a+b=" + this.add());
        }
    }
    public class lpang {
        public static void main(String[] args) {
            A a = new A(1, 2);
            a.display();
        }
    }
```

程序运行结果：
a=1,b=2
a+b=3

4.4.2.2　super 关键字

super 表示当前对象的直接基类对象，是当前对象的直接基类对象的引用。所谓直接基类是对于当前对象的其他"基类"而言，super 代表的是直接基类。若子类的数据成员或成员方法名与基类的数据成员或成员方法名相同时，当要调用基类的同名方法或使用基类的同名的数据成员，则可以使用关键字 super 来指明基类的数据成员和方法。super 的使用方法有 3 种：

（1）用来访问直接基类中被隐藏的数据成员，其使用形式如下：

super.数据成员

（2）用来调用直接基类中被重写的成员方法，其使用形式如下：

super.成员方法

（3）用来调用直接基类的构造方法，其使用形式如下：

super.（参数）

［例 4.3］super 的使用

```
class A {
    int a, b;
    public A(int a, int b) {
        this.a = a;
        this.b = b;
    }
    public void display() {
        System.out.println("in class A: a=" + a + ", b=" + b);
    }
}
class B extends A {
    int c, d;
    public B(int a, int b, int c, int d) {
        super(a, b);  //调用直接基类的构造方法
```

```
            this.c = c;
            this.d = d;
        }
        public void display () {
            super.display ();
            System.out.println ("in class B: c = " + c + ", d = " + d);
        }
    }
public class lpang {
    public static void main (String [] args) {
        B c = new B (4, 2, 3, 1);
        c.display ();
    }
}
```

程序运行结果:
in class A: a = 4, b = 2
in class B: c = 3, d = 1

4.4.3 方法重载与方法重写

4.4.3.1 方法重载

在同一个类中定义了多个同名而内容不同的成员方法,称这些方法是重载的方法。重载的方法主要通过参数列表中参数的个数、参数的数据类型和参数的顺序来进行区分。在编译时,Java 编译器检查每个方法所用的参数数目和类型,然后调用正确的方法。

实训 5: 一个方法重载的举例。

```
class Figure {
    double dim1;
    double dim2;
    Figure (double a, double b) {
        dim1 = a;
        dim2 = b;
    }
    double area () {
        System.out.println ("area for figure is undefined.");
        return 0;
    }
}
class Rectangle extends Figure {
    Rectangle (double a, double b) {
```

```
            super (a, b);
    }
        double area () {
            System.out.println (" inside area for rectangle.");
            return dim1 * dim2;
        }
}
class Triangle extends Figure {
    Triangle (double a, double b) {
        super (a, b);
    }
    double area () {
        System.out.println (" inside area for triangle.");
        return dim1 * dim2;
    }
}
public class findareas {
public static void main (String args []) {
    Figure f = new Figure (10, 10);
    Rectangle r = new Rectangle (5, 6);
    Triangle t = new Triangle (7, 8);
    Figure figref;
    figref = r;
    System.out.println (" area is" + figref.area ());
    figref = t;
    System.out.println (" area is" + figref.area ());
    figref = f;
    System.out.println (" area is" + figref.area ());
    }
}
```

程序运行结果为:
inside area for rectangle.
area is30.0
inside area for triangle.
area is56.0
area for figure is undefined.
area is0.0

4.4.3.2 方法重写

通过面向对象系统中的继承机制,子类可以继承父类的方法。但是,子类的某些特征可能与从父类中继承来的特征有所不同,为了体现子类的这类特性,Java 允许子类对父类的同名方法重新进行定义,即在子类中定义与父类中已定义的名称相同而内容不同的方法。这种多态称为方法重写,也称为方法覆盖。

例如以下程序:

```java
class Person {
    private String name;
    private int age;
    public void setName (String name) {this. name = name;}
    public void setAge (int age) {this. age = age;}
    public String getName () {return name;}
    public int getAge () {return age;}
    public String getInfo () {
        return " Name: " + name + " \ n" +" age: " + age;
    }
}


class Student extends Person {
    private String school;
    public String getSchool () {return school;}
    public void setSchool (String school)
    {this. school = school;}

    //对父类中的方法重写
    public String getInfo () {
        return " Name: " + getName () + " \ nage: " + getAge ()
                        +" \ nschool: " + school;
    }
}

public class TestOverWrite {
public static void main (String arg [ ]) {
        Student student = new Student ();
        Person person = new Person ();
        person. setName (" none");
        person. setAge (1000);
        student. setName (" 李飞");
        student. setAge (20);
        student. setSchool (" 四川行政学院");
        System. out . println (person. getInfo ());
```

         System.*out*.println（student.getInfo（））；
    }
}

程序运行结果：
Name：none
age：1000
Name：李飞
age：20
school：四川行政学院

4.4.4 抽象类与抽象方法

4.4.4.1 抽象类与抽象方法的声明

抽象类体现数据抽象的思想，是实现程序多态性的一种手段。定义抽象类的目的是提供可由其子类共享的一般形式。子类可以根据自身需要扩张抽象类。抽象类和抽象方法有以下特征：

（1）抽象类不能实例化，即不能用 new 来生成一个实例对象。

（2）抽象方法只有方法名、参数列表及返回值类型，抽象方法没有方法体，也不能有空方法体。

（3）抽象方法必须在子类中给出具体实现。

（4）一个抽象类里可以没有定义抽象方法，但只要类中有一个方法被声明为抽象方法，则该类必须为抽象类。

（5）若一个子类继承一个抽象类，则子类需用覆盖的方式来实现该抽象父类中的抽象方法。若没有完全实现所有的抽象方法，则子类仍是抽象的。

（6）抽象方法可与 public、protected 复合使用，但不能与 final、private 和 static 复合使用。

在下面列出的情况中，某个类将被定义为抽象类：

（1）当类的一个或多个方法为抽象方法时。

（2）当类为一个抽象类的子类，并且没有为所有抽象方法提供实现细节或方法主体时。

（3）当类实现一个接口，并且没有为所有抽象方法提供实现细节或方法主体时。

在 java 中使用 abstract 关键字修饰的类称为抽象类，用 abst 关键字修饰的方法称为抽象方法。当一个类的定义完全表示抽象概念时，它不应该被实例化为一个对象，因此不能为抽象类实例化对象。也就是说 abstract 类只用于被继承，abstract 方法只用于被重写。

声明一个抽象类的格式为：
abstract class 类名｛

…

｝

抽象类中可以包含抽象方法，对抽象只需要声明，而不需要具体的内容，格式如下：

abstract 数据类型 方法名（[paramlist]）;

对于抽象方法声明格式，abstract 保留字不能缺少，其次，需要注意以下几点：

(1) 声明格式中没有｛｝。

(2) 最后的";"不能省略。

抽象类首先是一个类，因此具有类的一般属性。抽象了必须被其他类继承，抽象类中不一定包含抽象方法，但是，如果一个类中包含了抽象方法，也就是 abstract 关键字修饰的方法，则该类就必须声明为抽象类。在类中的方法中除构造方法、静态方法、私有方法不能说明为抽象方法外，其他任何方法都可以被声明为抽象方法。

例如：下面这个用于计算员工工资的程序段

```
abstract class yuangong {              //抽象类
    int basicgz = 2500;
    abstract void gz ();               //抽象方法
}
class zg extends yuangong {
    void gz () {                       //在主管（zg）类中重写gz () 方法
        System.out.println (" 主管工资等于" + basicgz * 3);
    }
}
class ywy extends yuangong {
    void gz () {                       //在业务员（ywy）类中重写gz () 方法
        System.out.println (" 业务员工资等于" + basicgz);
    }
}
```

完整程序为：

```
abstract class yuangong {              //抽象类
    int basicgz = 2500;
    abstract void gz ();               //抽象方法
}
class zg extends yuangong {
    void gz () {                       //在主管（zg）类中重写gz () 方法
        System.out.println (" 主管工资等于" + basicgz * 3);
    }
}
class ywy extends yuangong {
    void gz () {                       //在业务员（ywy）类中重写gz () 方法
        System.out.println (" 业务员工资等于" + basicgz);
    }
}
public class salary {                  //定义主类
```

```java
public static void main (String [ ] args) {
    zg gongzi1 = new zg ( );              //指向子类对象
    ywy gongzi2 = new ywy ( );            //指向子类对象
    gongzi1. gz ( );
    gongzi2. gz ( );
    }
}
```

程序运行结果：

主管工资等于 7500

业务员工资等于 2500

4.4.4.2　抽象类与抽象方法的使用

由于抽象类只是预先确定了总体结构，缺少实际内容或实现过程，又不能被实例化，所以要发挥它的作用，只能被继承，以它作为基类，用其子类来创建对象，同时将抽象方法重写。再来看一个例子。

```java
abstract class xiaodongwu {                //定义抽象类 xiaodongwu
    private String type;
    public xiaodongwu (String type) {
        this. type = type;
    }
    abstract void talk ( );                //声明抽象方法 talk ( )
}
class dog extends xiaodongwu {             //定义 xiaodongwu 类的子类 dog
    private String name;
    public dog (String type, String name) {
        super (type);
        this. name = name;
    }
    void talk ( ) {                        //覆盖 talk ( ) 方法
        System. out . println (" 汪汪");
    }
}
class cat extends xiaodongwu {             //定义 xiaodongwu 类的子类 cat
    private String name;
    public cat (String type, String name) {
        super (type);
        this. name = name;
    }
    void talk ( ) {                        ////覆盖 talk ( ) 方法
        System. out . println (" 喵喵");
```

```
        }
    }
    public class salary {                    //定义主类
        public static void main (String [ ] args) {
            dog xiaogou = new dog (" 犬科"," 小黑");      //指向子类对象
            cat xiaomao = new cat (" 猫科"," 小花");      //指向子类对象
            xiaogou. talk ( );
            xiaomao. talk ( );
        }
    }
```

程序运行结果：

汪汪

喵喵

这段代码需要大家注意的是：

（1）因为抽象类功能没有定义完善，所以它是不能定义创建实例的，如："xiaodongwu obj = new xiaodongwu ( );"是错误的。抽象类必须经过继承才能使用；

（2）某些情况下，可能需要定义不允许其他类继承的类，这种类被称为最终类，最终类用 final 关键字说明，从类的使用形式上可以看出，抽象类和最终类在使用方式上正好相反，一个必须通过继承才能使用，一个不允许继承。因此，两个关键字不能同时修饰一个类

（3）如果子类没有重写抽象父类中的全部方法，按照继承的规则，抽象方法会被子类继承，子类当然也会成为抽象类。

4.4.5 类修饰符

类修饰符提供了对类的访问控制。类修饰符有 4 个：default、public、final 和 abstract。

● default：指的是在没有用任何修饰符的情况下，系统会对变量或方法采用默认的访问权限，即表明可被同一包中的其它类存取。

● public：提供给其它类完全的存取权限。也就是说在同一包中的类可自由访问此类，而别的包中的类可通过 import 关键词来引入此类所属的包而加以运用。用此修饰符修饰的类有以下几个特性：

（1）一个程序里最多只能有一个类被修饰为 public，否则编译出错。

（2）源文件的文件名必须是用 public 修饰的类名。

（3）若程序中没有任何 public 类，且文件名是程序中的一个类名，则该类被视作 public，供别的类存取。

● final：表示此类为"最终"、"终极"类，别的类不能继承此类，其方法也不能被覆盖。

例如，java. lang. system 类即为 final 类：

public final class system extends object

final 修饰的类可以被使用，但不能继承并覆盖其内容。若使用两个修饰符 public 和 final 修饰类，则含义是：此 final 类可被 import 来引用，但不能被继承。system 类关系到系统级控制，为了安全起见，使用 final 修饰，以免被覆盖。

● abstract：此关键词的英文意思是"抽象的"。此修饰符可修饰类及方法。成员变量不能用这个修饰符修饰。用它修饰类称为抽象类，表示此类具有相应的功能，但不提供具体实现的程序代码，而只是先定义一些方法规格，然后让继承此类的子类来覆盖此规格的内容。final 与 abstract 不能复合来用，因为二者是相冲突的。

实训 6：定义一个学生对象后，获取学生教学管理信息。

student.java

```java
public class Student {
    private int studentNo;
    private String studentName;
    private int sex;
    private Team team;
    private Course course;

    public Student(int studentNo, String studentName, int sex, Team team, Course course) {
        this.studentNo = studentNo;
        this.studentName = studentName;
        this.sex = sex;
        this.team = team;
        this.course = course;
    }

    public Course getCourse() {
        return course;
    }

    public void setCourse(Course course) {
        this.course = course;
    }

    public int getSex() {
        return sex;
    }

    public void setSex(int sex) {
        this.sex = sex;
```

```java
        }

        public String getStudentName () {
            return studentName;
        }

        public void setStudentName (String studentName) {
            this.studentName = studentName;
        }

        public int getStudentNo () {
            return studentNo;
        }

        public void setStudentNo (int studentNo) {
            this.studentNo = studentNo;
        }

        public Team getTeam () {
            return team;
        }

        public void setTeam (Team team) {
            this.team = team;
        }

}
```
team.java
```java
public class Team {
    private int teamNo;
    private String teamName;

    public Team (int teamNo, String teamName) {
        this.teamNo = teamNo;
        this.teamName = teamName;
    }

    public String getTeamName () {
        return teamName;
```

```java
    }

    public void setTeamName (String teamName) {
        this.teamName = teamName;
    }

    public int getTeamNo () {
        return teamNo;
    }

    public void setTeamNo (int teamNo) {
        this.teamNo = teamNo;
    }
}
```

course.java
```java
public class Course {
    private int courseNo;
    private String courseName;

    public Course (int courseNo, String courseName)
    {
        this.courseNo = courseNo;
        this.courseName = courseName;
    }

    public String getCourseName () {
        return courseName;
    }

    public void setCourseName (String courseName) {
        this.courseName = courseName;
    }

    public int getCourseNo () {
        return courseNo;
    }

    public void setCourseNo (int courseNo) {
        this.courseNo = courseNo;
```

}

test.java
public class Test {

  public static void main (String [ ] args) {
  // TODO 自动生成方法存根
    Team team = new Team (2," 计算机科学");
    Course course = new Course (01," Java 编程");
    Student student = new Student (20120001," tom", 1, team, course);
    System.out.println (" 学生姓名 =" + student.getStudentName ());
    System.out.println (" 学生编号 =" + student.getStudentNo ());
    System.out.println (" 学生班级名称 =" + student.getTeam ().getTeamName ());
    System.out.println (" 学生班级编号 =" + student.getTeam ().getTeamNo ());
    System.out.println (" 学生课程名称 =" + student.getCourse ().getCourseName ());
    System.out.println (" 学生课程编号 =" + student.getCourse ().getCourseNo ());

  }
}

程序运行结果：
学生姓名 = tom
学生编号 = 20120001
学生班级名称 = 计算机科学
学生班级编号 = 2
学生课程名称 = Java 编程
学生课程编号 = 1

4.5 接口

  在 java 中通过 extends 实现单继承，从类的继承上来讲，java 只支持类的单继承，这样可避免多继承中各基类含有同名成员时在子类中发生引用无法确定的问题。但是，为了某些时候的操作方面、增加 java 的灵活性，达到多继承的效果，可利用 java 提供的接口来实现。

  一个接口允许从几个接口继承而来。java 程序一次只能继承一个类但可以实现几个接口。接口不能有任何具体的方法。接口也可用来定义由类实用的一组常量。

4.5.1 接口定义

java 中的接口是特殊的抽象类，是一些抽象方法和常量的集合，其主要作用是使得处于不同层次上以至于互不相干的类能够执行相同的操作、引用相同的值，而且可以同时实现来自不同类的多个方法。

接口与抽象类不同之处在于：接口的数据成员必须被初始化；接口中的方法必须全部都声明为抽象方法。

接口的一般定义格式为：

［public］interface 接口名 ｛

　　//接口体

｝

其中 interface 是接口的保留字，接口名是 java 的标识符。如果缺少 public 修饰符，则该接口只能被与它在同一个包中的类实现。接口体中可以含有下列形式的常量定义和方法声明：

［public］［static］［final］类型 常量名＝常量值;　//数据成员必须被初始化

［public］［abstract］方法类型 方法名（［参数列表］）;　//方法必须声明为抽象方法

其中，常量名是 java 标识符，通常用大写字母表示，常量值必须与声明的类型相一致；方法名是 java 的标识符，方法类型是指该方法的返回值类型。接口中 final 和 abstract 在 java 中可以省略。

例如，下列程序段声明了一个接口：

//定义程序使用的常量和方法的接口

public interface myinterface ｛

double price ＝ 8750.00;　　　　//省略了 final

final int counter ＝ 555;

public void add（int x，int y）;　　//省略了 abstract

public void volume（int x，int y，int z）;

｝

4.5.2 实现接口

接口中只包含抽象方法，因此不能像一般类一样使用 new 运算符直接产生对象。用户必须利用接口的特性来打造一个类，再用它来创建对象。利用接口打造新的类的过程，称为实现接口。实现接口的一般语法格式为：

class 类名　implements 接口名称 ｛　　　//接口的实现

　　//类体

｝

［例 4.4］求一个半径为 8 的定圆的面积。

```
package interfaceTest.java;
public class InterfaceTest
{
```

```
        public static void main (String args [ ])
        {
        double x;
            Circle y = new Circle (8);
            x = y. calculate_ area ();
            System. out . println ( " \n 定圆面积为:" +x);
        }
}
interface Cal_ area
{
        double PI = 3.1415;
        double calculate_ area ();
}
class Circle implements Cal_ area  //此类实现接口
{
        double r;
        public Circle (double r)
        {this. r = r;}
        public double calculate_ area ()  //实现接口中的抽象方法
        {return PI * r * r; }
}
```

程序运行结果:
定圆面积为:201.056

在类实现一个接口时，如果接口中的某个抽象方法在类中没有具体实现，则该类是一个抽象类，不能生成该类的对象。

实训7：电视机遥控器接口，实现对多台电视的控制。

```
//电视遥控器接口
public interface tvcontrol {
boolean powerOnOff ();  //on 为真值
int volumeUp (int increment);
int volumeDown (int decrement); // 返回音量的设置
void mute ();
int setChannel (int channel); // 设置频道号并返回
int channelUp ();
int channelDown ();
}
```
定义电视类
//电视类

```java
import static java.lang.Math.max;
import static java.lang.Math.min;
import tvcontrol.tvControl;
public class tv implements tvControl, tvcontrol
    public tv (String make, int screensize) {
        this.make = make;
        this.screensize = screensize;
    } public boolean powerOnOff () {
        power = ! power;
        System.out.println (make + " " + screensize + " inch TV power " + (power ? " on." : " off."));
        return power;
    }
    public int volumeUp (int increment) {
        if (! power) {
            // 如果电源没有打开则电视不工作
            return 0;
        }
        // 设置电视音量小于最大值
        volume += increment;
        volume = min (volume, MAX_VOLUME);
        System.out.println (make + " " + screensize + " inch TV volume level: " + volume);
        return volume;
    }
    public int volumeDown (int decrement) { if (! power) {
        return 0;
    }
    // 设置电视音量大于最小值
    volume -= decrement;
    volume = max (volume, MIN_VOLUME);
    System.out.println (make + " " + screensize + " inch TV volume level: " + volume);
    return volume;
};
public void mute () {
```

```java
        if (! power) {

            return ;

        }
    volume = MIN_VOLUME;
    System.out.println (make + " " + screensize + " inch TV volume level: " + volume);
    }
public int setChannel (int newChannel) {
    if (! power) {

        return 0;

    }
    //频道值必须在最大频道和最小频道之间
    if (newChannel > = MIN_CHANNEL && newChannel < = MAX_CHANNEL) channel = newChannel;
    System.out.println (make + " " + screensize + " inch TV tuned to channel: " + channel);
    return channel;
    }
public int channelUp () {
    if (! power) {

        return 0;

    }
    channel = channel < MAX_CHANNEL ? + + channel : MIN_CHANNEL;
    System.out.println (make + " " + screensize + " inch TV tuned to channel: " + channel);
    return channel;
    }
public int channelDown () {
    if (! power) {

        return 0;

    }
```

```
        channel = channel > MIN_CHANNEL ? --channel : MAX_CHANNEL;
        System.out.println(make + " " + screensize + " inch TV tuned to channel: " + channel);
        return channel;
    }
    private String make = null;
    private int screensize = 0;
    private boolean power = false;
    private final int MIN_VOLUME = 0;
    private final int MAX_VOLUME = 100;
    private int volume = MIN_VOLUME;
    private final int MIN_CHANNEL = 0;
    private final int MAX_CHANNEL = 999;
    private int channel = MIN_CHANNEL; }
```

测试程序

```
import static java.lang.Math.random;
public class begintvcontrol {
    public static void main(String args[]) {
        tvcontrol tv = null;
        // 这里有 5 种不同规格的电视可以操控
        for (int i = 0; i < 5; ++i) {
            if (random() < 0.5)
                // 随机选择
                tv = new tv(random() < 0.5 ? "创维" : "熊猫", random() < 0.5 ? 46 : 40);
            else
                tv = new tv(random() < 0.5 ? "长虹" : "康佳", random() < 0.5 ? 52 : 32);
            tv.powerOnOff(); //开电源，开机
            tv.channelUp(); //选频道
            tv.volumeUp(5); //调音量
        }
    }
}
```

} 程序运行结果：

康佳 52 inch TV power on.

康佳 52 inch TV tuned to channel：1
康佳 52 inch TV volume level：5
熊猫 46 inch TV power on.
熊猫 46 inch TV tuned to channel：1
熊猫 46 inch TV volume level：5
长虹 52 inch TV power on.
长虹 52 inch TV tuned to channel：1
长虹 52 inch TV volume level：5
创维 46 inch TV power on.
创维 46 inch TV tuned to channel：1
创维 46 inch TV volume level：5
熊猫 46 inch TV power on.
熊猫 46 inch TV tuned to channel：1
熊猫 46 inch TV volume level：5

4.6 包与 Java 类库

在 java 语言中，把复用的代码组织到一起，称为"包"。包是一种将相关类、接口或其他包组织起来的结合体。目的是为了将包含类代码的文件组织起来，易于查找和使用。包不仅能包含类和接口，还包含其他包，形成多层次的包空间。包还有助于避免命名冲突。当使用很多类时，确保类和方法名称的唯一性是非常困难的。包形成层次命名空间，缩小了名称冲突的范围，易于管理名称。

4.6.1 定义包

创建一个包是很简单的，只要将 package 这个关键字放在一个程序中所有类或实现接口的类或接口声明前，并选定一个包名称，这样所有用到此包名称的类及接口就成了此包的成员。创建包的一般语法格式为：

package packagename；

这里，packagename 是包名。利用这个语句可以创建一个具有指定名字的包，当前.java 文件中的所有类都被放在这个包中。

在 java 程序中，package 语句必须是程序的第一个非注释、非空白行、行首无空格的一行语句来说明类和接口所属的包。

例如：

package MyPackage；

package MyPackage1. MyPackage2；

创建包就是在当前文件夹下创建一个子文件夹，存放这个包中包含的所有类的.class 文件。在"package MyPackage1. MyPackage2；"语句中的符号"."代表目录分隔符，说明这个语句创建两个文件夹：第一个是当前文件夹下的子文件夹 MyPackage1；第二个是 MyPackage1 文件夹下的 MyPackage2 文件夹，当前包中的所有类文件就存在于这个文件夹下。

若源文件中未使用 package，则该源文件中的接口和类位于 java 的默认包中。在默认包中，类之间可以相互使用 public、protected 或默认访问权限的数据成员和成员函数。默认包中的类不能被其他包中的类引用。

4.6.2 引入包

将类组织成包的目的是为了更好地利用包中的类。一般情况下，一个类只能引用与它在同一个包中的类，如果需要使用其他包中的 public 类，则可以通过 import 这个关键词来引入，例如：

import java. awt. color;

就是把 java. awt 包里的 color 类引用出来。

如果需要引用整个包内所有的类及接口时，就使用 * 号：

import java. awt. *;

在一个类中引用一个包中的类时，可采用两种方式：

（1）类长名（long name），即加上包名称的类名，如：

javax. swing. jbutton button1 = new javax. swing. jbutton ();

（2）类短名（short name），需在类程序最前面引入包，然后使用该类名，如：

import java. awt. *;

…

color color1 = new color ();

实训8：求长方形的面积和周长以及圆的面积与周长（长、宽、半径值固定）。

```
//sharps. java
package sharps;
public interface sharps {
    abstract double area ();
    abstract double circlms ();
}
//locate. java
package sharps;
class locate {
    public int x, y;
    public locate (int x, int y) {
        this. x = x;
        this. y = y;
    }
}
//rectangle. java
package sharps;
public class rectangle  extends locate implements sharps {
```

```java
    public int width, height;
    public double area () {
        return width * height;}
    public double circulms () {
        return 2 * (width + height);
    }
    public rectangle (int x, int y, int w, int h) {
        super (x, y);
        width = w;
        height = h;
    }
}
//circle. java
package sharps;
public class circle extends locate implements sharps {
    public double radius;
    public double area () {
        return Math. PI * radius * radius;
    }
    public double circulms () {
        return 2 * radius * Math. PI ;
    }
    public circle (int x, int y, double r) {
        super (x, y);
        radius = r;
    }
}
//wode. java 测试程序
package mypackage;

import sharps. * ;          //引入 sharps 包
public class wode {
    public static void main (String [ ] args) {
        rectangle rect = new rectangle (10, 20, 30, 40);
        circle cir = new circle (50, 100, 100);
        System. out . println (" rectangle locate (" + rect. x + "," + rect. y + ")");
        System. out . println (" rectangle area = " + rect. area ());
        System. out . println (" rectangle circulms = " + rect. circulms ());
        System. out . println (" circle locate (" + cir. x + "," + cir. y + ")");
```

```
        System.out.println(" circle area = " + cir.area());
        System.out.println(" circle circulms = " + cir.circulms());
    }
}
```

程序运行结果为：

rectangle locate (10, 20)

rectangle area = 1200.0

rectangle circulms = 140.0

circle locate (50, 100)

circle area = 31415.926535897932

circle circulms = 628.3185307179587

在这个实例中，我们分别编译程序 sharps.java、locate.java、rectangle.java 和 circle.java，则建立包 sharp，包中包含接口 sharps 和类 locate、rectangle、circle。将 sharps 包导入 wode.java 中，编译并运行 wode.java，即实现了包的应用。

4.6.3 Java 常用类库简介

java 提供了强大的应用程序接口（java API），即 java 类库或 java API 包。它包括已经设计好的工具类，帮助编程人员进行字符串处理、绘图、数学计算、网络应用等方面的工作。在程序中合理和充分利用 java 类库提供的类和接口，可以大大提高编辑效率，取得良好效果。

绝大多数 Java API 包都是以"java."开头，以区别用户创建的包，java 类库中包含多种包。常用的几种包如下：

● java.lang 包

在所有的 java.API 类库中 java.lang 包是核心包，它提供 java 语言中 object、String 和 thread 等核心类与接口。这些核心类与接口被自动导入到每个 java 程序中。它所包含的类和接口对所有实际的 Java 程序都是必要的。它是 Java 最广泛使用的包。

● java.io 包

该包提供一系列用来读/写文件或其他输入/输出源的输入/输出流。其中有基本输入/输出类、缓冲流类、比特数组与字符串流类、数据流类、文件流类、管道类、流连接类和异常类等。

● java.net 包

该包包含一些与网络相关的类和接口，以方便应用程序在网络上传输信息，分为：主机名解析类、Socket 类、统一资源定位器类、异常类和接口。

● java.util 包

该包包含一些低级的实用工具类。这些工具类实用方便，而且很重要，主要有：日期类、堆栈类、随机数类、向量类。

● java.awt 包

提供了 java 语言中的图形类、组成类、容器类、排列类、几何类、事件类和工具类。

● java.applet 包

java.applet 是所有小应用程序的基类。它只包含一个 Applet 类，所有小应用程序都是从该类继承的。

● java.security 包

该包包含 java.security.acl 和 java.security.interfaces 子类库，利用这些类可对 java 程序进行加密，设定相应的安全权限等。

● java.swing 包

该类库提供一个"轻量级"控件集。所有 swing 控件都是由 java 程序写成，并且尽可能地实现平台的无关性，该类库中具有完全的用户界面组件集合，是在 AWT 基础上的扩展。因此，对于图形方面的 java.awt 组件，大多数都可以在 javax.swing 类库中找到对应的组件。

课外实训

1. 按以下要求编写程序：（1）创建一个 Rectangle 类，添加 width 和 height 两个成员变量；（2）在 Rectangle 中添加两种方法分别计算矩形的周长和面积；（3）编程利用 Rectangle 输出一个矩形的周长和面积（其中 width 和 height 定长为 100，50）。

提示：
```
public class Rectangle {
float width, height;
public Rectangle (float width, float height) {
this.width = width;
this.height = height;
}
……
```

2. 按以下要求编写程序：（1）编写 Animal 接口，接口中声明 run（）方法；（2）定义 Bird 类和 Fish 类，实现 Animal 接口；（3）编写 Bird 类和 Fish 类的测试程序，并调用其中的 run（）方法。

提示：
```
public interface Animal {
    void run ();
}
class Bird implements Animal {
public void run () {
System.out.println ("鸟儿在飞…");
}
}
……
```

思考与练习

(一) 判断题

1. Java 源程序是由类定义组成的，每个程序可以定义若干个类，但只有一个类是主类。（　）
2. 一个类只能有一个父类，但一个接口可以有一个以上的父接口。（　）

即使一个类中未显示定义构造函数，也会有一个缺省的构造函数，缺省的构造函数是无参的，函数体为空。（　）

3. 所谓抽象类就是包含有抽象方法的类。（　）
4. Java 程序里，创建新的类对象用关键字 new，回收无用的类对象使用关键字 free。（　）
5. java 的类不允许多重继承，但接口支持多重继承。（　）

拥有 abstract 方法的类是抽象类，但抽象类中可以没有 abstract 方法。（　）

6. 对象是类的一个实例。（　）
7. 类是一种类型，也是对象的模板。（　）
8. 实例方法中不能引用类变量。（　）
9. 一个类可以实现多个接口，接口可以实现"多重继承"。（　）

(二) 填空题

1. 类的修饰符分为_____、_____。
2. 程序中定义类使用的关键字是_____，每个类的定义由类头定义、类体定义两部分组成，其中类体部分包括_____、_____。
3. 创建类对象的运算符是_____。
4. 在 Java 语言中，使用_____、_____等技术，实现软件重用。
5. 下面是一个类的定义：

```
public class _____
{
int x, y;
Myclass ( int i, _____ ) //构造函数
{
x = i;
y = j;
}
}
```

(三) 选择题

1. 关于被私有保护访问控制符 private protected 修饰的成员变量，以下说法正确的是（　　）

　　A. 可以被三种类所引用：该类自身、与它在同一个包中的其他类、在其他包中的该类的子类

　　B. 可以被两种类访问和引用：该类本身、该类的所有子类

　　C. 只能被该类自身所访问和修改

　　D. 只能被同一个包中的类访问

2. 关于被保护访问控制符 protected 修饰的成员变量，以下说法正确的是（　　）

　　A. 可以被三种类所引用：该类自身、与它在同一个包中的其他类、在其他包中的该类的子类

　　B. 可以被两种类访问和引用：该类本身、该类的所有子类

　　C. 只能被该类自身所访问和修改

　　D. 只能被同一个包中的类访问

3. 下列关于修饰符混用的说法，错误的是（　　）

　　A. abstract 不能与 final 并列修饰同一个类

　　B. abstract 中不可以有 private 的成员

　　C. abstract 方法必须在 abstract 类中

　　D. static 方法中能处理非 static 的属性

4. 以下关于构造函数的描述错误的是（　　）。

　　A. 构造函数的返回类型只能是 void 型。

　　B. 构造函数是类的一种特殊函数，它的方法名必须与类名相同。

　　C. 构造函数的主要作用是完成对类的对象的初始化工作。

　　D. 一般在创建新对象时，系统会自动调用构造函数。

5. 在 Java 中，一个类可同时定义许多同名的方法，这些方法的形式参数个数、类型或顺序各不相同，传回的值也可以不相同。这种面向对象程序的特性称为（　　）。

　　A. 隐藏　　　　　　　　　　　　B. 覆盖
　　C. 重载　　　　　　　　　　　　D. Java 不支持此特性

(四) 程序题

1. 读下列程序，写出程序运行结果。

```
import java.io.*;
public class sdf{
    public static void main(String args[]){
        SubClass sb = new SubClass();
        System.out.println(sb.funOfMod());
    }
}
class SuperClass{
```

```
    int  a = 10 , b = -3 ;
}
class SubClass extends SuperClass {
    int funOfMod ( ) { return a%b; }
}
```

程序运行结果是：

2. 读下列程序，写出程序运行结果。

```
class statictest {
    static int x =6;
    int y;
    statictest ( )
      { y++; }
    public static void main (String args [ ]) {
      statictest st = new statictest ( );
      System.out.println (" x = " + x );
      System.out.println (" st.y = " + st.y);
      st = new statictest ( );
      System.out.println (" st.y = " + st.y);
    }
    static {x++;}
}
```

程序运行结果是：

第 5 章 图形用户界面设计

【学习目标】

GUI 全称是 Graphics User Interface，即图形用户界面。它是应用程序与用户交互的窗口，是应用程序提供给用户操作的图形界面。目前图形用户界面设计已经成为一种趋势，几乎所有的程序设计语言都提供了 GUI 设计功能。构成 GUI 的基本元素是图形界面控制组件，简称组件或控件。图形用户界面包括窗口、菜单、按钮、工具栏和其他各种组件元素，用户通过键盘和鼠标与应用程序交互。Java 里有两个包为 GUI 设计提供了丰富的功能，他们是 AWT 和 Swing。AWT 是 java 的早期版本，其中提供的 AWT 组件种类有限，能满足基本的 GUI 设计。Swing 是 SUN 公司对早期版本的改进版本，它不仅包括 AWT 中具有的所有组件，并且提供了更加丰富的组件和功能。

在完成了本章的学习后，读者应当能够掌握以下内容：
- AWT 的基本概念
- 组件与容器
- 布局控制与设计
- AWT 的图形组件使用
- Swing 的基本概念
- Swing 的核心图形组件使用
- Java 事件处理模型
- AWT 事件监听处理
- Swing 事件监听处理

5.1 AWT

5.1.1 概述

AWT 全称是 Abstract Window Toolkit，即抽象窗口工具包。它是 Java 为应用程序提供建立图形用户界面的 GUI 工具集，由 java 的 java.awt 包中设计定义的类与接口提供。

AWT 主要用在 Java applet 和 Java application 中进行 GUI 设计。它主要包括组件 Component、容器 Container 和布局管理器 LayoutManager。它提供了用户界面组件、事件处理模型、图形和图像工具、布局管理器等来支持图形用户界面的设计编程，图形和图像工具包括形状、字体类和颜色等；布局管理器可以进行灵活的窗口布局而与特定窗口的尺寸和屏幕分辨率无关。用户界面组件包含有 java.awt 包中提供的按钮类 Button、文本框类 TextField 和文本域类 TextArea 等。AWT 的层次结构图如图 5.1 所示。

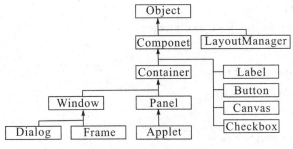

图 5.1　AWT 层次结构图

5.1.2　组件与容器

Java 的图形用户界面的最基本组成元素是组件（Component），组件又被称为构件，它是能够显示在屏幕上的各种图形化的实体，并且能与用户进行交互，诸如一个按钮、一个文本框和一个菜单等。组件不能独立地显示出来，我们必须要将组件放在一定的容器中才可以显示出来。

容器其实也是一种组件，它是 java.awt.Container 类，是 java.awt.Component 的子类，具有组件的所有性质。

容器是一种特殊的组件，它可以用来容纳其它组件和容器。所有的容器都可以通过 add () 方法向容器中添加组件。Java AWT 中有三种类型的容器：Window、Panel、ScrollPane。Window 的子类有 Frame、JFrame、Dialog、JDialog；Panel 的子类有 Applet、JApplet；Container 的子类有 JComponent，子类 JComponent 又有子类 JPanel。其中 JFrame、JDialog、JPanel、JApplet 是 javax.swing 包中提供的组件，它们是 java.awt 包中的 Frame、Dialog、Applet、Panel 组件的改进版本，具有更加美观更加强大的功能。java.awt 包中常用的有窗口 Frame，面板 Panel、对话框 Dialog。容器的继承层次结构如图 5.2 所示。

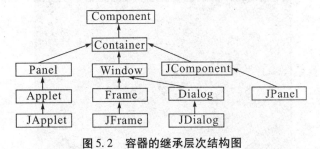

图 5.2　容器的继承层次结构图

这里我们以 Frame 和 Panel 为例来讲解容器的使用。

5.1.2.1　Frame

java.awt.Frame 类是 java.awt.Window 的直接子类，这个类用来作为基本的 java 应用程序窗口。这个类的对象有标题栏并支持添加菜单，你可以向它添加其他组件。通常我们建立这个类的子类来创建窗口类并将它指定给应用程序。在需要的时候，可以在窗口中添加 GUI 组件或绘图。

【例 5.1】用 Frame 类创建一个窗体,并显示出来。

```java
package com.gui.awt;
import java.awt.Color; import java.awt.Frame;
/**
 * 定义窗口类 MyFrame 继承 Frame
 * @author weijuan 2012-12-30
 */
public class MyFrame extends Frame {
    // 窗口构造用来创建窗口
    public MyFrame (String title) {
        super (title); // 调用父类的构造,生成窗口,并设置标题栏为 title
        this.setLocation (400, 300); // 设置窗口的显示位置,缺省为屏幕左上角 (0, 0)
        // this.setBackground (Color.orange); // 设置窗口的背景色为橙色,缺省白色
        this.setSize (300, 300); // 设置窗口的大小,缺省为 (0, 0)
        this.setVisible (true); // 设置窗口为可见,缺省为不可见
    }
    public static void main (String args []) {
        new MyFrame ("我的第一个窗口"); // 调用本类构造创建 MyFrame 窗口对象
    }
}
```

运行该程序出现界面如图 5.3 所示。

图 5.3 Frame 窗体

注意：要生成一个窗口，通常是用 Window 的子类 Frame 来进行实例化，而不是直接用到 Window 类。Frame 的外观就像我们平常在 windows 系统下见到的窗口，有标题、边框、菜单、大小等等。每个 Frame 的对象实例化以后，都是没有大小和不可见的，因此必须调用 setSize（ ）来设置大小，调用 setVisible（true）来设置该窗口为可见的，运行程序后才能正常看见窗口。

5.1.2.2　JPanel

java.awt.Panel 的直接父类是 java.awt.Container 类，Panel 可作为容器容纳其他组件，但它不能独立存在，它必须被添加到其他容器如 Window 或 Applet 中。Panel 是一个空白容器类组件，提供容纳组件的空间，通常用于集成其他的若干组件，使这些组件形成一个有机的整体，再增加到别的容器上。

【例 5.2】用 Frame 类和 Panel 类创建一个简易用户登录界面，包括用户名、密码输入，按钮登录与重置等功能。

```java
package com.gui.awt;
import java.awt.Button; import java.awt.Color; import java.awt.Frame;
import java.awt.Label; import java.awt.Panel; import java.awt.TextField;
/**
 *自定义登录面板继承 Panel
 *@author weijuan 2012-12-30
 */
public class LoginPanel extends Panel{
    public LoginPanel(){
        super();// 调用父类构造创建面板
        // 创建生成两个标签组件，用来显示提示信息
        Label jl1 = new Label("用户名:"); Label jl2 = new Label("密码:");
        // 创建生成两个文本框，用来输入用户名和密码
        TextField tf1 = new TextField(10); TextField tf2 = new TextField(10);
        // 创建生成两个按钮，用来表示登录和重置
        Button b1 = new Button("登录"); Button b2 = new Button("重置");
        // 设置面板的大小
        this.setSize(400,100);
        // 将标签、文本框、按钮组件添加到面板中
        this.add(jl1); this.add(tf1); this.add(jl2); this.add(tf2);
        this.add(b1); this.add(b2);
    }
    public static void main(String[] args){
        Frame fr = new Frame("用户登录");// 创建一个窗口,标题栏为用户登录
        fr.add(new LoginPanel());// 创建当前面板对象,并将其设置给窗口 fr
        fr.setBackground(Color.orange);// 设置窗口的背景为橙色,缺省为白色
        fr.setSize(400,100);// 设置窗口大小,窗口大小设置跟面板大小一致
```

　　　　fr.setLocation（400，300）；// 设置窗口的显示位置为（400，300），缺省为（0，0）
　　　　fr.setVisible（true）；// 设置窗口为可见
　　}
}

运行该程序，出现界面如图5.4所示。

图5.4　Panel 面板

在上述例子中，分别定义了两个标签 Label 组件对象用于提示功能、两个文本框组件对象用于获取输入的用户名和密码的值、两个按钮组件对象用于产生动作事件。但现在点击每个按钮和点击关闭按钮后都没有响应，原因是现在还未添加动作事件功能，该功能将在后续章节中陆续讲到。

5.2　布局设计

前面我们已经讲了组件和容器，我们知道容器是用来容纳组件的，组件可以放在容器中，那么组件如何在容器中按照用户的要求进行摆放呢？这就要布局控制。Java中布局控制是由布局管理器 LayoutManager 来负责的，诸如：组件排列顺序、组件的大小、位置，当窗口移动或调整大小后组件如何变化等功能都是由对应的容器布局管理器来管理的，不同的布局管理器使用不同算法和策略来布局。

Java 提供了多种布局管理器，有流式布局 FlowLayout、边框布局 BorderLayout、网格布局 GridLayout、卡片布局 CardLayout 等。所有的容器都有一个默认的布局，但在必要的时候，你可以使用 setLayout（）方法来改变布局。

5.2.1　流式布局 FlowLayout

流式布局是最基本的一种布局，它的布局方式是将组件从左往右，从上往下地一行行连续放。流式布局是面板 Panel、Applet 的缺省布局管理器。

考虑本书篇幅有限，为了节省出空间能编写更多的内容，所以从此处开始，代码只体现核心代码，其他的就省略掉。

【例5.3】在 Frame 容器中按照流式布局来摆放按钮。
```
public class TestFlowLayout {
    public static void main（String [] args）{
        // 创建窗口，设置标题栏为流式布局，设置窗口的布局为流式布局
        Frame f = new Frame（" 流式布局"）; f.setLayout（new FlowLayout（））;
        // 创建四个按钮
        Button btn1 = new Button（" Button1"）; Button btn2 = new Button（" Button2"）;
```

Button btn3 = new Button ("Button3"); Button btn4 = new Button ("Button4");
// 将按钮添加给窗口
f. add (btn1); f. add (btn2); f. add (btn3); f. add (btn4);
// 设置窗口的位置（400, 400）、背景色为橙色、大小（180, 100）、可见性（可见）
f. setLocation (400, 400); f. setBackground (Color. *ORANGE*);
f. setSize (180, 100); f. setVisible (true);
}
}

运行该程序，出现界面如图 5.5 所示。

图 5.5 FlowLayout 流式布局

在前面的例子中，我们使用的是无参构造来创建流式布局管理器对象，除此之外，FlowLayout 类还提供了其他的构造方法。具体说明如下：

● public FlowLayout (int align, int hgap, int vgap)：该方法参数 align 指定每行组件的对齐方式，有 FlowLayout. LEFT, FlowLayout. RIGHT；参数 hgap 用于指定组件之间的横向距离；参数 vgap 用于指定组件之间的纵向距离。

● public FlowLayout (int align)：该方法用于指定组件的对齐方式。组件之间的横向、纵向距离取默认值。

● public FlowLayout ()：该方法表示组件对齐方式取默认值。

流式布局的特点是保持组件的原始大小，但组件的相对位置会随着容器大小的变化而变化。在前面的例子中，当我们将容器的宽度增大或减小时，组件位置相对位置会发生如图 5.6 和图 5.7 的变化。

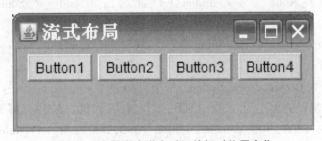

图 5.6 容器宽度增大时组件相对位置变化

图 5.7　容器宽度减小时组件相对位置变化

5.2.2　边框布局 BorderLayout

BorderLayout 是边框布局，它是将容器划分为东、西、南、北、中五个区域。有了边框布局，我们将组件添加到容器时，需要指定组件放置的区域，具体添加方法是 add（区域方向字符串，组件名），其中区域方向字符串包括"East"，"West"，"South"，"North"和"Center"，如 add（"North"，obj）表示把名称 obj 的组件放到容器的北部。

在 BorderLayout 布局管理器下每个区域允许最多放置 1 个组件，如果想要在窗口上放置更多的组件，可以将若干组件添加到一个面板 Panel 上，然后将这个面板 Panel 作为一个组件放置到窗口上。边框布局是 Window、Frame、Dialog 和 JApplet 的缺省布局管理器。

【例 5.4】在 Frame 容器中按照 BorderLayout 布局方式摆放 5 个按钮东、西、南、北、中。

```
public class TestBorderLayout {
    public static void main（String [] args）{
        // 创建窗口，设置标题栏为边框布局
        Frame fr = new Frame（" 边框布局"）；
        // 设置窗口的布局为边框布局
        fr.setLayout（new BorderLayout（））；
        // 创建 5 个东、西、南、北、中按钮，并将他们添加给窗口放在边框布局的五个区域
        fr.add（" North"，new Button（" 北"））；fr.add（" South"，new Button（" 南"））；
        fr.add（" East"，new Button（" 东"））；fr.add（" West"，new Button（" 西"））；
        fr.add（" Center"，new Button（" 中"））；
        // 设置窗口的大小为（300，300）、位置为（300，300）、可见性（可见）
        fr.setSize（300，300）；fr.setLocation（300，300）；fr.setVisible（true）；
    }
}
```

运行该程序，出现界面如图 5.8 所示。

在前面的例子中，我们使用的是无参构造来创建边框布局管理器对象。除此之外，

图 5.8 BorderLayout 边框布局

BorderLayout 类还提供了其他的构造方法。具体说明如下：

● publicBorderLayout（int hgap, int vgap）：该方法使用指定的组件之间的水平间距和垂直间距构造一个边框布局；参数 hgap 用于指定组件之间的水平间距，参数 vgap 用于指定组件之间的垂直间距。

● public BorderLayout（）：该方法构造一个组件之间没有间距的边框布局。

边框布局的特点是不保持组件的原始大小，添加到区域中的组件会填充满整个区域。若有区域没有添加组件，则其他区域的组件会扩展填充完没有组件的区域，而且当改变容器大小时，北方和南方区域的组件只改变宽度，东方和西方的组件只改变高度，而中间组件宽度和高度都会改变。

在前面的例子中，当我们删除掉西方的按钮组件、中间的组件，改变容器大小时，组件的大小和相对位置会发生如图 5.9、图 5.10、图 5.11 的变化。

图 5.9 删掉西方的组件后的组件相对位置

图 5.10 删掉中间组件后的组件相对位置

5.2.3 网格布局 GridLayout

GridLayout 是网格布局。它是将容器划分为若干行列的网格区域，每个网格平均占据容器的空间，每个网格中所放的组件大小一样，且每个网格只能放一个组件。若想

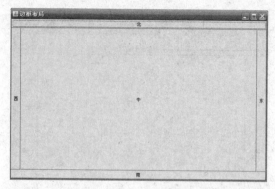

图 5.11 改变容器大小时组件的相对位置情况

要放多个组件,则跟边框布局一样,可以先将多个组件放到面板 Panel,再将面板作为一个组件放到一个网格中。网格布局提供的构造方法如下:

● public GridLayout(int rows, int colums, int hgap, int vgap):该方法中参数 rows 和参数 colums 分别指定网格的行数和列数,参数 hgap 和 vgap 分别指定组件之间的横向距离和纵向距离。

● public GridLayout(int rows, int colums):该方法用于指定网格的行数和列数,组件之间的横、纵向距离默认为 0。

● public GridLayout():该方法中的四个参数分别取默认值。

【例 5.6】在 Frame 容器中,采用 GridLayout 布局方式布局。向容器中添加 3 行 4 列按钮组件。

```
public class TestGridLayout {
    public static void main(String [] args) {
        // 创建窗口,设置标题栏为网格布局,创建字体和颜色对象
        Frame fr = new Frame(" 网络布局");
        Font f = new Font(" 宋体", Font.BOLD, 10);
        Color c1 = new Color(0x2f, 0x7a, 0xb3);
        Color c2 = new Color(0x7f, 0xff, 0x99);
        // 设置窗口的布局为网格布局,3 行 4 列的网格
        fr.setLayout(new GridLayout(3, 4, 2, 2));
        // 循环创建 12 个按钮组件,相邻两个按钮设置交替的背景和前景颜色,并将每个按钮添加到窗口的每个网格中
        for(int i = 1; i <= 12; i++) {
            Button btn = new Button(" button" + i); btn.setFont(f);
            if(i % 2 == 0) {
                btn.setBackground(c1); btn.setForeground(c2);
            } else {
                btn.setBackground(c2); btn.setForeground(c1);
            }
            fr.add(btn);
```

}
// 设置窗口的位置（300，400），大小（300，150），可见性（可见）
fr.setLocation（300，400）；fr.setSize（300，150）；fr.setVisible（true）；
}
}

运行该程序，出现界面如图5.12所示：

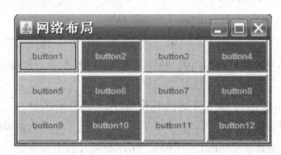

图5.12　GridLayout网格布局

网格布局的特点是不保持组件的原始大小，组件的相对位置会随着容器大小的变化而变化。

5.2.4　卡片布局CardLayout

CardLayout是卡片布局。CardLayout布局管理器能够实现将多个组件放置在同一容器区域内交替显示，相当于把多个组件象多张卡片一样重叠在一起，任何时候都只有最上面的一个可见。那么对于重叠的多张卡片如何能够显示最底层或下一张卡片呢？CardLayout卡片布局提供了几个方法可以显示特定的卡片，也可以按先后顺序依次显示，还可以直接定位到第一张或最后一张。具体方法如下：:
- first（）：该方法表示将第一个放到容器中的组件显示出来。
- last（）：该方法表示将最后一个放到容器中的组件显示出来。
- next（）：该方法表示将正在显示的组件的下一个组件显示出来。
- previous（）：该方法表示将正在显示的组件的前一个组件显示出来。
- void show（Container parent，String name）：翻转到已添加到此布局的具有指定name的组件。

【例5.7】创建Frame容器，设置其布局为CardLayout卡片布局。在容器中总共放入6张卡片。要求能实现程序运行后就每隔一小段时间自动翻动卡片。
public class TextCardLayout {
　　public static void main（String []args）{
　　　　// 创建窗口，设置标题栏为卡片布局，窗口没设置布局则采用缺省的边框布局
　　　　Frame fr = new Frame（"卡片布局"）；
　　　　// 创建卡片布局对象
　　　　CardLayout cl = new CardLayout（）；
　　　　// 创建放置卡片的容器面板，并设置该面板为卡片布局

```java
        Panel p1 = new Panel(); p1.setLayout(cl);
        // 定义Label标签类型数组存储不同标签组件,创建字体对象
        Label[] l = new Label[6]; Font f = new Font("宋体", Font.BOLD, 25);
        // 使用循环创建多个标签组件,并将每个标签组件添加到卡片布局的面板p1中,添加时给每个组件命名(i+1+"")
        for(int i = 0; i < l.length; i++){
            l[i] = new Label("第" + (i+1) + "张卡片", Label.CENTER);
            l[i].setFont(f); p1.add(l[i], i+1+"");
        }
        // 给每个卡片的标签组件的内容设置不同颜色来区分
        l[0].setForeground(Color.BLUE); l[1].setForeground(Color.RED);
        l[2].setForeground(Color.YELLOW); l[3].setForeground(Color.PINK);
        l[4].setForeground(Color.ORANGE); l[5].setForeground(Color.GREEN);
        // 创建放置操作按钮的容器面板,该面板的布局没有设置,则采用缺省的流式布局
        Panel p2 = new Panel();
        // 定义字符串数组存储按钮上的标签内容
        String[] btnLabels = {"first", "previous", "next", "last"};
        // 定义按钮数组存储不同按钮
        Button[] btns = new Button[btnLabels.length];
        // 使用循环创建出四个不同的操作按钮,并将其添加到面板p2中
        for(int i = 0; i < btns.length; i++){
            btns[i] = new Button(btnLabels[i]); p2.add(btns[i]);
        }
        // 添加放置卡片的面板到窗口的中部窗格,没设置方向则缺省为中部
        fr.add(p1);
        // 添加放置按钮的面板到窗口的南部窗格
        fr.add(p2, BorderLayout.SOUTH);
        // 设置窗口的位置(400,300)、大小(300,200)、可见性(可见)、背景色为黑色
        fr.setBackground(Color.black); fr.setLocation(400, 300);
        fr.setSize(300, 200); fr.setVisible(true);
        // 使用循环每隔1秒钟调用next来翻动卡片到下一张
        for(int i = 1; i <= 100; i++){
            try{
                // 暂停一秒钟
```

```
                Thread.sleep(1000);
            } catch (InterruptedException e) {
                e.printStackTrace();
            }
            cl.next(p1);
        }
    }
}
```

运行该程序,出现界面如图 5.13 所示。

图 5.13　CardLayout 卡片布局

该程序运行中,每隔 1 秒钟则卡片会自动翻动到下一张,从第 6 张卡片轮回翻动到第 1 张卡片,如图 5.14 所示。

图 5.14　CardLayout 卡片布局自动翻动卡片

在该程序中,我们点击 first、previous、next、last 按钮时,没有实现翻动到指定卡片。这是因为我们这里还没有实现按钮的动作事件。关于动作事件的具体实现和用法将在后续章节中讲到。

5.2.5　网格袋布局 GridBagLayout

前面我们讲到的布局管理器的功能是有限的,只能满足我们一些简单的需求。在复杂的布局要求下,我们就需要使用 GridBagLayout 布局,它称为网格袋布局,也可称为复杂网格布局。

网格袋布局管理器可以将组件按行、列放置，但行与列数可以改变长度，组件可以在网格中的一行或一列中占据多个网格单元，但要求始终占据一组矩形单元。

GridBagLayout 有布局管理器之王的说法，其功能非常强大，使用时也比较复杂。读者可以在 JDK API 文档中了解到其详细的说明和例子程序，考虑到初学者或一般的读者很少会使用这种布局管理器，并且我们在 Swing 中可以更简单的办法实现 GridBagLayout 布局管理器的功能，这里就不再作更多的介绍了。如果真的要进行这种复杂的布局设计，建议使用 JBuilder 的集成开发环境来帮你完成。

5.2.6 空布局

在进行用户界面设计时，我们也可以用绝对坐标的方式来指定组件的位置和大小，在这种情况下，我们首先要取消布局管理器设置，那么不使用布局管理器的这种布局方式，我们称为空布局。想要使用空布局，我们首先要调用容器的 setLayout 方法：Container.setLayout（null），将布局设置为空 null，然后调用组件的另外一个方法 setBounds 来设置组件的大小和位置。setBounds 方法介绍如下：

● public void setBounds（int x，int y，int width，int height）移动组件并调整其大小。由 x 和 y 指定左上角的新位置，由 width 和 height 指定新的大小。

【例5.8】创建一个窗口，不使用任何布局管理器来布局，在窗口上放置两个按钮。

```
public class TestNullLayout {
    public static void main (String [] args) {
        // 创建窗口，设置标题栏为空布局，布局方式为空布局
        Frame fr = new Frame (" 空布局"); fr.setLayout (null);
        // 通过使用 setBounds 方法来设置窗口的位置（0，0），大小（200，200）
        fr.setBounds (0, 0, 200, 200);
        // 创建两个按钮，并通过 setBounds 方法来设置按钮的位置与大小
        Button btn1 = new Button (" 第一个按钮");
        Button btn2 = new Button (" 第二个按钮");
        btn1.setBounds (10, 30, 80, 30); btn2.setBounds (60, 70, 100, 20);
        // 给窗口添加两个按钮，设置窗口的背景色为橙色，可见性为可见
        fr.add (btn1); fr.add (btn2); fr.setBackground (Color.orange);
        fr.setVisible (true);
    }
}
```

运行该程序，出现界面如图 5.15 所示。

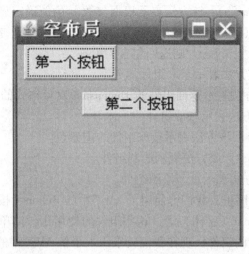

图 5.15 NullLayout 空布局

不使用布局管理器来布局的一个潜在问题就是当容器大小改变,容器中所有组件仍保持原来的位置和大小,将使得原来的组件有些可能在容器中显示不完整,导致整个界面比较"难看"。如图 5.16 所示的容器大小变小时,出现的组件显示不完整的情况。

图 5.16 容器变小时组件显示不完整

5.3 常用 AWT 组件

Java 的图形用户界面的最基本组成部分是容器和组件,前面已经重点详细地讲解介绍了容器和容器的不同布局方式,那么这一节我们就要来介绍 AWT 中常用的 GUI 设计的组件。

Java AWT 中抽象类 Component 是所有 Java GUI 组件的父类。Component 类封装了组件通用的方法和属性,如组件大小、显示位置、前景色和背景色、边界、可见性等。因此许多组件类也就继承了 Component 类的成员方法和成员变量,组件也就可以使用这些成员方法来设置其大小、位置、颜色、是否可见等属性。Component 类中的主要成员方法包括:

- setSize(int,int):该方法表示重置组件的尺寸,使其具有宽度 width 和 height。
- setName(String name):该方法表示设置组件名为指定字符串。

●setVisible（boolean b）：该方法表示根据参数 b 的值确定显示或隐藏这个组件。

●getComponentAt（int x, int y）：该方法表示确定这个组件或它的一个直接子组件是否包含（x, y）位置。若包含，则返回包含的组件。

●getName（）：该方法表示获取组件的名字。

●getSize（）：该方法表示返回组件的 Dimension 对象格式的大小。

●getFont（）：该方法表示获取组件的字体。

●getForeground（）：该方法表示获取组件的前景色。

●paint（Graphics g）：该方法表示绘制组件。

●repaint（）：该方法表示重新绘制组件。

在前面我们写的程序里，我们曾使用了 AWT 中的 Button（按钮）、TextField（文本框）、Color（颜色）、Font（字体）等，这些组件的使用比较简单。除此之外，AWT 中还有很多用于 GUI 设计的组件，现在我们就来深入了解 AWT 中的 GUI 组件。如图 5.17 描述了 AWT 中的组件及类层次关系图。

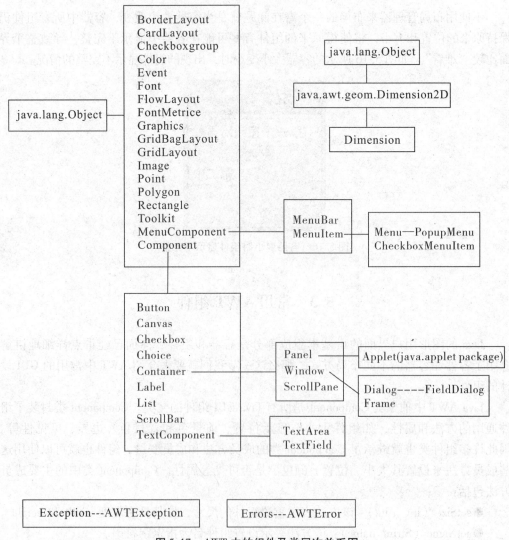

图 5.17　AWT 中的组件及类层次关系图

5.3.1 标签、按钮、文本框与文本域

在图形用户界面设计中,标签、按钮、文本框与文本域是常用的控件。AWT 为我们提供了这些控件的组件实现,接下来我们就介绍这些组件的使用。

标签是一种放到容器中的静止的文本,主要用来做提示文字。标签控件的组件类是 Label,可以使用构造来创建标签对象。标签对象是最简单也最好使用的组件。

按钮是一种放到容器中的可操作的对象,主要用来对用户的点击事件处理的一种控件,当用户单击按钮时会有一个事件发生,可以捕捉这个事件来使用函数进行处理。按钮控件的组件是 Button,可以使用构造来创建按钮对象。

文本框一般是容器中用来让用户输入单行信息的控件对象,它可以接收用户键盘输入的信息。创建文本框时有四种类型可选择设置:空文本框默认长度、空文本框并且具有指定长度、带有初始化文本内容的文本框、带有初始化文本内容并具有指定长度的文本框。

文本域一般用来显示和编辑大段文本内容,可以接收用户从键盘输入的多行信息,它与文本框类似,创建文本域时也有四种类型可选择设置:空白文本域、指定行数和列数的文本域、带有初始化文本的文本域、带有初始化文本内容并具有指定行数和列数的文本框。

下面我们通过一个程序案例来演示讲解以上这四种组件的基本使用。

【例 5.9】创建一个用户信息注册的界面,注册的部分信息包括用户名、用户联系地址、用户电子邮件、用户联系方式、用户的个人简介。

```
public class UserRegister {
    / * *
    * 生成用户登录界面
    */
    public UserRegister () {
        // 创建注册窗口,缺省布局为边框布局,创建注册排头提示文本面板
        Frame f = new Frame (" 用户注册");
        Panel LabelPanel = new Panel ();
        // 创建注册提示文本标签
        Font font = new Font (" 宋体", Font.BOLD , 20);
        Label regisLabel = new Label (" 用户注册"); regisLabel.setFont (font);
        // 添加注册提示文本标签到面板中
    LabelPanel.add (regisLabel);
        // 创建用户注册信息界面面板,设置面板布局为网格布局
        Panel InfoPanel = new Panel ();
        InfoPanel.setLayout (new GridLayout (5, 2, 10, 10));
        // 创建注册需要的各种信息的提示文本标签
        Label nameLabel = new Label (" 用户姓名:", Label.CENTER );
        Label addrLabel = new Label (" 联系地址:", Label.CENTER );
```

```java
        Label emailLabel = new Label("电子邮件:", Label.CENTER);
        Label phoneLabel = new Label("联系方式:", Label.CENTER);
        Label introLabel = new Label("自我简介:", Label.CENTER);
        // 创建输入信息的文本框和文本域
        TextField nameTf = new TextField();
        TextField addrTf = new TextField(100);
        TextField emailTf = new TextField("XXX@XX.com.XXX", 50);
        TextField phoneTf = new TextField("15982331032");
        TextArea introTa = new TextArea("这个家伙什么都没写", 5, 20,
                TextArea.SCROLLBARS_BOTH);
        // 添加 Label、TextField、TextArea 到面板中
        InfoPanel.add(nameLabel); InfoPanel.add(nameTf);
        InfoPanel.add(addrLabel); InfoPanel.add(addrTf);
        InfoPanel.add(emailLabel); InfoPanel.add(emailTf);
        InfoPanel.add(phoneLabel); InfoPanel.add(phoneTf);
        InfoPanel.add(introLabel); InfoPanel.add(introTa);
        // 创建按钮面板,缺省为流式布局
        Panel ButtonPanel = new Panel();
        // 创建注册与重置按钮
        Button regisBtn = new Button("注册");
        Button resetBtn = new Button("重置");
        // 添加按钮到按钮面板
        ButtonPanel.add(regisBtn); ButtonPanel.add(resetBtn);
        // 创建东面的面板
        Panel EastPanel = new Panel(); EastPanel.setBackground(Color.orange);
        // 将东面面板、注册提示文本面板、用户注册信息界面面板和按钮面板添加到窗口
        f.add(LabelPanel, BorderLayout.NORTH);
        f.add(InfoPanel, BorderLayout.CENTER);
        f.add(ButtonPanel, BorderLayout.SOUTH);
        f.add(EastPanel, BorderLayout.EAST);
        // 设置窗口背景(橙色)、位置(400,300)、大小(300,350)、可见性(可见)
        f.setBackground(Color.orange); f.setLocation(400, 300);
        f.setSize(300, 350); f.setVisible(true);
    }
    // 创建用户登录界面
    public static void main(String[] args) {
        new UserRegister();
```

}
}

该程序运行后,出现如图 5.18 界面所示。

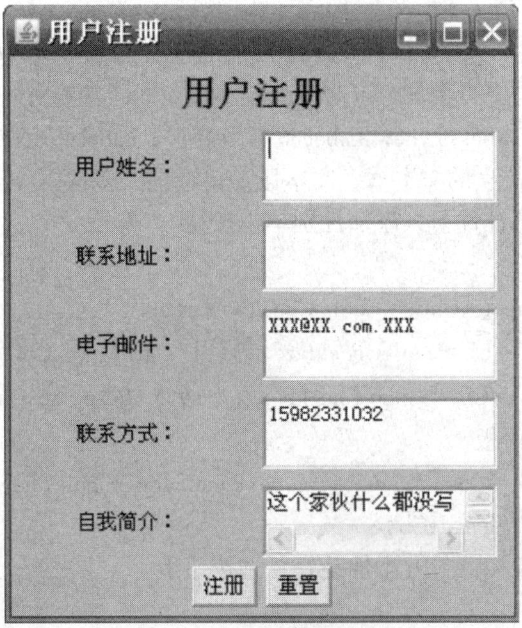

图 5.18 用户注册界面

在用户注册界面中,文本框、文本域、按钮组件都没有对鼠标、键盘操作产生动作事件响应。原因是现在还未添加动作事件功能,该功能将在后续章节中陆续讲到。

5.3.2 多选框、单选框、下拉列表、列表框

如果熟悉 Windows 的应用,对单选按钮、多选按钮、下拉列表、列表框一定不会陌生。单选按钮和多选按钮都有选中和不选两种状态,对于多选按钮来说,多个按钮之间没有制约关系,可以同时和选中其中的多个;而单选按钮则要求一组单选按钮中只能有一个按钮能为选中状态。下拉列表和列表框也是用户图形界面设计常用的控件,都可以有选项可以选择,对于下拉列表中的选项是同时只能选择一个选项;而对于列表框中的选项是可以选择多个选项的。

我们先来看一看单选按钮和多选按钮,在 java.awt 包中提供了 Checkbox 类来建立单选按钮和多选按钮,Checkbox 的使用很简单,如果要创建多选按钮,我们只要使用构造方法 public Checkbox(String label, Boolean state)来创建 Checkbox 对象即可,其中第一个参数 label 是选框旁边的说明文字,第二个参数决定选框是否默认被选中。若要创建单选按钮,因单选按钮需要一组按钮,所以在创建时,还需要指定这个按钮所属的组,我们需要使用另一个构造方法 public Checkbox(String label, boolean state, CheckboxGroup group),其中 CheckboxGroup 类对象指定了这个单选按钮所属于的组。下面我们通过一个程序例子来看一看多选按钮和单选钮。

【例 5.10】我们进一步修改用户信息注册的界面,增加用户爱好、性别等信息注

册,这里只给出新增加的代码。

在用户注册界面的构造方法中增加性别单选按钮、爱好多选按钮
// 创建注册需要的各种信息的提示文本标签,在用户姓名下方添加用户性别标签

Label sexLabel = new Label(" 用户性别:",Label.CENTER);
//在电子邮件下方增加爱好标签
Label hobbiesLabel = new Label(" 爱好:",Label.CENTER);
// 创建输入信息的文本框、文本域、单选框、多选框
//在用户姓名控件下方添加性别单选按钮
// 创建性别
CheckboxGroup sexCbG = new CheckboxGroup();
Checkbox maleCb = new Checkbox(" 男",true,sexCbG);
Checkbox femaleCb = new Checkbox(" 女",false,sexCbG);
// 创建性别面板
Panel sexPanel = new Panel(); sexPanel.add(maleCb);
sexPanel.add(femaleCb);
//在电子邮件控件下方添加爱好复选按钮组
// 创建爱好
Checkbox shopCb = new Checkbox(" 购物",false);
Checkbox readCb = new Checkbox(" 阅读",false);
Checkbox sportCb = new Checkbox(" 运动",false);
Checkbox musicCb = new Checkbox(" 音乐",false);
// 创建爱好面板
Panel hobbiesPanel = new Panel();
hobbiesPanel.add(shopCb); hobbiesPanel.add(readCb);
hobbiesPanel.add(sportCb); hobbiesPanel.add(musicCb);
// 添加性别、爱好控件到面板中
InfoPanel.add(sexLabel); InfoPanel.add(sexPanel);
InfoPanel.add(hobbiesLabel); InfoPanel.add(hobbiesPanel);

该程序运行后,出现如图5.19所示。

通过这个程序案例的实现,大家应该对多选框和单选框组件的使用有了基本的了解了。那么下面我们再来看看下拉列表和列表框,在java.awt包中提供了Choice来实现下拉列表。Choice的常用方法如下:

● Choice():构造方法,创建一个新的选择菜单。

● public voidadd(String item):将一个项添加到此Choice菜单中。

Choice下拉列表的选项选择是单选的。还有一种多选列表框是可以多选的,java.awt包中提供了List,来实现多选列表框。多选列表框List的常用方法如下:

● public List() throws HeadlessException:创建新的滚动列表。默认情况下,有四个可视行,并且不允许多项选择。注意,这是List(0,false)的一种便捷方法。还要注

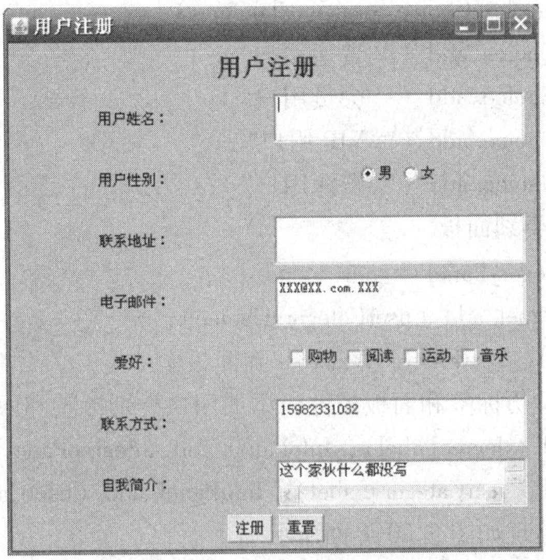

图 5.19 用户注册新增性别和爱好

意，列表中的可视行数一旦创建就不能更改。

● public List (int rows) throws HeadlessException：创建一个用指定可视行数初始化的新滚动列表。默认情况下，不允许多项选择。注意，这是 List (rows, false) 的一种便捷方法。还要注意，列表中的可视行数一旦创建就不能更改。

● public List (int rows, boolean multipleMode) throws HeadlessException：创建一个初始化为显示指定行数的新滚动列表。注意，如果指定了零行，则会按默认的四行创建列表。还要注意，列表中的可视行数一旦创建就不能更改。如果 multipleMode 的值为 true，则用户可从列表中选择多项。如果为 false，则一次只能选择一项。

● public void add (String item)：向滚动列表的末尾添加指定的项。

下面我们通过一个程序例子来看一看下拉列表框和多选列表框。

【例 5.11】我们进一步修改用户信息注册的界面，增加学历（可多选）、用户类别，这里只给出新添加的代码。

```
//在爱好标签下方添加学历和用户类别标签
Label degreeLabel = new Label ("学历:", Label.CENTER);
Label userCategoryLabel = new Label ("用户类别:", Label.CENTER);
// 创建输入信息的文本框、文本域、单选框、多选框
// 创建学历面板和控件
List degreeList = new List (2, true);
degreeList.add ("专科"); degreeList.add ("本科");
degreeList.add ("硕士"); degreeList.add ("博士");
// 创建学历面板
Panel degreePanel = new Panel (); degreePanel.add (degreeList);
//添加用户类别下拉列表面板和控件
// 创建用户类别下拉列表
```

```
Choice userCategoryChoice = new Choice ();
userCategoryChoice. add (" 普通用户");
userCategoryChoice. add (" 会员用户");
userCategoryChoice. add (" VIP 用户");
userCategoryChoice. add (" 资深用户");
// 创建用户类别面板
Panel userCategoryPanel = new Panel ();
userCategoryPanel. add (userCategoryChoice);
// 添加 Label、TextField、TextArea 到面板中
//添加用户学历标签和面板控件，添加用户类别标签和面板控件
InfoPanel. add (degreeLabel); InfoPanel. add (degreePanel);
InfoPanel. add (userCategoryLabel); InfoPanel. add (userCategoryPanel);
```
该程序运行后，出现如图 5.20 界面所示。

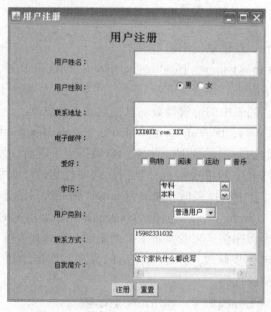

图 5.20　用户注册新增学历和用户类别

在该用户注册界面中，多选框、单选框、下拉列表框、多选列表框组件也都没有对鼠标、键盘操作产生动作事件响应。原因是现在还未添加动作事件功能，该功能将在后续章节中陆续讲到。

5.3.3　画布、滚动条

Canvas 是画布，代表屏幕上的一块空白的矩形区域，程序能够在这个部件表面绘图，也能够捕获用户的操作，产生相应的事件，Canvas 可以说是具有最基本的和最简单的 GUI 功能的部件。当我们要设计一种自己定制的具有 GUI 功能的部件类，这个类就可以继承 Canvas。这样，这个部件类就已经完成了 GUI 的基本功能，我们只需要在这个基础上增加子类部件所专有的外观和功能的相关代码就行了。我们要想绘制子类

部件的外观，我们必须覆盖 Canvas 的 paint 方法。

【例 5.12】创建一个画板，在上面绘制一个矩形。

public class TestCanvas {
    public static void main（String []args）{
        // 创建窗口，设置标题栏为我的画板，创建自定义画板对象
        Frame f = new Frame（"我的画板"）;
        MyCanvas mc = new MyCanvas（）;
        // 给窗口添加画板，设置位置（200，200），大小（200，200），背景色（橙色），可见
        f. add（mc）; f. setLocation（200,200）; f. setSize（210,210）;
        f. setBackground（Color. *orange*）; f. setVisible（true）;
    }
}
//类 画板类
class MyCanvas extends Canvas {
    public void paint（Graphics g）{
        // 使用图形类绘制矩形，矩形坐标（左上角 [30,25]，右下角 [140,125]）
        g. drawRect（30,25,140,125）;
        // 在矩形中绘制字符串"我的画板"，相对于矩形左上角的位置（80，85）
        g. drawString（"我的画板",80,85）;
    }
}

图 5.21 我的画板

运行该程序，出现如图界面 5.21 所示：有了画布 Canvas，我们可以使用 Graphics 类的各种绘图方法来在画布上绘制各种图形。Graphics 是 AWT 中的图形类，用它可以进行各种绘图，对各种图形进行填充，它提供了很多绘制图形和填充图形的方法，具体如下：

● public void drawRect（int x, int y, int width, int height）：绘制指定矩形的边框。矩形的左边和右边位于 x 和 x + width。顶边和底边位于 y 和 y + height。使用图形上下文的当前颜色绘制该矩形。

● public void drawLine（int x1, int y1, int x2, int y2）：在此图形上下文的坐标系

统中,使用当前颜色在点(x1,y1)和(x2,y2)之间画一条线。

●public void drawOval(int x,int y,int width,int height):绘制椭圆的边框。得到的是一个圆或椭圆,它恰好适合放在由 x、y、width 和 height 参数指定的矩形内。椭圆覆盖区域的宽度为 width + 1 像素,高度为 height + 1 像素。

●public void drawPolygon(int [ ] xPoints,int [ ] yPoints,int nPoints):绘制一个由 x 和 y 坐标数组定义的闭合多边形。每对(x,y)坐标定义了一个点。

●public void drawRoundRect(int x,int y,int width,int height,int arcWidth,int arcHeight):用此图形上下文的当前颜色绘制圆角矩形的边框。矩形的左边和右边分别位于 x 和 x + width。矩形的顶边和底边位于 y 和 y + height。

●public void drawArc(int x,int y,int width,int height,int startAngle,int arcAngle):绘制一个覆盖指定矩形的圆弧或椭圆弧边框。得到的弧由 startAngle 开始,并以当前颜色扩展 arcAngle 度。角度的 0 度位于 3 点钟位置。正值指示逆时针旋转,负值则指示顺时针旋转。

●public void fillArc(int x,int y,int width,int height,int startAngle,int arcAngle):填充覆盖指定矩形的圆弧或椭圆弧。得到的弧由 startAngle 开始,并跨越 arcAngle 角度。角度的 0 度位于 3 点钟位置。正值指示逆时针旋转,负值则指示顺时针旋转。弧的中心是矩形的中心,此矩形的原点为(x,y),大小由 width 和 height 参数指定。得到的弧覆盖的区域宽度为 width + 1 像素,高度为 height + 1 像素。

●public void fillOval(int x,int y,int width,int height):使用当前颜色填充外接指定矩形框的椭圆。

●public void fillPolygon(int [ ] xPoints,int [ ] yPoints,int nPoints):填充由 x 和 y 坐标数组定义的闭合多边形。此方法绘制由 nPoints 个线段定义的多边形,其中前面的 nPoints - 1 个线段是当 1 ≤ i ≤npoints - 1 时,从(xPoints[i - 1],yPoints[i - 1])到(xPoints[i],yPoints[i])的线段。如果最后一个点和第一个点不同,则图形会通过在这两点间绘制一条线段来自动闭合。多边形内部的区域使用奇偶填充规则定义,此规则也称为交替填充规则。

●public void fillRect(int x,int y,int width,int height):填充指定的矩形。该矩形左边和右边位于 x 和 x + width - 1。顶边和底边位于 y 和 y + height - 1。得到的矩形覆盖的区域宽度为 width 像素,高度为 height 像素。使用图形上下文的当前颜色填充该矩形。

●public void fillRoundRect(int x,int y,int width,int height,int arcWidth,int arcHeight):用当前颜色填充指定的圆角矩形。矩形的左边和右边分别位于 x 和 x + width - 1。矩形的顶边和底边位于 y 和 y + height - 1。

除了画布,在某些程序中,需要调整线性的值,这时就需要滚动条,滚动条提供了易于操作的值的范围或区的范围。滚动条的实现类是 Scrollbar,创建一个滚动条时,必须指定它的方向、初始值、滑块的大小、最小值和最大值,我们可以使用其构造方法来创建。构造方法如:public Scrollbar(int orientation,int initialValue,int sizeOfSlider,int minValue,int maxValue)。

【例 5.13】创建一个水平滚动条和垂直滚动条。

```java
public class TestScrollbar {
    public static void main (String [] args) {
        // 创建窗口，设置标题栏为我的滚动条，设置窗口的布局为流式布局
        Frame f = new Frame (" 我的滚动条"); f. setLayout (new FlowLayout ());
        // 创建垂直滚动条
        Scrollbar myScrollbar = new Scrollbar (Scrollbar. VERTICAL , 0, 30, 0, 600);
        // 创建水平滚动条
        Scrollbar myScrollbar1 = new Scrollbar (Scrollbar. HORIZONTAL , 0, 30, 0, 600);
        // 给窗口添加滚动条，设置位置（200，200），大小（200，200），背景色（橙色），可见性（可见）
        f. add (myScrollbar); f. add (myScrollbar1);
        f. setLocation (200, 200); f. setSize (200, 200);
        f. setBackground (Color. orange); f. setVisible (true);
    }
}
```

运行该程序后，出现如图 5.22 界面所示。

图 5.22 滚动条

在画布、滚动条程序中，画布、滚动条组件没有对鼠标、键盘操作产生动作事件响应。原因是现在还未添加动作事件功能，该功能将在后续章节中陆续讲到。

实训 1：简易聊天客户端界面布局与设计。

本实训通过充分使用 AWT 的布局管理器和常用组件，设计实现一个简易聊天客户端界面。界面要求有公聊与私聊、选择用户、发送聊天信息、查看聊天信息的显示功能。

```java
public class ChatClient {
    public ChatClient () {
        // 创建窗口，设置标题栏为简易聊天客户端，窗口默认采用边框布局
        Frame f = new Frame (" 简易聊天客户端"); f. setLayout (new BorderLayout ());
        // 创建发送聊天信息组件（发送信息文本框，发送按钮）、面板（默认采用流式布局）
        TextField tf = new TextField (30); Button send = new Button (" 发送");
```

```java
        Panel sendPanel = new Panel(); sendPanel.setLayout(new FlowLayout());
        sendPanel.add(tf); sendPanel.add(send);
        sendPanel.setBackground(Color.orange);
        //创建聊天功能组件(单选按钮组,用户列表)、面板(默认采用流式布局)
        Panel chatPanel = new Panel(); chatPanel.setLayout(new FlowLayout());
        Label chatFS = new Label("聊天方式:");
        CheckboxGroup cbg = new CheckboxGroup();
        Checkbox publicCb = new Checkbox("公聊", true, cbg);
        Checkbox privateCb = new Checkbox("私聊", false, cbg);
        Label userLabel = new Label("聊天用户:");
        Choice userChoice = new Choice();
        userChoice.add("所有人"); userChoice.add("用户1");
        userChoice.add("用户2"); userChoice.add("用户n");
        chatPanel.add(chatFS); chatPanel.add(publicCb);
        chatPanel.add(privateCb); chatPanel.add(userLabel);
        chatPanel.add(userChoice); chatPanel.setBackground(Color.orange);
        //创建显示信息的组件(文本域)、面板
        TextArea ta = new TextArea("显示聊天消息", 8, 20, TextArea.SCROLLBARS_BOTH);
        ta.setEditable(false); ta.setBackground(Color.orange);
        //将发送消息面板、显示消息面板、聊天功能面板添加给窗口
        f.add(ta, BorderLayout.NORTH); f.add(chatPanel);
        f.add(sendPanel, BorderLayout.SOUTH); f.setLocation(200, 200);
        f.setSize(350, 250); f.setVisible(true);
    }
    public static void main(String[] args) {
        new ChatClient();
    }
}
```

程序运行结果如图5.22所示。

5.4 Swing

5.4.1 概述及基本组件

前面给大家介绍的java1.0平台的AWT虽然本身已经比较完善了,但还是存在功能与性能的问题。第一,AWT提供的图形化用户界面组件的数量有限,它缺少剪贴板、打印支持、键盘导航、弹出式菜单、滚动窗格等基本元素,所以只能满足简单用户界面设计的需要,难以满足开发复杂的应用界面;第二,AWT提供的图形用户界面的样

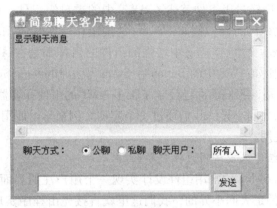

图 5.22　简易聊天客户端界面

式不能同时支持多种操作系统,即不具有跨多平台性,这就使得它的图形界面的可复用性大大降低;第三,AWT 使用的本地对等组件技术,需要反复同底层操作系统平台交互,效率也变得极为低下。

正是由于 AWT 的问题,才有了 Swing 的出现,Swing 是第二代 GUI 开发工具集,它是构筑在 AWT 上层的一组 GUI 组件的集合。为保证可移植性,它完全采用 java 语言编写,和 AWT 相比,Swing 提供了更完整的组件,引入了许多新的特性和能力。Swing 提供更多的组件库,也增强了 AWT 组件的功能。本节我们介绍基本的 Swing 组件使用方法,以及使用 Swing 组件创建用户界面的过程。首先我们需要熟悉 Swing 的体系结构,见图 5.23 所示。

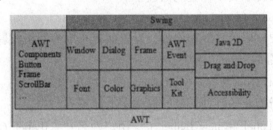

图 5.23　Swing 的体系结构

Swing 的主要特性包括:

● Swing 是由纯 Java 实现的,Swing 组件是用 Java 实现的轻量级组件,没有本地代码,不依赖操作系统的支持。这是它与 AWT 组件的最大区别。由于 AWT 组件通过与具体平台相关的对等类(Peer)实现,因此,Swing 比 AWT 组件具有更强的实用性。Swing 在不同的平台上表现一致,并且有能力提供本地窗口系统不支持的其他特性。

● Swing 采用了一种 MVC 的设计范式,即"模型—视图—控制器"(Model - View - Controller)。其中,模型用来保存内容,视图用来显示内容,控制器用来控制用户输入。

● Swing 具有更丰富而且更加方便的用户界面元素集合,对于底层平台的依赖更少。因此,特殊平台上的 bug 会很少。Swing 会带来交叉平台上的统一的视觉体验。

除了拥有与 AWT 类似的基本组件外,Swing 还扩展了一些更新、更丰富的高层组件。在 Swing 中不但用轻量级组件替代了 AWT 中的重量级组件，而且 Swing 的替代组件中都包含有一些其他的特性。例如，Swing 的按钮和标签可显示图标和文本，而 AWT 的按钮和标签只能显示文本。Swing 中增强的组件的名称都是在 AWT 组件名前面增加了一个"J"字母，比如 AWT 中的 Button 在 Swing 中是 JButton。Swing 在应用方式上与 Awt 并没有多大的区别，我们前面已经学了很多 AWT 的组件和容器的使用，那么 Swing 也有这些组件，用法大同小异。我们通过一个实训案例来学习使用 Swing 中提供的以上我们讲过的组件的使用。

实训2：使用 Swing 组件来重构用户注册界面。

本实训通过使用 Swing 的常用组件设计实现一个用户注册界面，Swing 的常用组件的使用与 AWT 的组件是大同小异的，我们这里就直接先由程序实现来展示效果，再对 Swing 组件的使用与 AWT 的进行对比分析讲解。

```java
public class UserRegisterSwing {
    public UserRegisterSwing () {
        //创建注册窗口，缺省布局为边框布局，创建注册排头提示文本面板
        JFrame jf = new JFrame ("用户注册");
        JPanel LabelPanel = new JPanel ();
        //创建注册提示文本标签
        Font font = new Font ("宋体", Font.BOLD, 20);
        JLabel regisLabel = new JLabel ("用户注册"); regisLabel.setFont (font);
        //添加注册提示文本标签到面板中
        LabelPanel.add (regisLabel);
        //创建用户注册信息界面面板，设置面板布局为网格布局
        JPanel InfoPanel = new JPanel ();
        InfoPanel.setLayout (new GridLayout (9, 2, 0, 0));
        //创建注册需要的各种信息的提示文本标签
        JLabel nameLabel = new JLabel ("用户姓名:", JLabel.CENTER);
        JLabel sexLabel = new JLabel ("用户性别:", JLabel.CENTER);
        JLabel addrLabel = new JLabel ("联系地址:", JLabel.CENTER);
        JLabel emailLabel = new JLabel ("电子邮件:", JLabel.CENTER);
        JLabel hobbiesLabel = new JLabel ("爱好:", JLabel.CENTER);
        JLabel degreeLabel = new JLabel ("学历:", JLabel.CENTER);
        JLabel userCategoryLabel = new JLabel ("用户类别:", JLabel.CENTER);
        JLabel phoneLabel = new JLabel ("联系方式:", JLabel.CENTER);
        JLabel introLabel = new JLabel ("自我简介:", JLabel.CENTER);
        //创建输入信息的文本框、文本域、单选框、多选框
        JTextField nameTf = new JTextField ();
        //创建性别
        ButtonGroup bg = new ButtonGroup ();
```

```java
JRadioButton maleCb = new JRadioButton ("男", true);
JRadioButton femaleCb = new JRadioButton ("女", false);
bg.add (maleCb); bg.add (femaleCb);
// 创建性别面板
JPanel sexPanel = new JPanel ();
sexPanel.add (maleCb); sexPanel.add (femaleCb);
// 创建联系地址文本框
JTextField addrTf = new JTextField (100);
JTextField emailTf = new JTextField ("XXX@XX.com.XXX", 50);
// 创建爱好
JCheckBox shopCb = new JCheckBox ("购物", false);
JCheckBox readCb = new JCheckBox ("阅读", false);
JCheckBox sportCb = new JCheckBox ("运动", false);
JCheckBox musicCb = new JCheckBox ("音乐", false);
// 创建爱好面板
JPanel hobbiesPanel = new JPanel ();
hobbiesPanel.add (shopCb); hobbiesPanel.add (readCb);
hobbiesPanel.add (sportCb); hobbiesPanel.add (musicCb);
JTextField phoneTf = new JTextField ("15982331032");
// 创建文本域、使用 JScrollPane 滚动面板来控制文本域的滚动条
JTextArea introTa = new JTextArea ("这个家伙什么都没写", 5, 20);
JScrollPane jsp = new JScrollPane (introTa);
// 创建学历
String [] degreeData = {"本科", "硕士", "博士"};
JList degreeList = new JList (degreeData);
// 创建学历面板
JPanel degreePanel = new JPanel (); degreePanel.add (degreeList);
// 创建用户类别下拉列表
String [] userCategory = {"普通用户", "会员用户", "VIP 用户", "资深用户"};
JComboBox userJCB = new JComboBox (userCategory);
// 创建用户类别面板
JPanel userCategoryPanel = new JPanel ();
userCategoryPanel.add (userJCB);
// 添加 Label、TextField、TextArea 到面板中
InfoPanel.add (nameLabel); InfoPanel.add (nameTf);
InfoPanel.add (sexLabel); InfoPanel.add (sexPanel);
InfoPanel.add (addrLabel); InfoPanel.add (addrTf);
```

```java
        InfoPanel.add(emailLabel); InfoPanel.add(emailTf);
        InfoPanel.add(hobbiesLabel); InfoPanel.add(hobbiesPanel);
        InfoPanel.add(degreeLabel); InfoPanel.add(degreePanel);
        InfoPanel.add(userCategoryLabel); InfoPanel.add(userCategoryPanel);
        InfoPanel.add(phoneLabel); InfoPanel.add(phoneTf);
        InfoPanel.add(introLabel); InfoPanel.add(jsp);
        // 创建按钮面板，缺省为流式布局
        JPanel ButtonPanel = new JPanel();
        // 创建注册与重置按钮
        JButton regisBtn = new JButton(" 注册");
        JButton resetBtn = new JButton(" 重置");
        // 添加按钮到按钮面板
        ButtonPanel.add(regisBtn); ButtonPanel.add(resetBtn);
        // 创建东面的面板
        JPanel EastPanel = new JPanel();
        // 将东面面板、注册提示文本面板、用户注册信息界面面板和按钮面板添加到窗口
        jf.add(LabelPanel, BorderLayout.NORTH);
        jf.add(InfoPanel, BorderLayout.CENTER);
        jf.add(ButtonPanel, BorderLayout.SOUTH);
        jf.add(EastPanel, BorderLayout.EAST);
        // 设置窗口关闭操作（退出程序）、位置（400，300）、大小（300，350）、可见性（可见）
        jf.setLocation(300, 20); jf.setSize(500, 700); jf.setVisible(true);
        jf.setDefaultCloseOperation(JFrame.EXIT_ON_CLOSE);
    }
    // 创建用户登录界面
    public static void main(String[] args) {
        new UserRegisterSwing();
    }
}
```

运行该程序后，出现如图5.24的界面所示。

通过前面这个程序，我们可以看到Swing的按钮JButton、文本框JTextField、标签JLabel、窗口JFrame、布局管理器等的使用与AWT是很类似的，这里就不再详细介绍了。那么对于文本域JTextArea、多选框JCheckBox、单选按钮JRadioButton、列表框JList、下拉列表框JComboBox的使用与AWT有一些区别，这里我们简单说明一下：

● JTextArea：Swing的文本域的构造是需要指定默认值、行数和列数，不需要设置是否滚动属性，它的滚动可以使用Swing中的滚动面板JScrollPane来实现的，我们在构造JScrollPane对象时，构造方法可以有一个文本域对象。具体代码片段如：JTextArea

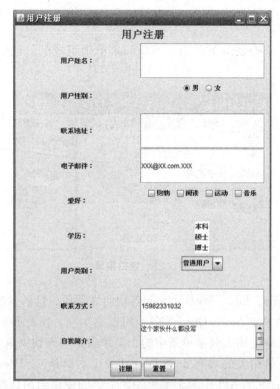

图 5.24 Swing 组件的用户注册界面

introTa = new JTextArea(" 这个家伙什么都没写",5,20); JScrollPane jsp = new JScrollPane(introTa)。

● JCheckBox：Swing 的多选框是 JCheckBox 与 AWT 的 Checkbox 是不一样的类，我们也可以通过构造方法来创建该对象，构造方法需要指定多选框显示的文本或图片和是不是已选状态。

● JRadioButton：Swing 的单选按钮与 AWT 的不一样，AWT 的单选按钮是 Checkbox，使用时需要首先创建一个 CheckboxGroup 按钮组，每创建一个 Checkbox 则要设置其所属的按钮组对象。

● JList：Swing 的列表框 JList 与 AWT 的列表框的使用稍有不同，AWT 的列表框是通过 add 方法来添加选项，而 Swing 的 JList 是通过先构造一个 ListMode 类型数据，一般是一个选项值数组，然后在构造列表框对象时给一个 ListMode 类型的数据。具体代码片段如：String [ ] degreeData = { " 本科"," 硕士"," 博士" }; JList degreeList = new JList(degreeData)。

● JComboBox：Swing 的下拉列表框 JComboBox 和 AWT 的下拉列表框 Choice 不一样，AWT 的下拉列表框 Choice 是通过 add 方法来增加选项的，而 JComboBox 的选项是通过创建数据模型来构建的，具体代码片段如：String [ ] userCategory = { " 普通用户"," 会员用户"," VIP 用户"," 资深用户" }; JComboBox userJCB = new JComboBox(userCategory)。

5.4.2 菜单栏

一个完整的菜单系统是由菜单条、菜单和菜单项组成的。他们与菜单的构成关系如图 5.25 所示。

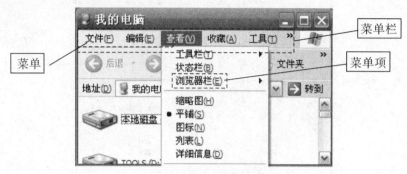

图 5.25 窗口菜单

在图 5.25 中，File，Edit，Tools，Help 各项叫做菜单，这些顶层菜单共同组成菜单条，在 File 的下拉菜单中 New，Open 等各项叫做菜单项。由此我们可以看出菜单条是加入到窗口中的，菜单是加入到菜单条中的，菜单项是加入到菜单中的。

在 Swing 中与菜单相关的类有 3 个 JMenuBar（菜单条）、JMenu（菜单）、JMenuItem（菜单项）。在 java 的 API 中对于菜单的 3 个类的使用给出详细的描述，我们先来了解一下：

● JMenuBar：菜单条类，可以通过无参构造 JMenuBar（ ）来创建菜单条对象，并通过常用方法 add（菜单对象名）来添加菜单，该类是无事件处理，也不执行任何具体的操作处理。

● JMenu：菜单，可以通过构造 JMenu（String 菜单名）来创建一个带有菜单名的菜，并通过 add（菜单项对象名）方法可以实现给菜单条添加菜单项。JMenu 无需事件，因为单击只是显示菜单项，无需进行具体操作。

● JMenuItem：菜单项，可以用来创建菜单项对象，有 3 个参构造方法：

JMenuItem（String 文字）构造一个只有文字的菜单项。

JMenuItem（Icon 图标）构造一个只有图标的菜单项。

JMenuItem（String 文字，Icon 图标）构造一个带有文字，图标的菜单项。

JMenuItem，它是 JMenu 的父类，因为菜单中也有子菜单作菜单项，比如文件/新建/很多子菜单项。新建是菜单项，但它也是一个菜单。对于 JMenuItem，我们更需要关注菜单项能处理什么，它可以加哪些监听，点击菜单是 ActionEvent 事件，需要加 ActionListener 来监听。

实训 3：设计一个简易记事本窗口界面。

本实训通过使用 Swing 的菜单组件设计实现一个简易记事本的窗口界面，通过本实训案例让学习者熟悉和掌握 java 的 Swing 的菜单的使用。具体程序代码如下：

```
public class NoteBook{
    public NoteBook(){
        // 创建窗口
```

```java
        JFrame jf = new JFrame("简易记事本");
        // 创建菜单名标签和存放菜单的数组
        String [] jmlabels = {"File", "Edit", "Help"};
        JMenu [] jms = new JMenu [jmlabels.length];
        // 创建菜单项名标签和存放菜单项的数组
        String [] [] jmilabels = {
                {"New", "Open", "", "Save", "Save as", "", "Exit"},
                {"Undo", "", "Copy", "Paste", "", "Find"},
                {"help1", "help2"} };
        JMenuItem [] [] jmis = new JMenuItem [jmilabels.length] [];
        // 创建菜单条对象
        JMenuBar jmb = new JMenuBar();
        // 通过双重循环创建菜单和其中对应的菜单项
        for (int i = 0; i < jmlabels.length; i++) {
            jms [i] = new JMenu (jmlabels [i]);
            jmis [i] = new JMenuItem [jmilabels [i].length];
            for (int j = 0; j < jmilabels [i].length; j++) {
                if (jmilabels [i] [j].equals ("")) {
                    jms [i].addSeparator();
                } else {
                    System.out.println (i + "  " + j);
                    jmis [i] [j] = new JMenuItem (jmilabels [i] [j]);
                    jms [i].add (jmis [i] [j]);
                }
            }
            jmb.add (jms [i]);
        }
        // 创建记事本的编辑区域
        JTextArea jta = new JTextArea (340, 280);
        JScrollPane jsp = new JScrollPane (jta);
        // 给窗口设置菜单条,添加文本编辑区域
        jf.setJMenuBar (jmb); jf.add (jsp);
        // 设置窗口大小 (350, 300),可见性 (可见)
        jf.setSize (350, 300); jf.setVisible (true);
        jf.setDefaultCloseOperation (JFrame.EXIT_ON_CLOSE);
    }
    public static void main (String [] args) {
        new NoteBook ();
    }
```

}

运行该程序后，如图 5.26 界面所示。

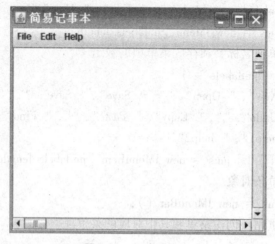

图 5.26　记事本窗口

5.4.3　滑动条与颜色选择器

JSlider 在 Swing 中成为滑动条组件，它的使用比较简单，主要用于设置数值，在 API 中对于它的介绍如下：

● JSlider（int min，int max）创建一个滑动条，滑动的值范围为最小值 min，最大值 max。

● getValue（）返回当前滑动条上滑块指示位置的值。

● 滑动条滑块滑动是 ChangeEvent，由 ChangeListener 来监听，所以给滑动条添加 ChangeListener。

实训 4：设计创建一个颜色合成器。

本实训案例是通过使用 Swing 中的滑动条、文本域等组件来创建一个自定义的颜色合成器窗口界面。具体程序代码如下：

```
public class ColorChoose extends JFrame {
    private JSlider [ ] jsls;
    private JLabel [ ] labs;
    private JTextArea jta;
    private JButton ok, cancel;
    private JTextField jtf;
    private Color c;
    public ColorChoose（） {
        // 创建滑动条数组存储三个滑动条组件
        jsls = new JSlider [ ] { new JSlider（0, 255）, new JSlider（0, 255）,
            new JSlider（0, 255）};
        // 创建三个滑动条的标签
```

```java
        labs = new JLabel[]{new JLabel("R"), new JLabel("G"), new JLabel("B")};
        // 创建颜色合成器的提示文本
        jtf = new JTextField(10); jtf.setText("感谢使用颜色合成器");
        // 创建显示颜色的文本域
        jta = new JTextArea(5, 5); ok = new JButton("确定");
        cancel = new JButton("取消"); init();
    }
    // 通过面板来布局颜色选择滑动组件、颜色显示组件、操作按钮
    private void init(){
        JPanel center = new JPanel();
        center.add(labs[0]); center.add(jsls[0]); center.add(labs[1]);
        center.add(jsls[1]); center.add(labs[2]); center.add(jsls[2]);
        center.add(jtf); JPanel south = new JPanel(); south.add(ok);
        south.add(cancel); JPanel east = new JPanel(); east.add(jta);
        this.add(center, BorderLayout.CENTER);
        this.add(south, BorderLayout.SOUTH);
        this.add(east, BorderLayout.EAST);
    }
    // 设置窗体组件的大小(300, 200)、可见性(可见)、关闭属性(关闭按钮退出程序)
    public void showMe(){
        this.setSize(300, 200); this.setVisible(true);
        this.setResizable(false);
        this.setDefaultCloseOperation(JFrame.EXIT_ON_CLOSE);
    }
    public static void main(String[] args){
        ColorChoose cc = new ColorChoose(); cc.showMe();
    }
}
```

该程序运行后,出现如图 5.26 界面。

在该程序中,我们看到文本域是用来显示颜色的,滑动条组件是用来设置颜色值的,通过滑动条的不同的 R、G、B 值则颜色的值就不一样,这种方式使我们自己设计的颜色合成器。那么在实际的编程中对于颜色的合成选择是不需要自己来设计的,在 java.swing 中有一个已经封装好的颜色选择器组件,有了它我们不用像刚才那样复杂地来实现颜色的选择,而是可以很简单地实现。

JColorChooser 是颜色选择器组件,它是一个提供用于允许用户操作和选择颜色的控制器窗格。JColorChooser 提供三个级别的 API:

(1) 显示有模式颜色选取器对话框并返回用户所选颜色的静态便捷方法

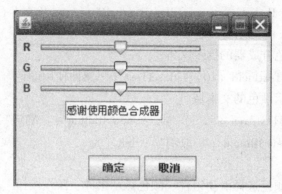

图 5.26　颜色合成器

（2）创建颜色选取器对话框的静态便捷方法，可以指定用户按下其中一个对话框按钮时要调用的 ActionListener。

（3）（在任何容器中）直接创建 JColorChooser 窗格实例的能力，可以添加 PropertyChange 侦听器，以检测何时当前"颜色"属性发生改变。

这里我们采用选择第 3 种方式来实现和使用 JColorChooser。

【例 5.14】请使用 JColorChooser 颜色选择器组件来创建一个颜色选择窗口界面。

```
public class MyJColorChooser {
    public static void main (String [] args) {
        // 创建一个颜色选择器组件
        JColorChooser jcc = new JColorChooser ();
        // 创建窗体，设置标题为颜色选择器
        JFrame jf = new JFrame (" 我的颜色选择器");
        // 创建一个文本框，用来显示选择的颜色
        JTextField jtf = new JTextField (30);
        // 给窗体添加文本框、颜色选择器组件
        jf. add (jtf, BorderLayout. NORTH); jf. add (jcc);
        // 设置窗口的大小自动设置为匹配组件大小
        jf. pack ();
        // 设置可见性（可见），关闭属性（关闭按钮退出程序）
        jf. setVisible (true);
        jf. setDefaultCloseOperation (JFrame. EXIT_ ON_ CLOSE);
    }
}
```

运行该程序，出现如图 5.27 界面。

5.4.4　表格和树

在图形界面的设计中，表格和树的使用是很常见的，这里我也给学习者做一个简单的介绍。在 java. swing 中表格组件是 JTable，树组件是 JTree。首先我们先介绍 JTable：

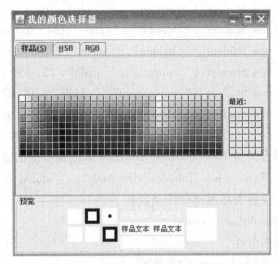

图 5.27 颜色选择器

JTable 组件是一个二维表组件,二维表存储的数据是二维表的数据,这样的数据在 java 中要用 JTable 来存储,则需要符合 JTable 的规范。

JTable 用来显示和编辑规则的二维单元表,设计使用 JTable 的应用程序时,要严格注意用来表示表数据的数据结构。

表数据的数据结构要么用 AbstractTableModel 类,写一个子类继承该类,重写它里面的方法;要么用 DefaultTableModel 接口,写实现类实现其中的方法。

我们这里采用 AbstractTableModel 类,写一个子类继承它,重写 getColumnCount()获得表格列数,getRowCount()获得行数,getValueAt(行,列)获得在某行某列上的对象,getColumnName()获得表格每列列名。

【例 5.15】使用表格组件实现一个学生信息表,将存储在集合中学生信息用表格显示在表格中。

```
public class StudentTable{
    private JFrame jf;
    private JTable table;
    private JScrollPane jsp;
    // 构造方法创建学生信息表
    public StudentTable(){
        // 创建窗口,设置标题栏为学生信息表
        jf = new JFrame("学生信息表");
        // 创建用于要在表中显示的学生对象数据列表,列表中存储了要显示的每个学生对象数据
        ArrayList stulist = new ArrayList();
        stulist.add(new Student("zhuohongbo","male",21,89));
        stulist.add(new Student("liuhao","male",23,90));
        stulist.add(new Student("tengyuangong","male",22,93));
```

```java
        stulist.add(new Student("zhubing", "male", 20, 88));
        stulist.add(new Student("wulinli", "male", 24, 86));
        stulist.add(new Student("lixiang", "male", 23, 89));
        stulist.add(new Student("qiugang", "male", 22, 89));
        stulist.add(new Student("caiyongjun", "male", 20, 87));
        stulist.add(new Student("zhaoyulong", "male", 21, 95));
        stulist.add(new Student("weijuan", "female", 21, 94));
        // 通过使用表模型 TableModelForArrayList 来创建学生信息表
        table = new JTable(new TableModelForArrayList(stulist));
        // 创建用于设置表格滚动的滚动面板
        jsp = new JScrollPane(table);
        // 给窗体添加表格组件
        jf.add(jsp, BorderLayout.CENTER);
        // 设置窗体的大小(640,480),可见性(可见),关闭属性(关闭就退出)
        jf.setSize(640, 480);
        jf.setVisible(true);
        jf.setDefaultCloseOperation(JFrame.EXIT_ON_CLOSE);
    }
    public static void main(String[] args) {
        new StudentTable();
    }
}
/**
 * 学生类 表格中显示数据的封装对象
 *
 * @author weijuan 2013-1-25
 */
class Student {
    private String name;
    private String gender;
    private int age;
    private int mark;
    public Student(String name, String gender, int age, int mark) {
        super();
        this.age = age; this.gender = gender;
        this.mark = mark; this.name = name;
    }
    public Student() {
        super();
```

```java
    }
    public String getName() {
        return name;
    }
    public void setName(String name) {
        this.name = name;
    }
    public String getGender() {
        return gender;
    }
    public void setGender(String gender) {
        this.gender = gender;
    }
    public int getAge() {
        return age;
    }
    public void setAge(int age) {
        this.age = age;
    }
    public int getMark() {
        return mark;
    }
    public void setMark(int mark) {
        this.mark = mark;
    }
}
/**
 * 表模型类 用来创建表格的表模型类
 *
 * @author weijuan 2013-1-25
 */
class TableModelForArrayList extends AbstractTableModel {
    private ArrayList arr;
    // 给表模型设置集合数据列表
    public TableModelForArrayList(ArrayList arr) {
        this.arr = arr;
    }
    // 设置表格的列数
    public int getColumnCount() {
```

```java
        return 4;
    }
    // 设置表格的行数, 也就是集合中的对象个数
    public int getRowCount () {
        return arr.size ();
    }
    // 设置表格中每一列的列名
    public String getColumnName (int index) {
        switch (index) {
        case 0:
            return " 姓名";
        case 1:
            return " 性别";
        case 2:
            return " 年龄";
        case 3:
            return " 成绩";
        default:
            return null;
        }
    }
    // 设置表格中每一行的每一个列的数据值
    public Object getValueAt (int row, int col) {
        Student s = (Student) arr.get (row); // 获得一个学生
        switch (col) {
        case 0:
            return s.getName ();
        case 1:
            return s.getGender ();
        case 2:
            return s.getAge ();
        case 3:
            return s.getMark ();
        default:
            return null;
        }
    }
}
```

运行该程序, 出现如图5.28的界面。

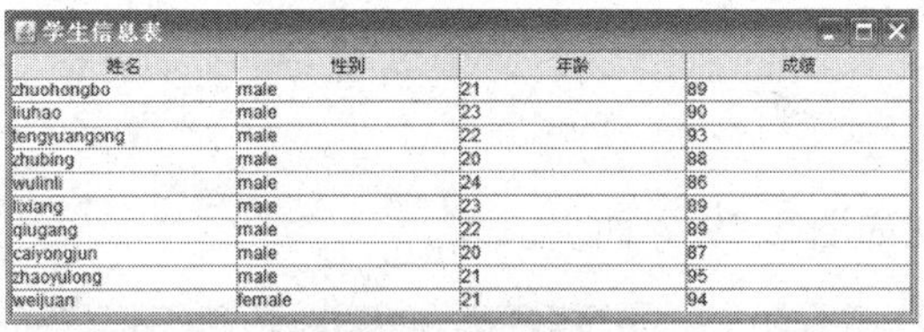

学生信息表

姓名	性别	年龄	成绩
zhuohongbo	male	21	89
liuhao	male	23	90
tengyuangong	male	22	93
zhubing	male	20	88
wulinli	male	24	86
lixiang	male	23	89
qiugang	male	22	89
caiyongjun	male	20	87
zhaoyulong	male	21	95
weijuan	female	21	94

图 5.28　学生信息表

简单分一下此程序，我们首先写一个学生类 Student. java 描述学生信息；然后写一个子类继承 AbstractTableModel 类，覆写相应的方法，封装二维表的数据结构；最后利用写好的二维表数据结构来实现生成二维表。

说完了表格组件，我们再来看一下树组件。

JTree 是用来建立类似目录树结构的组件，在程序中使用很广，如资源管理器，聊天工具 QQ、MSN 等。在 java 的 API 中对 JTree 对象创建可以通过一个常用的构造 JTree（Hashtable 对象），Hashtable 我们知道它是 Map 的实现类，有 key，value 对象。

一棵树，我们知道有根节点、父节点、子节点一层层的；Hashtable 结构正好适合建立一棵树，它的每个 key 可作为 root 节点，它的 value 可作每个 key 根的子节点或子树。我们要建立一棵树，可以先用 Hashtable 来封装数据，再用 Hashtable 来生成树。

【例 5.16】使用树组件来创建实现一颗简单的树，可显示出不同的节点。

```
public class MyTree {
    // 通过构造方法来创建树
    public MyTree () {
        // 创建窗体，设置标题栏为“我的目录树”
        JFrame jf = new JFrame (" 我的目录树");
        // 创建树组件中的数据模型所需的 Hashtable，并设置数据给 Hashtable
        Hashtable hst = new Hashtable ();
        String [ ] str1 = {" 阿根廷"," 美国"," 国际米兰"," 德国"," 法国"};
        String [ ] str2 = {" 梦八"," 湖人"," 火箭"," 公牛"};
        String [ ] str3 = {" 云水谣"," 赌侠 1999"," 天龙八部"," 黄金甲"};
        hst. put (" 足球队", str1); hst. put (" 篮球队", str2); hst. put (" 电影", str3);
        // 使用树的数据模型 Hashtable 来创建树组件，再使用滚动面板来设置其可滚动
        JTree jtr = new JTree (hst); JScrollPane jsp = new JScrollPane (jtr);
        // 给窗体添加有树的滚动面板，设置可见性为可见，大小 (300, 200)，关闭属性（关闭按钮退出）
        jf. add (jsp); jf. setVisible (true); jf. setSize (300, 200);
        jf. setDefaultCloseOperation (JFrame. EXIT_ ON_ CLOSE );
    }
    public static void main (String [ ] args) {
```

```
        new MyTree();
    }
}
```

运行该程序,出现如图 5.29 界面。

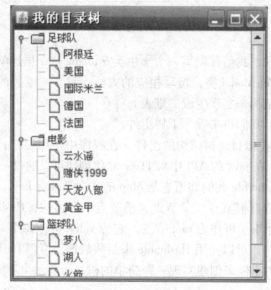

图 5.29　树组件

5.5　Java 事件处理

5.5.1　Java 事件模型

前面我们写的程序,都有丰富的界面,界面上有很多组件,但是当我们使用鼠标或键盘点击操作这些组件比如按钮、文本框、文本域、单选按钮、多选按钮、滑动条等时没有实现任何的动作或者操作,主要的原因就在于这些组件我们并没有给它加入事件处理。若使图形界面能够接收用户的操作,我们就必须给各个组件加上事件处理机制。在事件处理机制中,我们需要理解三个重要的对象:

●Event(事件):用户对组件的一个操作,称之为一个事件,以类的形式出现,例如,鼠标操作对应的事件类是 MouseEvent。

●Event Source(事件源):发生事件的对象,通常就是各个组件,例如按钮 Button。

●Event Handler(事件处理者或者事件监听器):接收事件对象并对其进行处理的对象事件处理器,通常就是某个 Java 类中负责处理事件的成员方法。

图形界面通过事件机制响应用户与程序的交互。产生事件的组件称为事件源。例如当用户点击界面某个按钮就会产生动作事件,该按钮就是事件源。要处理产生的事件,就需要在特定的方法中编写处理事件的程序。这样当组件产生某种事件时就会调用处理这种事件的方法,从而实现用户与程序之间的交互。事件处理模型如图 5.30。

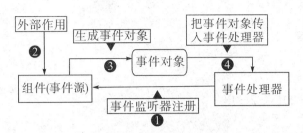

图 5.30　Java 事件模型图

一个事件源可以发生多种事件，不同事件发生了需要不同的事件处理，正是因为这个原因 Java 采取了授权模型（Delegation Model）。事件源可以把在其自身所有可能发生的事件分别授权给不同的事件处理者来处理。比如，在文本域 JTextArea 对象上既可能发生鼠标事件，也可能发生键盘事件，该 JTextArea 对象就可以授权给事件处理者 1 来处理鼠标事件，同时授权给事件处理者 2 来处理键盘事件。有时也将事件处理者称为监听器，主要原因也在于监听器时刻监听着事件源上所有发生的事件类型，一旦该事件类型与自己所负责处理的事件类型一致，就马上进行处理。授权模型把事件的处理委托给外部的处理实体进行处理，实现了将事件源和监听器分开的机制。事件处理者（监听器）通常是一个类，该类如果能够处理某种类型的事件，就必须实现与该事件类型相对的接口。

如何使用 java 事件模型来实现事件处理呢？

首先编写一个类继承 EventObject 作为事件类，用来创建事件对象，接着编写一个接口继承事件 EventListener 接口作为事件监听器接口，再编写一个类继承 EventSource 作为事件源用来发起事件，注册监听，然后编写一个监听器类实现监听接口来处理事件。

【例 5.17】编写程序实现 Fall in love 的 Java 事件模型。

```
public class TestJavaEventModel {
    public static void main (String [] args) {
        // 创建事件源对象一个女孩，名字叫芙蓉姐姐
        Girl g = new Girl (" 芙蓉姐姐");
        // 创建处理事件的事件监听器对象男孩，在谈恋爱时男孩来处理女孩的事件
        EmotionListener el = new Boy (" 阿宝");
        // 给事件源女孩注册事件监听器男孩，其实可以代表男孩与女孩建立恋爱关系
        g.addEmotionListener (el);
        // 调用事件源女孩的方法发起事件，发起事件过程中男孩就会去处理
        g.fire ();
        // 事件源女孩与事件监听器男孩撤销恋爱关系
        g.removeEmotionListener (el);
        // 女孩再次发起事件时男孩不会处理了
        g.fire ();
    }
```

}
/**
 * 事件源类 女孩
 *
 * @author weijuan 2013-2-13
 */
class Girl {
    // 女孩的属性姓名
    private String name;
    // 用来存储注册处理事件的监听器对象,可以是集合来接收注册多个监听器对象
    private EmotionListener el;
    public Girl(String name) {
        this.name = name;
    }
    public String getName() {
        return name;
    }
    // 给事件源女孩添加监听器对象男孩的方法
    public void addEmotionListener(EmotionListener el) {
        this.el = el; System.out.println("我嫁出去了!");
    }
    // 给事件源女孩删除撤销监听器对象男孩的方法
    public void removeEmotionListener(EmotionListener el) {
        if (this.el == el) {
            this.el = null; System.out.println("我失恋了!");
        }
    }
    // 事件源女孩发起事件的方法
    public void fire() {
        // 创建发起一个事件对象,事件对象需要传递一个事件源
        EmotionEvent e = new EmotionEvent(this);
        // 发起事件后,调用事件监听不同的处理方法来处理事件,处理事件的方法中需要传递发生的事件
        for (int i = 1; i <= 5; i++) {
            System.out.println("day" + i);
            if (i % 2 == 1) {
                el.whenYouHappyICanDo(e);
            } else {

```
                    el.whenYouSadICanDo（e）；
                }
            }
        }
}
/**
*情感事件对象类 继承 EventObject
*
*@ author weijuan 2013－2－13
*/
class EmotionEvent extends EventObject {
    public EmotionEvent（Object source）{
        super（source）；
    }
}
/**
*处理情感事件的监听器接口 继承 EventListener 定义处理情感事件的方法，2 个方法：
高兴时的处理、不高兴时的处理
*
*@ author weijuan 2013－2－13
*/
interface EmotionListener extends EventListener {
    void whenYouHappyICanDo（EmotionEvent e）；
    void whenYouSadICanDo（EmotionEvent e）；
}
/**
*处理事件的事件监听器类 Boy，实现监听器接口的方法
*
*@ author weijuan 2013－2－13
*/
class Boy implements EmotionListener {
    // 男孩的属性姓名
    private String name；
    public Boy（String name）{
        this.name = name；
    }
    // 女孩高兴时，男孩对女孩的事件处理
    public void whenYouHappyICanDo（EmotionEvent e）{
        // 通过事件对象可以获取到事件源 Gril 对象
```

```java
            Object o = e.getSource(); Girl g = (Girl) o;
            System.out.println(" Boy " + name + " said to Girl " + g.getName()
                + " I Happy when you Happy");
        }
        // 女孩不高兴时，男孩对女孩的事件处理
        public void whenYouSadICanDo(EmotionEvent e) {
            // 通过事件对象可以获取到事件源 Gril 对象
            Object o = e.getSource(); Girl g = (Girl) o;
            System.out.println(" Boy " + name + " said to Girl " + g.getName()
                + " I Sad  when you Sad");
        }
    }
```

程序运行后，得到的结果如下：
我嫁出去了！
day1
Boy 阿宝 said to Girl 芙蓉姐姐 I Happy when you Happy
day2
Boy 阿宝 said to Girl 芙蓉姐姐 I Sad when you Sad
day3
Boy 阿宝 said to Girl 芙蓉姐姐 I Happy when you Happy
day4
Boy 阿宝 said to Girl 芙蓉姐姐 I Sad when you Sad
day5
Boy 阿宝 said to Girl 芙蓉姐姐 I Happy when you Happy
我失恋了！
day1
注意：失恋后男孩不再对女孩的事件做处理了。
通过该程序的分析实现，我们可以总结出 java 事件模型的特点：
● 事件源，负责事件的生成，事件对象可以注册监听。
● 一个监听者是监听某一个事件发生，然后处理事件。
● 监听者通过事件来联系事件源。
● 一个监听者可以监听多个事件源。
● 一个事件源的事件也可由多个监听者来监听。
● 事件源发生事件给监听处理。

5.5.2 AWT 事件模型

AWT 事件模型是 java 事件模型的应用，是由 sun 公司根据 java 事件模型设计定义的，同样包含三要素：事件源，事件对象，事件监听。AWT 事件模型是 java 的 GUI 的组件的事件模型，GUI 提供了很多的图形组件，基于这些图形组件 sun 设计了 awt 事件

模型。不同组件会有不同的事件发生，设计了不同的事件，不同的事件也就有不同的监听器来处理。

5.5.2.1 AWT 事件模型的事件分类结构

java 按照事件类型定义了许多事件类，与 AWT 有关的所有事件类都由 java.awt.AWTEvent 类派生，它也是 EventObject 类的子类。具体如下图 5.31。

图 5.31 AWT 事件分类结构

5.5.2.2 AWT 的事件监听分类与结构

AWT 的事件监听都是以接口形式体现的，监听是处理事件的，监听是接口，它要提供一个方法来处理事件，不同事件的监听不同，不同监听处理不同事件的方法也不一样。AWT 中提供了不同监听的不同方法来监听各种事件。具体如表 5.1 所示。

表 5.1　　　　　　　　　　AWT 事件监听器分类结构表

监听接口	监听方法	监听事件类型
ActionListener	actionPerformed（ActionEvent e）	ActionEvent
ItemListener	itemStateChange（ItemEvent e）	ItemEvent 选项状态改变时处理
MouseMotionListener	mouseDragged（MouseMotionEvent e） mouseMoved（MouseMotionEvent e）	MouseMotionEvent 鼠标拖拽时处理 鼠标移动时处理
MouseListener	mousePressed（MouseEvent e） mouseReleased（MouseEvent e） mouseEntered（MouseEvent e） mouseExited（MouseEvent e） mouseClicked（MouseEvent e）	MouseEvent 鼠标按下时处理 鼠标释放时处理 鼠标进入某区域时处理 鼠标移出某区域时处理 鼠标点击时处理
KeyListener	keyPressed（KeyEvent e） keyReleased（KeyEvent e） keyTyped（KeyEvent e）	KeyEvent 键盘按下时处理 键盘松开时处理 键盘打字时处理
FocusListener	focusGained（FocusEvent e） focusLost（FocusEvent e）	FocusEvent 获取光标焦点时处理 失去光标焦点时处理

表5.1(续)

监听接口	监听方法	监听事件类型
ComponentListener	componentMoved（ComponentEvent e） componentHidden（ComponentEvent e） componentResized（ComponentEvent e） componentShow（ComponentEvent e）	ComponentEvent 组件移动时处理 组件隐藏时处理 组件大小发生变化时处理 组件显示出来时处理
AdjustmentListener	adjustmentValueChanged（AdjustmentEvent e）	AdjustmentEvent 滑块，滚动条改变值时处理
WindowListener	windowClosing（WindowEvent e） windowOpened（WindowEvent e） windowIconified（WindowEvent e） windowDeiconified（WindowEvent e） windowClosed（WindowEvent e） windowActivated（WindowEvent e） windowDeactivated（WindowEvent e）	WindowEvent 窗口正在关闭时处理 窗口打开了处理 窗口图标化处理 窗口取消图标化处理 窗口关闭了处理 窗口激活时处理 窗口停用时处理
ContainerListener	componentAdded（ContainerEvent e） componentRemoved（ContainerEvent e）	ContainerEvent 向容器添加组件时处理 从容器删除组件时处理
TextListener	textValueChanged（TextEvent e）	TextEvent 文本值改变时处理

5.5.2.3 AWT 的事件处理

java.awt.event 包定义了许多事件监听接口，用于发现和处理事件。事件监听接口名称由事件类型名和 Listener 组成，如动作事件监听接口为 ActionListener、文本事件监听器接口为 TextListener 等。每个事件类对应一个事件监听器接口，接口中的每个抽象方法对应该类事件的一种具体操作。事件源通过实现监听器接口处理事件步骤如下：

（1）定义类实现事件监听接口

要建立处理事件的类，需要说明类实现事件监听器接口，格式如下：

public class 类名 implements 监听器接口名列表

{…}

例如，ActionListener 是动作事件监听器接口，其定义格式如下：

interface ActionListener

{

public abstract void actionPerformed（ActionEvent e）；

}

自定义类如果实现该接口，则需要实现该接口中的方法，例如：

public class Testimplements ActionListener

{

  public abstract void actionPerformed（ActionEvent e）

  {

    …

}
}

(2) 将事件源注册为事件监听器

如果希望组件产生事件时能够得到响应,应将产生事件的组件注册为事件监听器,注册监听器格式如下:

组件名.addXXXListener(实现事件监听接口的类对象);其中,XXX 表示事件类型。

由于上一步骤中的 Test 类实现了 ActionListener 接口,因此事件源注册事件监听器的语句为:组件名.addActionListener(new Test());

在此语句中,也可以使用 this 代替 new Test() 对象,代替后语句如下:

组件名.addActionListener(this);

(3) 实现处理事件接口的抽象方法

前面已经将事件源注册为事件监听器,现在需要实现事件监听接口的类中的抽象方法来完成事件源的事件处理。实现抽象方法代码如下:

public abstract void actionPerformed(ActionEvent e)
{
　　//填写处理动作事件的具体内容
}

完成上面三个步骤后,如果已经注册事件监听器的事件源要产生动作事件就会自动调用 actionPerformed(ActionEvent e)方法,从而对事件做出响应。

5.5.3　AWT 典型事件处理

5.5.3.1　窗口的事件处理

前面我们讲解了事件处理的事件和事件监听结构分类,其中窗口事件是用 WindowEvent 类来实现的。它可以实现包括窗体的还原、最小化、关闭等功能。窗口事件对应的事件监听器是 WindowListner。

【例5.18】定义一个窗体,然后实现窗体的基本操作事件的处理,包括窗口首次打开、最小化、还原、关闭时、关闭了的事件处理功能,事件处理简单一些,就是在控制台打印出操作功能描述即可。

```
public class TestWindowListener implements WindowListener{
    public TestWindowListener(){
        // 创建窗体
        JFrame jf = new JFrame("我的窗口关闭");
        // 创建 JLabel 标签,作为程序提示
        JLabel label = new JLabel("窗口事件测试"); jf.add(label);
        // 设置窗体的大小和可见性
        jf.setSize(300,100); jf.setVisible(true);
        // 给窗体事件源添加注册监听器
        jf.addWindowListener(this);
```

```java
    }
    // 实现事件监听器接口的处理事件的方法
    public static void main(String [] args){
        new TestWindowListener();
    }

    public void windowActivated(WindowEvent arg0){
        System.out.println("窗口设置为活动窗口");
    }
    public void windowClosed(WindowEvent arg0){
        System.out.println("窗口已经关掉了");
    }
    public void windowClosing(WindowEvent arg0){
        System.out.println("窗口正在关闭");
        // System.exit(0);
    }
    public void windowDeactivated(WindowEvent arg0){
        System.out.println("窗口不再是活动窗口");
    }
    public void windowDeiconified(WindowEvent arg0){
        System.out.println("窗口从最小化恢复为正常状态");
    }
    public void windowIconified(WindowEvent arg0){
        System.out.println("窗口从正常状态变为最小化");
    }
    public void windowOpened(WindowEvent arg0){
        System.out.println("窗口首次打开");
    }
}
```

程序运行后，出现如图5.32的界面。

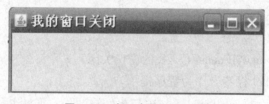

图5.32 窗口事件监听处理

当我们单击窗口的最小化、还原、关闭、窗口外的其他地方时，就会执行不同的方法来处理这些不同的事件，事件处理方法的作用描述就是打印出的语句。程序运行后的结果在控制台，如下：

- 刚刚开始运行程序时的结果：

窗口设置为活动窗口

窗口首次打开

- 当我们单击窗口外的其他地方：

窗口不再是活动窗口

- 当我们再次单击窗口中的地方：

窗口设置为活动窗口

- 当我们单击窗口的最小化按钮时：

窗口从正常状态恢复为最小化

窗口不再是活动窗口

- 当我们将最小化窗口还原时：

窗口从最小化恢复为正常状态

窗口设置为活动窗口

- 当我们单击关闭后：

窗口正在关闭

窗口不再是活动窗口

- 当我们调用窗口的 disposed 方法时：

窗口不再是活动窗口

窗口已经关掉了

注意窗口要调用 disposed 方法，需要在主方法的最后增加 jf.disposed () 代码

5.5.3.2 适配器模式（Adapter）

在前面我们写的其他程序中，使用 JFrame 创建窗体，我们通常都是调用窗口对象的 setDefaultCloseOperation（JFrame.Exit_ ON_ CLOSE）方法来直接关闭。如果我们想要在窗口关闭时做一些其他处理，则就要向刚才窗口事件处理程序一样，就要去实现 WindowListener 接口的处理窗口正在关闭的方法 windowClosing 来处理窗口关闭事件，刚才的程序我们在 windowClosing 方法中实现的是：

public void windowClosing（WindowEvent arg0）{

　　//窗口关闭时打印一句话"窗口正在关闭"

　　System.out.println（" 窗口正在关闭"）；

　　// System.exit（0）；需要打印完语句后退出则执行该代码

}

如果我们只是想要处理窗口关闭事件，那么我们也要实现 WindowListener 接口，则就要实现该接口的所有方法，只有 windowClosing 方法我们需要，其他方法我们用不到但还必须写出空实现，所以这样做就会很麻烦。为了解决这个问题，AWT 使用了适配器（Adapter）。Java 语言为一些 Listener 接口提供了适配器类（Adapter）。我们可以通过继承事件所对应的 Adapter 类，重写所需要的方法，不需要的方法则不用实现。事件适配器为我们提供了一种简单的实现监听器的手段，可以缩短程序代码。

【例 5.19】实现窗口关闭时在控制台打印一句语句"Every Body GoodBye！"。

public class TestWindowAdapter extends WindowAdapter {

```java
public static void main (String [] args) {
    // 创建窗体，设置标题栏为" 我的窗口关闭"
    final JFrame jf = new JFrame (" 我的窗口关闭");
    // 设置窗体的大小，可见性
    jf. setSize (300, 100); jf. setVisible (true);
    // 非匿名内部类的写法，给窗体添加窗体事件监听适配器类对象
    // jf. addWindowListener (new TestWindowAdapter ());
    // 匿名内部类的写法
    jf. addWindowListener (new WindowAdapter () {
        // 窗口关闭的事件处理方法
        public void windowClosing (WindowEvent e) {
            System. out . println (" Every Body GoodBye!");
            jf. setTitle (" 关闭"); System. exit (0);
        }
    });
}
// 非匿名内部类的写法
/*
* public void windowClosing (WindowEvent e) {
* System. out. println (" Every Body GoodBye!"); jf. setTitle (" 关闭");
* System. exit (0); }
*/
}
```

程序运行后，出现如图5.33的界面：

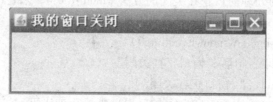

图5.33　窗口关闭事件处理

单击窗口的关闭按钮时则控制台打印出：Every Body GoodBye!

在java中，除了WindowListener有适配器以外，还有很多常用监听器都有对应的适配器类。在java. awt. event 包中定义的事件适配器类包括以下7个：

● ComponentAdapter：组件适配器
● ContainerAdapter：容器适配器
● FocusAdapter：焦点适配器
● KeyAdapter：键盘适配器
● MouseAdapter：鼠标适配器
● MouseMotionAdapter：鼠标运动适配器

● WindowAdapter：窗口适配器

5.5.3.3 鼠标事件的处理

鼠标事件的处理包括鼠标事件本身和鼠标移动事件。其中 MouseEvent 类对应鼠标事件，包括鼠标的单击、双击、按下和释放等事件。鼠标事件对应的监听器是 MouseListner。MouseMotionEvent 对应鼠标移动事件，包括鼠标移动到组件上、鼠标在组件上按键等事件，鼠标移动事件对应的监听器是 MouseMotionListener。

【例5.20】定义一个 JFrame 窗体，在窗体中定义一个标签和文本域，用于响应鼠标动作和显示鼠标动作信息。包括鼠标移入、移出，鼠标点击位置信息、鼠标按键按下、鼠标按键释放等事件处理。

```java
public class MouseEventTest extends JFrame {
    // 窗体中需要添加的文本域，滚动面板，标签
    private JTextArea jta;
    private JScrollPane jsp;
    private JLabel label;
    // 构造方法来构建窗体界面
    public MouseEventTest () {
        // 创建窗体对象，设置标题栏为"鼠标事件测试"
        super ("鼠标事件测试");
        // 创建文本域、标签、滚动面板组件
        jta = new JTextArea (10, 20); label = new JLabel ("鼠标信息");
        jsp = new JScrollPane (jta);
        // 将标签、滚动面板组件添加到窗体中
        this. add (label, BorderLayout. NORTH );
        this. add (jsp, BorderLayout. CENTER );
    }
    // 单独写一个方法来添加事件处理，给文本域组件添加响应鼠标事件的处理
    private void addEventHandle () {
        // 使用匿名内部类添加鼠标事件的处理
        jta. addMouseListener (new MouseAdapter () {
            // 鼠标左键按下时处理，在文本域中显示鼠标单击时的位置坐标，位置坐标可以通过鼠标事件对象获取
            public void mouseClicked (MouseEvent e) {
                jta. append ("鼠标被点击：(" + e. getX () + "," + e. getY () + ") \ n");
            }
            // 鼠标移入到文本域中时执行，在文本域中显示"鼠标移入"
            public void mouseEntered (MouseEvent e) {
                jta. append ("鼠标移入\ n");
            }
```

```java
        // 鼠标移出文本域时执行，在文本域中显示"鼠标移出"
        public void mouseExited(MouseEvent e){
            jta.append("鼠标移出\n");
        }
        // 鼠标左键按下时执行，在标签组件中显示"你已经压下鼠标按钮"
        public void mousePressed(MouseEvent e){
            label.setText("你已经压下鼠标按钮");
        }
        // 鼠标左键释放时执行，在标签组件中显示"你已经放开鼠标按钮"
        public void mouseReleased(MouseEvent e){
            label.setText("你已经放开鼠标按钮");
        }
    });
    // 使用匿名内部类给标签组件添加鼠标移动事件的处理
    jta.addMouseMotionListener(new MouseMotionAdapter(){
        // 鼠标光标移动到标签组件上但无按键按下时执行
        public void MouseMoved(MouseEvent e){
            label.setText("鼠标当前坐标：(" + e.getX() + "," + e.getY() + ")\n");
        }
        // 鼠标按键在组件上按下并拖动时调用
        public void mouseDragged(MouseEvent e){
            label.setText("鼠标当前坐标：(" + e.getX() + "," + e.getY() + ")\n");
        }
    });
}
// 私有方法专用于设置窗体的大小、可见性、关闭按钮功能
private void showMe(){
    this.setSize(300,200); this.setVisible(true);
    this.setDefaultCloseOperation(JFrame.EXIT_ON_CLOSE);
}
// 主方法创建界面，显示界面，实现鼠标操作的处理
public static void main(String[] args){
    MouseEventTest eet = new MouseEventTest();
    eet.showMe(); eet.addEventHandle();
}
}
```

运行该程序，鼠标移入文本域、移出文本域、在文本域中单击时，会出现如图

5.35、图 5.36 所示界面。

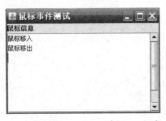

图 5.35 鼠标在文本域移入和移出的事件响应

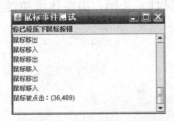

图 5.36 鼠标在文本域中单击事件的响应

鼠标移入到上方的标签组件上移动按键、拖动时，会出现如图 5.37、图 5.38 所示界面。

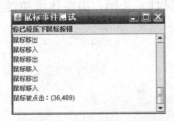

图 5.37 鼠标在文本域上按下左键的响应处理

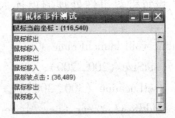

图 5.38 鼠标在文本域上拖动的响应处理

5.5.3.4 键盘事件的处理

在 java 程序中，键盘事件也是常见的一种事件。键盘事件对象一般由类 KeyEvent 包装，记录从键盘上输入的字符等信息。在键盘事件处理程序中最重要的是要完成键盘事件监听器，对键盘事件进行处理。要实现键盘事件监听器，就是要实现键盘事件监听器接口。常用的键盘事件监听器有 java.awt.event.FocusListener 和 java.awt.event.KeyListener。接口 FocusListener 主要用来处理获取或失去键盘焦点的事件。获得键盘焦点就意味着从键盘上输入字符可以被本事件处理模型中的事件源捕捉到。失去键盘焦点就意味着当前事件源不会接收到键盘的输入。接口 KeyListener 主要用来处理键盘的输入，如按下键盘上的某个键，放开某个键，或输入某个字符。具体声明如下：

public interface KeyListener extends EventListener
{
　　public void keyTyped（KeyEvent e）;
public void keyPressed（KeyEvent e）;
　　public void keyReleased（KeyEvent e）;
}

接口 FocusListener 所对应的键盘事件适配器类为 FocusAdapter。接口 KeyListener 所对应的键盘事件适配器类为 KeyAdapter。

【例 5.21】新建一个窗体，然后移动键盘上下键和左右键，然后在控制台打印出键盘的移动方向。
public class TestKeyEvent{

```java
    public static void main (String [] args) {
        // 创建键盘事件窗体对象
        new KeyFrame ().launchFrame ();
    }
}
/**
 *定义键盘事件处理的窗体类 继承 JFrame
 *
 *@author weijuan 2013-2-13
 */
class KeyFrame extends JFrame {
    // 设置键盘事件处理的窗体大小, 位置, 可见性, 关闭, 给窗体添加键盘事件监听
    public void launchFrame () {
        setSize (200, 200);
        setLocation (300, 300);
        addKeyListener (new MyKeyMonitor ());
        setVisible (true);
        setDefaultCloseOperation (JFrame.EXIT_ON_CLOSE);
    }
    // 通过内部类来写键盘事件监听器类, 继承适配器类 KeyAdapter
    class MyKeyMonitor extends KeyAdapter {
        // 响应处理按" UP" 上," DOWN" 下," LEFT" 左," RIGHT" 右键的处理
        public void keyPressed (KeyEvent e) {
            int keyCode = e.getKeyCode ();
            if (keyCode == KeyEvent.VK_UP) {
                System.out.println (" UP");
            }
            if (keyCode == KeyEvent.VK_DOWN) {
                System.out.println (" DOWN");
            }
            if (keyCode == KeyEvent.VK_LEFT) {
                System.out.println (" LEFT");
            }
            if (keyCode == KeyEvent.VK_RIGHT) {
                System.out.println (" RIGHT");
            }
        }
    }
```

运行该程序，出现界面如图5.39所示。

图5.39　键盘窗体

弹出如图5.37所示的窗体后，移动键盘向上键、向下键、向左键和向右键。这时在控制台出现结果如下：

  UP
  DOWN
  LEFT
  RIGHT

5.5.4　Swing事件模型

  Swing事件处理模型与我们前面给大家讲解的AWT事件模型是类似的，它也是通过事件驱动的方式相应用户的动作和操作的，每一个用户界面组件都是一个事件源，有一系列的事件可供在特定的条件下触发。例如对于一个JButton按钮，在它被鼠标单击时，就会触发ActionEvent事件。不同的组件在不同的情况下，会触发不同的事件。这些事件都是使用XXXEvent类的对象来描述的，当这些事件被触发之后，相应的对象就会由java平台Swing技术的核心结构生成，随后进行分发。

  为了确定这些事件分发的对象，需要为事件源预先的设置事件监听器。当事件触发并生成了相应的事件对象之后，Java平台Swing技术的核心结构会将事件分发给那些设置好的监听器，并自动调用监听器中相应的方法，这些方法将完成事件的处理。

  AWT支持的事件处理Swing都支持，Swing支持的事件结构分类和事件监听结构分类更多，它是在AWT的基础上扩展了的。所以本书不再详细介绍Swing中的事件和事件监听，以及如何标识事件、生成事件对象、分发事件对象、注册事件监听等内容了。一个事件生成和分发过程的示意图见图5.38。

5.5.5　事件处理实训案例

实训5：设计实现一个简易的计算器。

  设计实现一个类似于window系统中的简易计算器，能实现基本的+，-，*，/，退格，设置正负等的功能。

  程序实现分析：

  ●第一步构建计算器图形界面：20个按钮放入JPanel，采用GridLayout布局；文本框与JPanel是BorderLayout布局，放入JFrame；20个按钮的标签采用String[]数组存储，按钮采用 JButton [ ] 数组存储。

●第二步就是实现事件处理：分析 20 个按钮的处理方式将其分组；

0~9 数字组：点击后要么追加，要么替换，用 append 布尔变量标识；

C/CE 文本框清 0，如 setText（"0"）append 变为 false；

Backspace 文本框中数字退掉一位，可用取子串 subString（）来实现；

＋－＊/点击后 append 变为 false 是替换，用变量 operator 来记录运算符；

＝根据记录的运算符来计算结果并将结果显示在文本框；

＋/－将文本框中数字符号取反；

．点击后，判断文本框数组是否已有．；若有则不进行任何操作，若没有则直接将．追加到文本框的数字之后。

具体程序实现代码如下：

```
public class Computer implements ActionListener {
    // 定义存储显示数据的文本框
    JTextField jtf = new JTextField (25);
    // 用于判断数字是否追加
    private boolean append = false;
    // 用来保存要进行的运算方式
    private String operation = " +";
    // 用来保存前一个操作数
    private String s1 = "";
    // 构造方法先构建计算器的图形用户界面
    public Computer () {
        // 创建窗体，设置标题栏为"我的计算器"
        JFrame jf = new JFrame ("我的计算器");
        // 创建摆放按钮组件的面板，设置网格布局
        JPanel jp = new JPanel (new GridLayout (5, 4, 5, 5));
        // 创建存储按钮上显示的文字的数组
        String [ ] jblabels = {"Ba", "C", "CE", "+/-", "7", "8", "9", "+", "4",
            "5", "6", "-", "1", "2", "3", "*", "0", ".", "=", "/"};
        // 创建存储按钮的按钮数组
        JButton [ ] jbs = new JButton [jblabels.length];
        // 创建出每一个按钮，并将其放入网格布局的面板中，给每一个按钮添加单击事件 ActionEvent 的事件监听
        for (int i = 0; i < jbs.length; i++) {
            jbs [i] = new JButton (jblabels [i]);
            jbs [i].addActionListener (this); jp.add (jbs [i]);
```

```java
        }
        // 设置文本框的可编辑性为不可编辑
        jtf.setEditable(false);
        // 在窗体中添加组件，设置窗体的大小根据上面的组件大小来匹配设置，可见性，默认关闭功能
        jf.add(jtf, BorderLayout.NORTH); jf.add(jp); jf.pack();
        jf.setVisible(true);
        jf.setDefaultCloseOperation(JFrame.EXIT_ON_CLOSE);
    }
    public static void main(String[] args) {
        new Computer();
    }
    // 实现处理按钮单击的事件，不同的按钮处理方法不一样
    public void actionPerformed(ActionEvent e) {
        String comm = e.getActionCommand();
        if (comm.matches("\\d")) {
        if (append) {
            String temp = jtf.getText(); jtf.setText(temp + comm);
        } else {
            jtf.setText(comm); append = true;
        }
    } else if (comm.equals(".")) {
        String temp = jtf.getText();
        if (temp.indexOf(".") == -1) {
            jtf.setText(temp + comm); append = true;
        }
    } else if ("+-*/".indexOf(comm) != -1) {
        operation = comm; s1 = jtf.getText(); append = false;
    } else if (comm.equals("=")) {
        String s2 = jtf.getText();
        double d1 = Double.parseDouble(s1);
        double d2 = Double.parseDouble(s2);
        if (operation.equals("+")) {
            d1 = d1 + d2;
        } else if (operation.equals("-")) {
            d1 = d1 - d2;
        } else if (operation.equals("*")) {
            d1 = d1 * d2;
```

```
        } else {
            d1 = d1 / d2;
        }
        jtf.setText(d1 + "");
        append = false;
    } else if (comm.equals("+/-")) {
        String temp = jtf.getText();
        if (temp.startsWith("-")) {
            jtf.setText(temp.substring(1));
        } else {
            jtf.setText("-" + temp);
        }
        append = true;
    } else if (comm.equals("CE") || comm.equals("C")) {
        jtf.setText("0");
        append = false;
    } else if (comm.equals("Ba")) {
        String temp = jtf.getText();
        if (temp.length() > 0) {
            jtf.setText(temp.substring(0, temp.length() - 1));
        }
    }
}
```

程序运行后，出现如下图5.40、图5.41的效果。

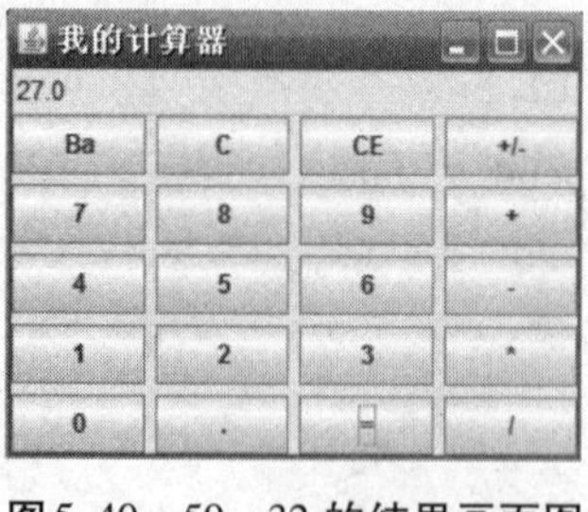

图5.40　59-32的结果画面图 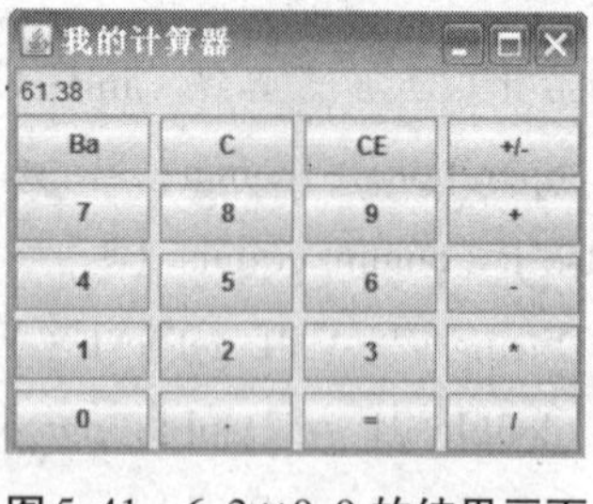　　　　图5.41　6.2×9.9的结果画面

实训6：实现简易记事本的功能。

前面我们曾经使用Swing的菜单组件设计实现一个简易记事本的窗口界面，但是并没有实现记事本的菜单功能。本实训案例就是利用我们所学习的事件处理来实现记事本菜单的功能。通过本实训让学员熟练掌握事件处理和特殊的文件类操作的调用处理方法。具体程序代码如下。这里只给出事件监听代码，对于界面的代码前面已经写过不再重复：

```java
public class Notepad1 implements ActionListener {
    private JTextArea jta;  // 记事本的文本区域
    private JFrame jf;  // 记事本窗体
    private String file = "";  // 用于存储记事本打开选择文件的路径
    private String str = "";  // 用于存储文本域的文本内容
    private JTextField jtf = new JTextField (20);  // 用于查找功能的文本框
    private JDialog jd = new JDialog (jf, " 查找");  // 查找对话框
    private String tempResu = "";  用于查询时存储文本内容
    private String resu = "";  用于查询时存储文本内容
    private int p = 0;
    //构造方法中添加监听器
    // 创建菜单及其对应的菜单项，并为每一个菜单项添加单击事件监听器
        for (int i = 0; i < jmis.length; i++) {

            jmis[i].addActionListener (this);
        }
    // 实现记事本菜单项的功能
    public void actionPerformed (ActionEvent e) {
        String comm = e.getActionCommand ();
        // 新建菜单功能
        if (" 新建".equals (comm)) {
            jta.setText ("");  // 新建就是将文本域重新设置为空串
            // 打开菜单功能
        } else if (" 打开".equals (comm)) {
            // 打开菜单功能是打开一个文件对话框选择文件，然后将文件内容读入到文本域中
            FileDialog fd = new FileDialog (jf, " 选择要打开的文件:", FileDialog.LOAD);
            fd.setVisible (true);
            if (fd.getFile () != null) {
                file = fd.getDirectory () + fd.getFile ();
                try {
                    FileInputStream fis = new FileInputStream (file);
                    byte[] bs = new byte[100]; int count = 0;
                    String resu = "";
                    while ((count = fis.read (bs)) != -1) {
                        resu = resu + new String (bs, 0, count);
                    }
```

```java
                jta.setText(resu); fis.close();
            } catch (FileNotFoundException e1) {
                e1.printStackTrace();
            } catch (IOException e1) {
                e1.printStackTrace();
            }
        }
        // 保存菜单功能
        } else if ("保存".equals(comm)) {
            // 保存文件的功能就是将文本域中的内容写入磁盘文件
            String tempFile = " d:\\temp.txt";
            if (!file.equals("")) {
                tempFile = file;
            }
            String str = jta.getText(); FileOutputStream fos;
            try {
                fos = new FileOutputStream(tempFile);
                byte[] bs = str.getBytes();
                fos.write(bs);
                fos.close();
            } catch (FileNotFoundException e1) {
                e1.printStackTrace();
            } catch (IOException e1) {
                e1.printStackTrace();
            }
        }
        // 另存为菜单功能
        } else if ("另存为".equals(comm)) {
            // 另存为功能需要打开文件保存对话框,设置文件名,将文本域中的内容写入该磁盘文件
            FileDialog fd = new FileDialog(jf, "选择或设置要保存的文件:", FileDialog.SAVE);
            fd.setVisible(true);
            if (fd.getFile() != null) {
                file = fd.getDirectory() + fd.getFile();
                String str = jta.getText(); FileOutputStream fos;
                try {
                    fos = new FileOutputStream(file);
                    byte[] bs = str.getBytes(); fos.write(bs); fos.close();
                } catch (FileNotFoundException e1) {
```

```java
                    e1.printStackTrace();
                } catch (IOException e1) {
                    e1.printStackTrace();
                }
            }
            // 退出菜单功能
        } else if ("退出".equals(comm)) {
            System.exit(0); // 退出即程序退出
            // 复制菜单功能
        } else if ("复制".equals(comm)) {
            jta.copy(); // 文本域的复制方法
            // 剪切菜单功能
        } else if ("剪切".equals(comm)) {
            str = jta.getText(); // 将文本域的文本内容保存临时字符串变量中
            jta.cut(); // 文本域的剪切方法
            // 粘贴菜单功能
        } else if ("粘贴".equals(comm)) {
            str = jta.getText(); // 将文本域的文本内容保存临时字符串变量中
            jta.paste(); // 文本域的粘贴方法
            // 撤销菜单功能
        } else if ("撤销".equals(comm)) {
            jta.setText(str); // 撤销功能主要是撤销对文本域的复制、粘贴、剪切的操作，即将恢复文本域原来的内容
            // 全选菜单功能
        } else if ("全选".equals(comm)) {
            jta.selectAll(); // 文本域的全选方法
            // 查找菜单功能
        } else if ("查找".equals(comm)) {
            jd.setVisible(true); // 显示出查找对话框
            resu = jta.getText(); // 将文本域中的内容保存字符串变量中
            // 查询功能
        } else if ("查询".equals(comm)) {
            // 在文本域中内容中逐个查询查找对话框中指定的查找内容
            System.out.println(); String temp = jtf.getText();
            int begin = resu.indexOf(temp);
            if (begin != -1) {
                jta.select(p + begin, p + begin + temp.length());
                p = p + begin + temp.length(); resu = resu.substring(p);
            } else {
```

```
                    resu = jta.getText(); p = 0;
                }
            }
        }
    }
}
```

程序运行后,出现如图 5.42～图 5.44 的效果。

图 5.42 记事本打开文件后界面

图 5.43 记事本打开功能界面

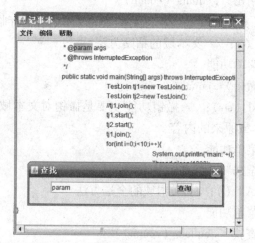

图 5.44 记事本查找字符串功能界面

实训 7:设计实现简易的颜色合成器。

前面我们曾经编写过一个简易的颜色合成器的界面,但是并没有实现颜色设置功能,本实训案例是利用所学的事件响应处理实现前面颜色合成器的设置颜色的功能,具体程序代码如下。这里只给出事件监听代码,对于界面的代码前面已经写过不再重复:

```
public class ColorChooser extends JDialog implements ChangeListener {
    private JSlider [ ] jsls; // 定义滑动条数组
    private JLabel [ ] labs; // 定义文本标签数组
    private JTextArea jta; // 定义显示颜色的文本域
    private JButton ok, cancel; // 定义操作按钮
```

```java
private JTextField jtf; // 定义文本框
private Color c; // 定义颜色对象
// 给组件添加事件监听器
private void addEventHandle(){
    jsls[0].addChangeListener(this); jsls[1].addChangeListener(this);
    jsls[2].addChangeListener(this);
    // 取消按钮的事件响应就是关闭颜色选择器
    cancel.addActionListener(new ActionListener(){
        public void actionPerformed(ActionEvent e){
            ColorChooser.this.dispose();
        }
    });
    // OK按钮的事件响应就是将获取的颜色设置给文本框背景色
    ok.addActionListener(new ActionListener(){
        public void actionPerformed(ActionEvent e){
            jtf.setForeground(c);
        }
    });
}
// 实现滑动条值改变的事件响应处理：获取滑动条值构造颜色
public void stateChanged(ChangeEvent arg0){
    c = new Color(jsls[0].getValue(), jsls[1].getValue(), jsls[2]
        .getValue()); jta.setBackground(c);
}
// 设置窗体的大小，可见性，大小重置
public void showMe(){
    this.setSize(300, 200); this.setVisible(true);
    this.setResizable(false);
}
// 调用方法运行程序
public static void main(String[] args){
    ColorChooser cc = new ColorChooser(new JFrame());
    cc.showMe(); cc.addEventHandle();
}
}
```

程序运行后，出现如图5.45、图5.46的效果。

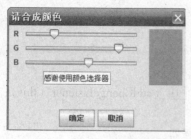 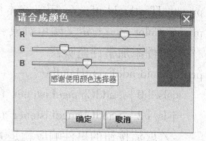

图 5.45 拖动滑块设置颜色　　　　图 5.46 调整颜色后单击确定设置文本颜色

课外实训

1. 实现一个简易的聊天客户端功能,具体界面如图 5.47 所示。要求实现功能在文本框中输入聊天内容回车后能够显示在文本域中,并且支持换行功能。

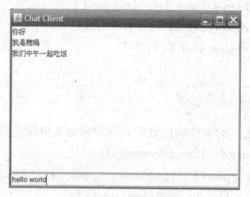

图 5.47 聊天客户端

2. 使用卡片布局实现类似图片浏览器,界面如图 5.48、图 5.49 所示。要求功能实现可以通过按钮 first,previous,netx,last 翻动图片,单击 play,stop 能自动翻动图片和停止翻动,并且也可以停止和启动自动翻图功能。

图 5.48 每隔 1 秒自动翻动图片

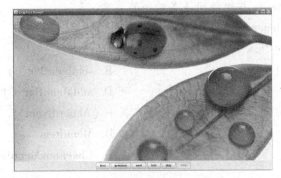

图 5.49　单击按钮手动翻动图片

思考与练习

（一）填空题

1. Java 提供了_____和_____包来设计图形用户界面。
2. 图形用户界面设计中，常用的布局有_____、_____、_____、_____。
3. 容器是_____，主要的容器组件有_____、_____、_____。
4. 菜单设计中，需要_____、_____、_____三个主要的组件。
5. 对 java 中的 Button 类按钮对象进行鼠标点击事件编程，该事件监听器程序应实现_____接口。
6. Java2 中，将 GUI 组件的事件处理机制改为_____编程模型。

（二）选择题

1. 在 Java 语言中，下面哪个布局管理器是 JApplet 的默认布局管理器？
   A. BorderLayout　　　　　　B. CardLayout
   C. GridLayout　　　　　　　D. FlowLayout
2. 下列哪些接口在 Java 中没有定义相对应的 Adapter 类？
   A. MouseListener　　　　　　B. KeyListener
   C. ActionListener　　　　　　D. ItemListener
   E. WindowListener
3. 事件监听接口中的方法的返回值是？
   A. int　　　　　　　　　　　B. String
   C. void　　　　　　　　　　 D. Object
   E. AWTEvent
4. 下列关于事件监听和组件间关系说法中，正确的是？
   A. Event Listener 与组件间是一对一的关系
   B. Event Listener 与组件间是一对多的关系

C. Event Listener 与组件间是多对一的关系

D. Event Listener 与组件间是多对多的关系

5. 要将 MenuBar 加入一个 Frame 中，应使用的方法是？

A. setMenu（） B. setMenuBar（）

C. add（） D. addMenuBar（）

6. 如下哪种 Java 的控件将不会引发动作事件（ActionEvent）？

A. Button B. MenuItem

C. Panel D. CheckboxMenuItem

（三）简答题

1. 图形界面布局设计中，卡片布局与其他布局有什么区别和特点？

2. AWT 事件模型中的常用的事件有哪些，对应的事件监听有哪些？

3. Java 事件模型的三要素是什么，有什么作用，如何利用三要素完成 java 事件处理？

（四）编程题

1. 制作如图 5.50 界面，并完成点击 "INC" 按钮，文本框中的数字（初值为 0）将增 1。

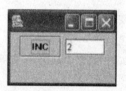

图 5.50

2. 建立一个应用程序，在屏幕中心有一个正方形窗口，它是屏幕高度的一半。由 JFrame 派生出自己的窗口类。在窗口的左面增加垂直排列的 6 个按钮。增加窗口的菜单栏，包括 File，Edit，Window 和 Help 的菜单和菜单项。

第 6 章 Applet 与多媒体

【学习目标】

有了 Applet 的应用，使得 Internet 的页面不再仅仅是文字和表格，还可以有丰富多彩的图形、声音和动画、网络游戏等多媒体信息。

Applet 是 Java 语言被嵌入到 Web 页面，用来产生动态的，交互性页面效果的小程序。

在完成了本章的学习后，读者应当能够掌握以下内容：
- Applet 的基本概念
- Applet 的组织结构与基本构件
- Applet 运行环境
- Applet 的生命周期和运行控制机制
- Applet 类与方法及其应用开发
- Applet 与多媒体结合应用开发

6.1 Applet 的概述

6.1.1 Applet 的基本概念

我们先来看一看 Applet 到底是什么？

Applet 是一种特殊的 java 程序，它可以通过网络下载，然后在支持 java 的浏览器上运行。

Applet 能够嵌入一个 Html 页面中，且可通过 Web 浏览器下载和执行的一种Java类。更直接地说，Applet 就是在 www 浏览器中执行的 java 程序。

Java 程序分为两类，一类是可以单独运行的 Java Application 应用程序，另一类就是必须嵌入在 Html 文件中的 Java Applet 小程序。它由负责解释 Html 文件的 WWW 浏览器充当解释器，来解释执行 Applet 的字节码程序的。

Applet 类是 Java 类库中的一个重要系统类，它存在于 java.applet 包中。该类是Java系统类 java.awt.Panel 的子类，因此还可以充分利用 AWT（Abstract WindowToolkit）提供的功能，来处理组件和事件。

6.1.2 第一个 Applet 程序

我们通过一个简单的例子来学习 Applet 程序的运行环境和开发方法步骤。

【例6.1】建立一个名为：MyApplet 的 Applet 小程序，在屏幕上显示 "This is My First Applet"。

首先编写 MyApplet.java 源文件，具体如下：

```
package com.applet;

import java.applet.Applet;
import java.awt.Graphics;

/**
 * 自定义 Applet 类继承 Applet 类
 *
 * @author weijuan 2013-2-17
 */
public class MyApplet extends Applet {
    // Applet 类是 Panel 的子类，所以可以继承 paint 方法，该方法是窗口重画时就调用执行 paint 方法
    public void paint(Graphics g) {
        // 在窗口中的 (10, 10) 位置显示文字 "First applet"
        g.drawString("This is My First applet", 10, 10);
    }
}
```

然后运行该程序，运行该程序有两种方式：

(1) 在 MyEclipse 环境中运行

在 MyEclipse 环境中，可以选中程序，单击右键，在弹出菜单中选择"Run As"-〉"Java Applet"，运行结果如图6.1所示。

图6.1　MyApplet 程序

(2) 在命令提示符方式下运行

在命令提示符方式下运行，必须将这个 Applet 程序嵌入到一个 Web 页面中才能运行。为了将一个程序片置入 Web 页，需要在 Web 页的代码中设置一个特殊的标记 <applet></applet>，以指示网页装载和运行程序片。我们创建一个名为：MyApplet.html 文件，放在与 MyApplet 类的包在同一个目录中。具体代码如下：

```
<Html>
<applet  code=com.applet.MyApplet  width=200  height=200></applet>
</Html>
```

编译运行方式为：先编译 MyApplet 文件：javac Applet1.java，生成字节码文件 MyApplet.class，再在命令行输入 appletviewer MyApplet.html 运行即可看到效果。也可以在生成 MyApplet.class 字节码文件后，将其与 MyApplet.html 放在与 MyApplet 类的包在同一目录中，直接双击 MyApplet.html 文件运行。运行结果如图 6.2 所示。

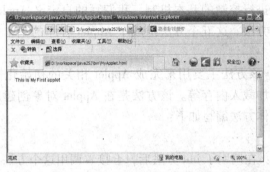

图 6.2　MyApplet 在 Html 中运行

上面在 Html 中运行的 java 程序就是 Applet，它与通常的 java 程序不同，一个 Applet 小应用程序的执行不是从 main() 主方法开始的。Applet 小应用程序用一种与普通应用程序完全不同的机制来启动和执行，后面我们会详细介绍它的执行机制。

Applet 小应用程序是一个 GUI 程序，在 Applet 小应用程序窗口中打印字符文本，并不是通过方法 System.out.println() 来实现的，而是由各种不同的 AWT 方法来实现的。例如我们使用的 drawString() 方法，这个方法可以像窗口的某个 X、Y 坐标决定的特定位置输出一个字符串。同样的，Applet 小应用程序接收数据输入也是按 GUI 方式进行的。Applet 小应用程序本身是 java 程序，浏览器要能正确运行并显示，必须要有内嵌的 java 解释器，Applet 的引用语句嵌入到 Html 页面中，Applet 在浏览器解释这段代码时被下载到客户端执行。

Applet 是一个 java 类，与普通的 java 类不同，它是按照下面的过程执行的：
● 浏览器载入要访问的 Html 文件的 URL 地址
● 浏览器载入 Html 文件
● 浏览器载入 Applet 的类字节代码
● 启动 java 虚拟机执行 Applet

6.2　Applet 的生命周期

6.2.1　生命周期及其方法

MyApplet 不是一个任意 java 类，必须是 java.applet.Applet 的子类，它就是一个 Applet，是具有图形用户界面的小程序，又称为 java 小程序。

浏览器中内嵌 java 解释器是按照下面的过程来使用 Applet 的。首先，浏览器装载网页并解释其中的内容，遇到<applet></applet>标签后，下载标签中指定的包名中的 Applet 类文件并创建该类的实例对象。经过了浏览器中内嵌 java 解释器的处理，我们的浏览器能够正常运行 Applet 小程序了。

一般情况下，任何一个 Applet 程序的生命周期中都经历初始化、启动、终止和消亡四个阶段。它们分别由四个方法：init（）、start（）、stop（）、destroy（）来完成，这四个方法是由 Applet 类定义的。还有一个 paint（）方法，是由 AWT 组件类定义的。这些方法提供了浏览器或 Applet 小应用程序阅读器与 Applet 小应用程序之间的接口以及前者对后者的执行进行控制的基本机制。我们写的自定义 Applet 小应用程序可视情况来重载部分或全部方法。这五个方法组成了 Applet 程序的基本主框架。下面具体介绍这些方法：

●init（）方法：该方法主要用来完成 Applet 相关的初始化操作，如设置各种参数，把图形或者字体加载入内存等。该方法是在 Applet 对象创建后会立即调用，该方法只能执行一次。具体方法编写如下：

public void init（）{…..}

●start（）方法：在调用了 init 方法后，会接着调用这个方法。它用来启动运行该实例的主线程。当从当前页面回到以前浏览的页面时，Java 也会自动调用以前运行过的 Applet 的 start 方法。该方法可以执行多次。该方法比较适合用于页面显示时运行，浏览器离开页面时停止运行，以节省浏览器的资源开销。例如网页正常显示时打开一个数据库连接或是启动一个音乐播放器线程，在浏览器离开该网页时应关闭数据库连接或是停止音乐播放器线程。具体方法编写如下：

public void start（）{……}

●stop（）方法：此方法在离开 Applet 页面时调用。它可以执行多次。它的功能就是停止 start（）方法启动的功能，start（）就是启动运行 stop 停止的功能，它与 start（）是成对运行的。具体方法编写如下：

public void stop（）{……}

●destroy（）方法：当用户关闭了维护 Applet 的浏览器时，Applet 对象也将被销毁。在销毁之前，浏览器自动调用该方法释放先前 init 方法初始化的资源、关闭连接之类的操作。然后销毁 Applet 对象实例，最后退出浏览器。该方法只能执行一次，在执行该方法之前，肯定已经调用了 stop 方法。具体方法编写如下：

public voiddestroy（）{……}

●paint（）方法

Applet 类是 Panel 的子类，因此它具有 Panel 的所有功能，继承 paint（）方法我们能够在 Applet 上面添加组件、显示图像、绘制图形、注册事件监听等；正因为 Applet 具有这种特性，我们在网页中使用 Applet，就能让网页具有 GUI 程序的功能，这正是我们要使用 Applet 的原因。例如在网页上显示一个电冰箱，用户可以拖动电冰箱旋转，从各个角度去欣赏这个电冰箱，也可以打开电冰箱的门，查看电冰箱里面的结构。

Applet 也跟 GUI 的程序一样，在每一次需要重绘 Applet 区域时，则 paint（）方法都被调用 1 次，该方法可以执行多次。paint（）方法有一个 Graphics 类型的参数，这个参数包含了图像上下文，描述了小应用程序所允许的环境。在需要进行输出时，这个参数对象可以被调用。具体方法编写如下：
　　public void paint（Graphics g）{……}

6.2.2　Applet 生命周期应用程序

【例6.2】为 Applet 窗口设置背景，并通过不断拖动、缩放窗口的方式，观察窗口及控制台输出的变化。

```java
package com.applet;

import java.applet.Applet;
import java.awt.Graphics;
import java.awt.Image;

/**
 * 定义 AppletLife 类，演示 Applet 的生命周期
 *
 * @author weijuan 2013-2-18
 *
 */
public class AppletLife extends Applet {
    // 定义图像对象，用来存储获取的图像
    Image flower;

    // 初始化方法
    public void init() {
        // 取得 Image 对象，加载当前的类路径中的图片" 1.jpg"
        flower = getImage(getDocumentBase(), " 1.jpg");
        System.out.println(" 初始化....");
    }

    // 启动方法
    public void start() {
        System.out.println(" 启动....");
    }

    // 重画时调用的 paint 方法
    public void paint(Graphics g) {
        // 绘制 Image 对象
        g.drawImage(flower, 25, 25, this);
        System.out.println(" 绘制显示图像....");
```

}

// 停止方法
public void stop ( ) {
    System.*out*.println (" 停止....");
}

// 销毁，释放资源的方法
public void destroy ( ) {
    System.*out*.println (" 释放资源....");
}
}

程序运行，出现如图 6.3 的界面。

图 6.3 Applet 生命周期程序界面

程序运行过程中，我们通过拖动窗口、最小化、还原窗口、关闭窗口等操作，我们可以看到在控制台打印输出了不同的语句，表示出了 Applet 生命周期的不同方法被调用了。具体情况如下：

● 当第一次运行该程序，出现该程序画面时，则控制台显示：
初始化....：表示第一次运行时 init 方法被调用执行一次；
启动....：运行时，init 方法执行完立即调用 start 方法；
绘制显示图像....：start 方法调用完毕后则会显示窗口，就会调用 paint 方法。
● 当我们拖动窗口边界改变大小时，则控制台显示：
绘制显示图像....
绘制显示图像....
绘制显示图像....
绘制显示图像....
绘制显示图像....
绘制显示图像....

每拖动改变一次窗口大小则窗口就会重绘一次，每重绘一次则就调用 paint 方法一次。
- 当我们单击最小化按钮时，窗口最小化，则控制台显示：

停止....：表示最小化离开该窗口时，则调用 stop 方法；
- 当我们单击还原按钮时，窗口从最小化到还原时，则控制台显示：

启动....：表示还原时，则调用 start 方法；

绘制显示图像....：当窗口还原时则窗口会重绘，则调用 paint 方法。
- 当我们单击最大化按钮，则控制台显示：

绘制显示图像....：当窗口最大化时则窗口会重绘，则调用 paint 方法。
- 当我们单击还原按钮时，窗口从最大化到还原时，则控制台显示：

绘制显示图像....：当窗口从最大化到还原时则窗口只会重绘，不会重新启动，则只调用 paint 方法，不调用 start 方法

6.3 Applet 与 Object 标记

6.3.1 Applet 标记

Applet 标记是被用来从 Html 文件和小应用程序阅读器中启动一个小应用程序的。一个小应用程序阅读器可以执行它在一个单独窗口所发现的每一个 Applet 标记的，而浏览器也允许再一个网页中有多个小应用程序。在之前的程序中，我们仅仅使用 Applet 标记的简单形式，现在我们来学一学标准的 Applet 标记的语法。

一个标准的 Applet 的详细语法的形式如下：

< applet
　　[archive = archiveList]
　Code = 包名 . Applet 类名
　width = pixels height = pixels
　　[codebase = codebaseURL]
　　[alt = alternateText]
　　[name = appletinstanceName]
　　[align = alignment]
　　[vspace = pixels] [hspace = pixels]
>
[< param name = appletAttribute1 value = value >]
[< param name = appletAttribute2 value = value >]
……
[alternateHtml]
</applet >

6.3.1.1 archive 属性

用来指示该 Applet 执行时所需要预先载入的其他的类字节码或资源的压缩文件

(*.jar 文件)。当你创建了一个 jar 文件之后，可以使用 archive 属性指定这个压缩文件的名称。使用 jar 文件的格式如下：

 <applet code="MyApplet.class" archive="MyApplet.jar" width=50 height=50> </applet>

上面的代码说明 MyApplet.jar 中包含了该 MyApplet 类运行所需要的其他类文件。如果需要多个 jar 包中的类文件，则可以在 archive 属性中指定多个归档压缩文件，多个文件之间用逗号分隔。

6.3.1.2 code 属性

code 属性是一个必须的属性，它是用来指定要执行的 Applet 类名称，Applet 名称中要不要.class 后缀都可以。浏览器查找 Applet 的完整路径是由 Html 文件所在路径地址和 codebase 属性所指定的路径（如果被设定的话）决定。

6.3.1.3 width，height 属性

这两个属性用来制定 Applet 执行时的初始显示大小。

6.3.1.4 codebase 属性

codebase 属性指定了 Applet 与 Html 文件的相对路径或 Applet 的绝对路径，如果没有设置这个属性的话，则表明 Applet 文件与 Html 文件在同一个目录中。如果 codebase 指定的 Applet 绝对目录地址，该地址不一定要与 Html 文档在相同的主机上。

6.3.1.5 alt 属性

当 Applet 不能正常执行时，可以使用该属性指定显示的替代文本。也可以在 <applet> </applet> 标记对中直接插入普通的 Html 文本或其他标记，在浏览器不支持 <applet> 标记时，显示插入的普通 Html 文本或其他标记内容作为对 <applet> 标记的替代。

6.3.1.6 name 属性

用来指定 Applet 的实例名称，通过对 Applet 命名，可以使同一网页上的所有 Applet 能够互相访问并通信，也便于网页中的脚步语句调用 Applet。使用 Applet 的 getApplet() 方法可以通过名称获得相同网页中的另外一个 Applet 实例对象。

6.3.1.7 align 属性

Applet 显示的对齐方式，如：left，right，top，texttop，middle，absmiddle，baseline，bottom，absbottom。

6.3.1.8 vspace，hspace 属性

这两个属性用来指定 Applet 与显示边框之间的垂直、水平间隔。

6.3.1.9 <param name=appletAttribute1 value=value/>

这个不是 <applet> 标记的属性，而是嵌套在 <applet> </applet> 标记中的子标记，它主要用来传递参数给 Applet。其中 name 属性是用来指定参数名的，value 属性是用来指定参数值的，由 Applet 内部的程序代码获取这些参数信息。

6.3.2 Html 与 Applet 传递参数的应用

【例 6.3】创建一个 Applet 应用，使得它能够与 Html 之间实现参数传递。

首先我们先创建 ParamsApplet.html 页面，在其中我们给 <applet> 标记中定义了参

数<param>标记，给 Applet 小应用程序定义了参数。然后我们在 ParamsApplet 应用程序中去获得参数并使用参数，实现 Html 与 Applet 之间的参数传递。

首先编写 ParamsApplet.html 页面，在页面代码中我们使用<param>标记为小应用程序定义了两个参数：一个是 length 代表长，值是 100；另一个是 width 代表宽，值是 50。具体页面代码如下：

```
<Html>
    <applet code="ParamsApplet.class" width=200 height=200>
        <param name=length value="100">
        <apram name=width value="50">
    </applet>
</Html>
```

然后我们编写 ParamsApplet 类，实现从页面中获取参数，并使用该参数来在 Applet 上面绘制满足参数指定的长和宽的矩形。具体程序 ParamsApplet 的代码如下：

```java
package com.applet;

import java.applet.Applet;
import java.awt.Graphics;

/**
 * 定义 ParamsApplet 继承 Applet 实现参数传递
 *
 * @author weijuan 2013-2-18
 */
public class ParamsApplet extends Applet {
    // 定义两个变量为存储接收传递来的参数
    private int length;
    private int width;
    // 在初始化时完成参数接收存储
    public void init() {
        String widthStr = getParameter("width");
        String lengthStr = getParameter("length");
        if (widthStr == null)
            width = 0;
        else
            width = Integer.parseInt(widthStr);
        if (lengthStr == null)
            length = 0;
        else
```

```
        length = Integer.parseInt(lengthStr);
    }
    // 利用接收的参数来绘制矩形
    public void paint(Graphics g) {
        g.drawRect(20, 20, length, width);
    }
}
```

最后我们将 ParamsApplet.html 页面和 ParamsApplet 的包放在同一目录下,我们执行 Html 页面可以出现如图 6.4 的界面。

图 6.4　Applet 参数传递应用

当小应用程序被加载时,参数被传递到其中。在小应用程序的 init() 方法中,可以通过使用方法 getParameter() 来取出这个参数。方法 getParameter 根据传递的参数名字来返回对应的参数值的,返回的参数值都是字符串类型的。所以如果程序中需要的是数值型的,需要使用类型转换方法将字符串类型转换为数值类型的。

这里注意传递的参数名字命名是区分大小写的,大小写不一样的同一名字的参数则程序认为是不同的参数。

6.4　Applet 的图形处理

6.4.1　paint 方法与 Graphics 类概述

在 Applet 的应用中,我们经常都会使用 paint(Graphics g) 方法,所以这一节我们就此方法和方法中用到 Graphics 类给大家做一个介绍。

paint() 方法是在窗口被重绘或重画时会调用执行的方法,那么在以下任一情况下它都会被自动调用:

● Applet 启动后,重新绘制自己的界面;
● 在 Applet 中绘制各种文字或者图形等时;
● Applet 所在的浏览器窗口改变大小、移动、遮挡、覆盖等时。

paint 方法具体的方法定义是:public void paint(Graphics g),其中参数是 Graphics 类的对象,可通过该对象完成一些图形用户操作。而 Graphics 类是绘图类,它包含了丰富的绘图功能,包括可以画圆、绘图像、点、线、多边形、矩形、正方形、圆弧

及显示简单文本等等多种图形图像。具体的使用方法,在 API 中有详细的定义。其中 Graphics 常见的方法有:

- drawString(String str, int x, int y):在 x, y 指定的位置写文本;
- drawRect(int x, int y, int width, int height):在 x, y 指定的位置开始画矩形的边框;
- drawLine(int x1, int y1, int x2, int y2):在 x, y 指定的位置开始画一条线;
- drawImage(Image img, int x, int y, ImageObserver observer):在 x, y 指定的位置开始画图像;
- drawOval(int x, int y, int width, int height):在 x, y 指定的位置画椭圆的边框;
- fillOval(int x, int y, int width, int height):在 x, y 指定的位置填充椭圆;
- fillRect(int x, int y, int width, int height):在 x, y 指定的位置填充矩形;
- setColor(Color c):将此图形上下文的当前颜色设置为指定颜色;
- setFont(Font font):将此图形上下文的字体设置为指定字体。

6.4.2 Applet 的图形处理应用编程

【例 6.4】利用 Graphics 和 paint 方法在 Applet 中实现绘制各种图形图像。

```java
package com.applet;

import java.applet.Applet;
import java.awt.Color;
import java.awt.Font;
import java.awt.Graphics;
import java.awt.Image;
import java.awt.Toolkit;

/**
 * 定义绘画 Applet 类继承 Applet 实现在 Applet 中绘制各种图形图像
 *
 * @author weijuan 2013-2-19
 */
public class GraphicsApplet extends Applet {
    // 重绘方法,在此方法中可以使用 Graphics 类型的对象来调用相应的绘图方法来实现绘图
    public void paint(Graphics g) {
        setSize(400, 600); // 设置窗口的大小
        g.setColor(Color.red); // 设置绘图颜色为红色
        g.setFont(new Font("隶书", Font.BOLD, 20)); // 设置字体为隶书、加粗、20 号
        g.drawString("利用 Graphics 来绘制各种图形!", 60, 70); // 显示文字
```

g. setColor（Color.*orange*）;// 设置绘图颜色为橙色
g. drawRect（30, 60, 100, 50）;// 画出橙色矩形的边框
g. fillOval（120, 50, 50, 30）;// 绘制填充椭圆
g. drawLine（200, 50, 300, 280）;// 画直线

// 画图片，使用 Toolkit 类获取默认工具笔
Image img = Toolkit.*getDefaultToolkit*（）.getImage（" logo.jpg"）;
g. drawImage（img, 10, 120, this）;

// 画多边形
int p1_ x [ ] = { 39, 94, 97, 45, 65 };
int p1_ y [ ] = { 33, 25, 56, 78, 56 };
int p1_ pts = p1_ x.length;
g. drawPolygon（p1_ x, p1_ y, p1_ pts）;
}
}

程序运行后，出现如图 6.5 的画面。

图 6.5 GraphicsApplet 绘图

6.5 Applet 的安全限制

由于通过网络装载，Applet 的代码具有一种内在的危险性。如果有人编写了一个恶意的类来读取你的密码文件，并把它通过 Internet 传送，会产生怎样的后果？所以，Applet 需要有安全限制。

Applet 所能够控制的安全程度是在浏览器层次上实现的，大多数浏览器（包括 Netscape Nevigator）缺省地禁止以下操作：

● 运行时执行另一程序

- 任何文件的输入/输出
- 调用任何本地方法
- 尝试打开除提供 Applet 的主机之外的任何系统的 Socket

这些限制的关键在于,通过限制 Applet 对系统文件的存取来阻止它侵犯一个远程系统的隐私或破坏该系统。具体情况如下:

- 禁止执行另一程序和不允许调用本地方法限制了 Applet 启动未经 JVM 检查的代码。
- 对 Socket 的限制则禁止了与另一个可能有危害性的程序的通信。

6.6 Applet 的实训案例

实训 1:电子时钟

本实训通过继承 Applet,并且学习研究使用 java.util 的时间 Timer、日期类 Date、时间任务类 TimerTask 结合事件监听处理,制作一个简单的电子时钟,可以实现时钟转动并显示时间,还可以修改显示的时间。

```java
package com.applet;

import java.applet.Applet;
import java.awt.BasicStroke;
import java.awt.Button;
import java.awt.Color;
import java.awt.Font;
import java.awt.Graphics;
import java.awt.Graphics2D;
import java.awt.TextArea;
import java.awt.TextField;
import java.awt.event.ActionEvent;
import java.awt.event.ActionListener;
import java.util.Date;
import java.util.Timer;
import javax.swing.JOptionPane;

public class ClockApplet extends Applet implements ActionListener {

    // 钟表变量
    private int iHour;
    private int iMinute;
    private int iSecond;
    private Button changeTime = new Button(" 修改时间");
```

```java
    private Timer timer = new Timer();  // 钟表计时器间隔为1秒

    // 计时器变量
    private int iTimeHour;
    private int iTimeMinute;
    private int iTimeSecond;
    private int iTimeMilliSecond;

    public ClockApplet() {
        // 将系统的时，分秒设定为当前时间
        Date timeCurrent = new Date();
        iHour = timeCurrent.getHours();
        iMinute = timeCurrent.getMinutes();
        iSecond = timeCurrent.getSeconds();
        timer.schedule(new JobTime(), 0, 1000);  // 在0秒后执行此任务，每次间隔1秒，如果传递一个Data参数，就可以在某个固定的时间执行这个任务.
    }

    /**
     * Initialization method that will be called after the applet is loaded into
     * the browser.
     */
    @Override
    public void init() {
        setLayout(null);
        add(changeTime);
        changeTime.setBounds(160, 20, 65, 25);
        changeTime.addActionListener(this);
        resize(400, 200);  // Set clock window size
    }

    // TODO overwrite start(), stop() and destroy() methods
    @Override
    public void start() {
    }

    @Override
    public void stop() {
    }
```

```java
@Override
public void destroy () {
    timer. cancel ();
}

public void paint (Graphics g) {
    Graphics2D g2 = (Graphics2D) g;
    // 设置背景颜色
    setBackground (Color. white);
    // 画表盘
    g2. setStroke (new BasicStroke (4.0f));
    g. setColor (Color. BLUE); // 表盘颜色
    // g. fillOval (0, 0, 150, 150);
    g. drawOval (0, 0, 150, 150);
    // getSize (). height //获取窗口的高度
    // 绘制时钟上的 12 个数字
    g. setColor (Color. lightGray); // 字体颜色
    int angle = 60, x, y, radius = 65;
    for (int i = 1; i <= 12; i++) {
        x = (int) ((radius) * Math. cos (Math. PI / 180 * angle));
        y = (int) ((radius) * Math. sin (Math. PI / 180 * angle));
        g. drawString ("" + i, x + 75 - 4, 75 - y + 6);
        angle -= 30;
    }
    // 画秒针
    g2. setStroke (new BasicStroke (2.2f));
    g. setColor (Color. green); // 秒针颜色
    int radiusOfSecond = 50;
    g. drawLine (75, 75, (int) (radiusOfSecond * Math. cos (Math. PI / 180
        * (-6 * (iSecond - 15)))) + 75,
        75 - (int) (radiusOfSecond * Math. sin (Math. PI / 180
        * (-6 * (iSecond - 15)))));
    // 画分针
    g2. setStroke (new BasicStroke (2.2f));
    g. setColor (Color. blue); // 秒针颜色
    int radiusOfMinute = 45;
    g. drawLine (75, 75, (int) (radiusOfMinute * Math. cos (Math. PI / 180
        * (-6 * (iMinute - 15)))) + 75,
```

```
            75 - (int) (radiusOfMinute * Math. sin (Math. PI / 180
                * (-6 * (iMinute - 15))))));
        // 画时针
        g2. setStroke (new BasicStroke (2.2f));
        g. setColor (Color. red); // 秒针颜色
        int radiusOfHour = 40;
        g. drawLine (75, 75, (int) (radiusOfHour * Math. cos (Math. PI / 180
                * (-30 * (iHour % 12 - 3)))) + 75,
            75 - (int) (radiusOfHour * Math. sin (Math. PI / 180
                * (-30 * (iHour % 12 - 3))))));
        // 显示时分秒的值
        g. setFont (new Font (" TimesToman", Font. PLAIN, 14));
        g. setColor (Color. orange);
        g. drawString (String. valueOf (iHour + " :"), 40, 180);
        g. drawString (String. valueOf (iMinute + " :"), 65, 180);
        g. drawString (String. valueOf (iSecond), 90, 180);
    }


    public void actionPerformed (ActionEvent e) {
        if (e. getSource () = = changeTime) {
            setCurrentTime ();
        }

    }


// 用于改变时分秒的指针值的计时类
class JobTime extends java. util. TimerTask {
    @ Override
    public void run () {
        // TODO Auto - generated method stub
        iSecond + +;
        if (iSecond = = 60) {
            iSecond = 0;
            iMinute + +;
        }
        if (iMinute = = 60) {
            iMinute = 0;
            iHour + +;
```

```java
            }
            if (iHour == 24) {
                iHour = 0;
            }
            repaint();
        }
    }

    private void setCurrentTime() {
        String strTemp = JOptionPane.showInputDialog(null, " 请输入当前小时（24小时制):");
        if (strTemp == null) {
            return;
        }
        int iHour = Integer.parseInt(strTemp);
        strTemp = JOptionPane.showInputDialog(null, " 请输入当前分:");
        if (strTemp == null) {
            return;
        }
        int iMinute = Integer.parseInt(strTemp);
        strTemp = JOptionPane.showInputDialog(null, " 请输入当前秒:");
        if (strTemp == null) {
            return;
        }
        int iSecond = Integer.parseInt(strTemp);
        // 设定当前时间为对话框输入的时间
        if (iHour >= 0 && iHour < 24) {
            this.iHour = iHour;
        }
        if (iMinute >= 0 && iMinute < 60) {
            this.iMinute = iMinute;
        }
        if (iSecond >= 0 && iSecond < 60) {
            this.iSecond = iSecond;
        }
    }
}
```

程序运行结果如图6.6所示。

图6.6 电子时钟程序画面

实训2：运动弹跳小球。

本实训通过使用GUI技术、线程控制、类设计、Applet等实现一个小球在窗口中运动，碰到边界时弹回继续运动。

```java
package com.applet;

import java.applet.Applet;
import java.awt.*;
import java.awt.event.*;
import java.awt.geom.*;
import java.util.*;
import javax.swing.*;

public class BallApplet extends Applet {
    public void init() {
        JFrame frame = new BounceFrame();
        frame.setDefaultCloseOperation(JFrame.EXIT_ON_CLOSE);
        frame.setVisible(true);
    }
}

//定义线程控制，实现小球移动
class BallRunnable implements Runnable {
    private Ball ball;
    private Component component;
    public static final int STEPS = 1000;
    public static final int DELAY = 10;

    public BallRunnable(Ball aBall, Component aComponent) {
        ball = aBall;
        component = aComponent;
```

218

```java
    }
    public void run () {
        try {
            for ( int i = 1 ; i < = STEPS ; i + + ) {
                ball. move ( component. getBounds ( ) ) ;
                component. repaint ( ) ;
                Thread. sleep ( DELAY ) ;
            }
        } catch ( InterruptedException e) {
        }

    }
}

//设计定义小球类，并实现小球弹回
class Ball {
    private static final int XSIZE  = 15 ;
    private static final int YSIZE  = 15 ;
    private double x = 0 ;
    private double y = 0 ;
    private double dx = 10 ;
    private double dy = 10 ;

    // 这块就是碰到 边缘就弹回来的地方的坐标
    public void move ( Rectangle2D bounds) {
        y + = dy ;
        x + = dx ;
        if ( x < bounds. getMinX ( ) ) {
            x = bounds. getMinX ( ) ;
            dx = - dx ;
        }
        if ( x + XSIZE > = bounds. getMaxX ( ) ) {
            x = bounds. getMaxX ( ) - XSIZE ;
            dx = - dx ;
        }
        if ( y < bounds. getMinY ( ) ) {
            y = bounds. getMinY ( ) ;
```

```java
                dy = -dy;
            }
            if (y + YSIZE >= bounds.getMaxY()) {
                y = bounds.getMaxY() - YSIZE;
                dy = -dy;
            }
        }

        public Ellipse2D getShape() {
            return new Ellipse2D.Double(x, y, XSIZE, YSIZE);
        }
}

//实现小球运动中的画面重绘,实现小球的移动
class BallPanel extends JPanel {
    private ArrayList<Ball> balls = new ArrayList<Ball>();

    public void add(Ball b) {
        balls.add(b);
    }

    public void paintComponent(Graphics g) {
        super.paintComponent(g);
        Graphics2D g2 = (Graphics2D) g;
        for (Ball b : balls) {
            g2.fill(b.getShape());
        }
    }
}

//设计小球运动弹跳的窗口界面,使用2个按钮控制小球运动和关闭程序
class BounceFrame extends JFrame {
    private BallPanel panel;
    public static final int DEFAULT_WIDTH = 4500;
    public static final int DEFAULT_HEIGHT = 3500;
    public static final int STEPS = 2000;
    public static final int DELAY = 50;
```

```java
public BounceFrame () {
    setSize (DEFAULT_WIDTH, DEFAULT_HEIGHT);
    setTitle (" BounceThread");
    panel = new BallPanel ();
    add (panel, BorderLayout.CENTER);
    JPanel buttonPanel = new JPanel ();
    addButton (buttonPanel, " Start", new ActionListener () {
        public void actionPerformed (ActionEvent event) {
            addBall ();
        }
    });
    addButton (buttonPanel, " Close", new ActionListener () {
        public void actionPerformed (ActionEvent event) {
            System.exit (0);
        }
    });
    add (buttonPanel, BorderLayout.SOUTH);
}

public void addButton (Container c, String title, ActionListener listener) {
    JButton button = new JButton (title);
    c.add (button);
    button.addActionListener (listener);
}

public void addBall () {
    Ball b = new Ball ();
    panel.add (b);
    Runnable r = new BallRunnable (b, panel);
    Thread t = new Thread (r);
    t.start ();
}
}
```

本实训程序运行后，出现小球运动和弹回的画面，如图6.7、图6.8所示。

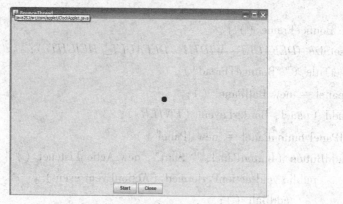

图 6.7　小球运动弹跳画面一

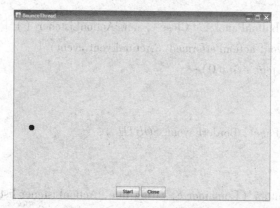

图 6.8　小球运动弹跳画面二

6.7　Applet 的声音处理

6.7.1　声音的处理

Applet 实现声音的播放处理需要使用 AudioClip 类的对象，AudioClip 类用来在 Java Applet 内播放声音，该类在 java.Applet 包中有定义。

我们知道图像格式是各种各样，如 BMP、GIF 和 JPEG 等。那么声音文件也一样，WAV 和 AU 是最常用的两种声音文件。目前 Java 仅支持 AU 文件，但 Windows 环境下常用的却是 WAV 文件，所以最好能有一个可把 WAV 文件转换为 AU 文件才能使用 java 来播放。

要想使用 Applet 播放声音，首先需要定义 AudioClip 对象，调用该对象的 GetAudioClip 方法把声音赋予 AudioClip 对象；如果仅想把声音播放一遍，则可以调用 AudioClip 类的 play 方法，如果想循环把声音剪辑，则可以调用 AudioClip 类的 loop 方法。

实训 3：在 Applet 中播放声音。

本实训主要通过使用 AudioClip 类，结合 Applet 实现在 Applet 中播放声音。具体代码如下：

首先编写 SoundApplet.java 实现 Applet：
package com.applet;

import java.applet.Applet;
import java.applet.AudioClip;
import java.awt.Graphics;

/**
 * 定义 SoundApplet 继承 Applet
 *
 * @author weijuan 2013-2-21
 */
public class SoundApplet extends Applet {

    public void paint (Graphics g) {
        // 创建 AudioClip 对象并用//getAudioClip 方法将其初始化。
        AudioClip audioClip = getAudioClip (getCodeBase (), "Sample.AU");
        g.drawString ("Sound Demo!", 5, 15);
        // 使用 AudioClip 类的 loop 方法循环播放
        audioClip.loop ();
    }
}

然后编写 SoundApplet.html 页面实现加载 Applet
<Html>
<TITLE>SoundDemo Applet</TITLE>
<APPLET CODE = "com.applet.SoundApplet" WIDTH = 300 HEIGHT = 200>
</APPLET>
</Html>

最后声音文件要放在 SoundApplet 的类路径下面。
运行 SoundApplet.html 页面，就会在页面上将显示出一个 Applet 窗口并伴以音乐。关闭 Applet 时音乐终止。

课外实训

1. 使用 Applet 技术，在 Applet 中实现可连接的跑马灯的效果，文字在矩形框中水平滚动显示。具体效果图如图 6.9，图 6.10 所示。

图6.9 可连接的跑马灯画面1

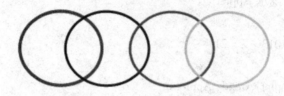

图6.10 可连接的跑马灯画面2

2. 在 Applet 小窗口中中绘制如图6.11所示的图像，颜色各不同。

图6.11 颜色不同的几个环

3. 使用 Applet，Graphics 等实现雪花飘落的动态效果，具体效果图如图6.12所示。

思考与练习

（一）填空题

1. Java Applet 的生命周期方法有_____、_____、_____、_____。
2. Applet 的 paint 方法的作用是_____。
3. Applet 的 start 方法的执行时机是_____，stop 方法的执行时机是_____。
4. Applet 的 init 方法的原型是_____。

5. Applet 程序是通过_____方式来运行的。

6. Applet 的 update 方法的作用是_____。

（二）选择题

1. 下列哪个方法是 paint 方法的精确原型？（　　）
   A. private void paint（Graphics g）　　B. public int paint（Graphics g）
   C. public void paint（Graphics g）　　D. public void paint（Graphic g）

2. 在一个用户自定义的 Applet 程序中，有以下方法，选出需要调用才能被执行的方法（　　）
   A. private void paint（Graphics g）　　B. public void init（）
   C. public void start（）　　D. public int add（int a，int b）

3. 有关 Applet 类的说法，错误的是（　　）
   A. Applet 程序必须继承 Applet 类
   B. Applet 程序是不能独立运行的程序
   C. Applet 程序，程序结构和运行方式完全和 Application 程序一样的，没有区别
   D. Applet 程序实现了网页的交互功能

4. 假设有以下 Java 代码段，

import java. applet. *；

import java. awt. *；

class My_ Applet extends Applet

{

}

如果要将如上 Applet 程序嵌入 Html 页面中，可按下面哪种方式完成（　　）。
   A. < applet code = " My_ Applet"　　width = 200 height = 100 > < /applet >
   B. < applet code = " My_ Applet. java"　　width = 200 height = 100 > < /applet >
   C. < applet code = " My_ Applet. class"　　width = 200 height = 100 > < /applet >
   D. < applet code = " My_ Applet. html"　　width = 200 height = 100 > < /applet >

5. 下列有关 Java Applet 程序类中的 start 方法的执行时机的描述，哪种是错误的。（　　）
   A. 浏览器执行完 init（）之后，将自动调用 start（）方法。
   B. 每当浏览器被用户最小化时，浏览器也将调用它。
   C. 用户离开本网页后，又回退到当前网页时浏览器也将再次执行它。
   D. 每当浏览器从图标状态下恢复为窗口时，它也将被执行。

6. 在 Applet 中获取页面 Html 中的参数值，使用（　　）方法。
   A. init（）方法
   B. getParameter（）方法
   C. stop（）方法
   D. start（）方法

（三）简答题

1. Java Applet 与 Java Application 的区别。
2. 描述 Applet 的执行原理机制和方式。

（四）编程题

1. 在 Applet 窗口中实现显示文字"欢迎学习 Applet!"，并在文字下方填充一个蓝色的椭圆。
2. 在 Applet 窗口中实现播放音乐文件。

第 7 章 异常处理

【学习目标】

在程序中总是存在各种错误，使应用程序在运行时终止。为了在程序执行过程中发生错误时能正常运行，可以使用 Java 提供的异常处理机制捕获可能发生的异常，对异常进行处理并使程序能正常运行。

在完成了本章的学习后，读者应当能够掌握以下内容：

了解异常的概念

了解异常的分类

掌握如何获取异常信息

掌握如何处理异常

了解如何抛出异常

了解自定义异常

了解异常的使用原则

7.1 异常概述

假设一辆汽车发生了故障，可能是某个零件发生了问题，也可能是没有油了。如果是由于零件问题，只需要更换零件就可以解决；如果是没有油了，只需要加满油就可以正常行驶了。程序中的异常与此类似，就对程序中可能发生异常的语句进行处理，使程序能够正常执行。

在程序开发过程中，可能存在各种错误，有些错误是可以避免的，而有些错误却是意想不到的，在 Java 中把这些可能发生的错误称为异常。图 7.1 说明了异常类的继承关系。

从图 7.1 中可以看出，Throwable 类是所有异常类的超类，该类的两个直接子类是 Error 和 Exception，分别表示错误和异常。其中，Error 类异常是在通常环境下定义不需要被程序捕获的异常。Error 类型的异常用于 Java 运行时与运行系统本身有关的错误，如堆栈溢出属于该错误之一。Exception 其子类给出了合理的应用程序需要捕获的异常。Exception 异常类又分为运行时异常（RuntimeException）和非运行时异常，这两种异常有很大的区别，主要在于不检查异常（UncheckedException）和检查异常（CheckedExcepyion）两种方式。Exception 类用于用户程序可能出现的异常情况，也可以用来创建自定义异常类。

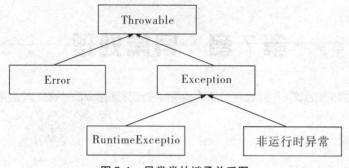

图 7.1 异常类的继承关系图

7.2 异常的分类

在 Java 中可以捕获的异常（即 Exception 类的子类）分为可控式异常和运行时异常两种类型。

7.2.1 可控式异常

在 Java 中把那些可以预知的错误，例如从文件中读取数据、对数据库进行操作等，在程序编译时就能对程序中可能存在的错误进行处理，并给出具体的错误信息，我们把这些错误称为可控式异常。

表 7.1 中列出了常用的可控式异常及说明。

表 7.1　　　　　　　　　　常用可控式异常及说明

异常	说明
IOEXCeption	当发生某种 I/O 异常时，抛出此异常
SQLEXception	提供关于数据库访问错误或其他错误信息的异常
ClassNotFoundException	类没有找到异常
NoSuchFieldException	类不包含指定名称的字段时产生的信号
NoSuchMethodException	无法找到某一特定方法时，抛出该异常

［例 7.1］ 创建项目 01，在项目中创建 Example_ 01 类，在该类中加载一个不存在的类，观察发生的异常。代码如下。运行结果如图 7.2 所示。

```
public class Example_ 01 {
    private int num =10; // 成员变量
    public int getNum () {// 成员方法
        return num; // 返回成员变量的值
    }
    public void setNum (int num) {// 成员方法
        this. num = num; // 设置成员变量的值
    }
```

```java
public Example_01(){// 类的构造方法
    try{
        Class.forName("com.mingrisoft.Test");// 装载com.mingrisoft包中的Test类
    }catch(ClassNotFoundException e){
        // TODO Auto-generated catch block
        e.printStackTrace();
    }
    System.out.println("测试。");// 在控制台输出"测试。"
}
public static void main(String[] args){
    Example_01 exam = new Example_01();// 创建类的实例
    exam.setNum(888);// 调用setNum()方法设置成员变量num的值为888
    System.out.println(exam.getNum());// 调用getNum()方法输出成员变量的值888
}
```

```
Problems  Javadoc  Declaration  控制台
<已终止> Example_01 [Java 应用程序] D:\java\jdk1.7.0\bin\javaw.exe (2013-2-25 下午11:42:31)
java.lang.ClassNotFoundException: com.mingrisoft.Test
    at java.net.URLClassLoader$1.run(URLClassLoader.java:366)
    at java.net.URLClassLoader$1.run(URLClassLoader.java:355)
    at java.security.AccessController.doPrivileged(Native Method)
    at java.net.URLClassLoader.findClass(URLClassLoader.java:354)
    at java.lang.ClassLoader.loadClass(ClassLoader.java:423)
    at sun.misc.Launcher$AppClassLoader.loadClass(Launcher.java:308)
    at java.lang.ClassLoader.loadClass(ClassLoader.java:356)
    at java.lang.Class.forName0(Native Method)
    at java.lang.Class.forName(Class.java:186)
    at Example_01.<init>(Example_01.java:11)
    at Example_01.main(Example_01.java:19)
测试。
888
```

图 7.2 ClassNotFoundException 异常

说明：由于在构造方法中加载 com.mingrisoft 包中的 Test 类时，Java 的虚拟机没有找到 Test 类，从而引发了 ClassNotFoundException 异常，所以在控制台输出了 ClassNotFoundException 这样的异常信息。由于在执行 "Class.forName('com.mingrisoft.Test');" 语句时发生了异常，所以导致程序中的其他代码没有执行，所以在控制台并没有输出"测试。"和"888"。

7.2.2 运行时异常

在 Java 中有些错误是不能被编译器检测到的。例如，在进行除法运算时，除数为零；试图把一个不是由数字组成的字符串使用 Integer 类的 parseInt() 方法转换为整数等，Java 的编译器是检测不到的，因而能够正常编译，但是在运行时就会发生异常，我们把这些异常称为运行时异常。表 7.2 列出了常用的运行时异常及说明。

表 7.2　　　　　　　　　　　　常用的运行时异常及说明

异常	说明
IndexOutOfBoundsException	指示某集合或数组的索引值超出范围时抛出该异常
NullpointerException	当应用程序试图在需要对象的地方使用 null 时，抛出该异常
ArithmeticException	当出现异常的运算条件时，抛出此异常
IllegalArgumentException	抛出的异常表明向方法传递了一个不合法或不正确的参数
ClassCastException	当试图将对象强制转换为不是实例的子类时，抛出该异常

［例 7.2］通过 Integer 类的实例创建 Object 对象 o，观察将 Object 对象 o 强制转换为字符串时发生的异常。

Object o = new integer (0);
System. out. println ((string) o);

说明：上面代码首先创建一个 Object 对象 o，该对象是通过 Object 的子类 Integer 创建的，也就是说 Object 对象 o 是子类 Integer 的实例。因此，当使用 String 类将对象 o 强制转换为字符串时出错了，因为对象 o 是 Object 的子类 Integer 创建了，而不是 String 类创建的，所以产生了错误。如果将对象 o 强制转换为 Integer 类型就不会出错，因为对象 o 是 Integer 类创建的。

例 7.3 在项目中创建 Example_02 类，在该类中创建一个数组，然后使用超出数组下标范围的值访问数组中的元素，观察发生的异常。运行结果如图 7.3 所示。

```
public class Example_ 02 {
int [] number = {100, 80, 50, 70, 20, 60}; // 创建并初始化具有 6 个元素的数组
public void setNum (int index, int value) {//根据索引值 index 为数组元素赋值 value 的方法
        number [index] = value; // 为数组中索引值 index 处的元素赋值 value
        }
public int getNum (int index) {// 根据索引值 index 获得数组中对应元素值的方法
        return number [index]; // 获得数组中索引值 index 处的元素值
        }
        public static void main (String [] args) {
            Example_ 02 ex = new Example_ 02 (); // 创建类的实例
            // 调用方法获得数组中索引值 0 处的元素值，即第一个元素的值 100
            int value = ex. getNum (0);
            System. out. println (value); // 输出第一个元素的值 100
            // 索引值 6 超出了数组下标的范围，因此将发生异常，导致程序终止，下面的代码将不会被执行
```

```
            value = ex.getNum(6);
            System.out.println(value);
            // 获得数组中最后一个元素的值60
            value = ex.getNum(5);
            System.out.println(value);    // 输出最后一个元素值60
        }
```

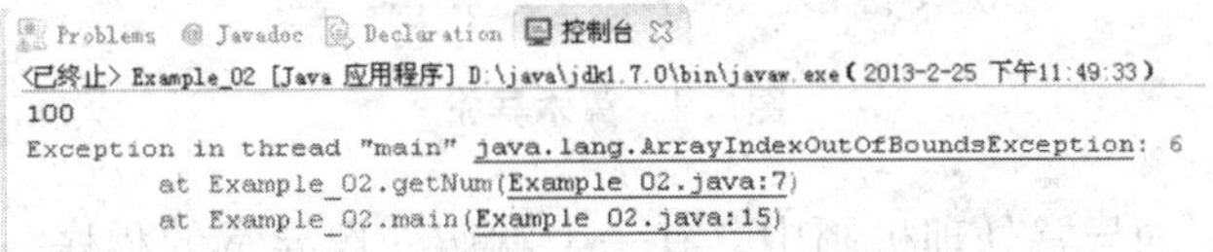

```
Problems  Javadoc  Declaration  控制台 ⊠
<已终止> Example_02 [Java 应用程序] D:\java\jdk1.7.0\bin\javaw.exe(2013-2-25 下午11:49:33)
100
Exception in thread "main" java.lang.ArrayIndexOutOfBoundsException: 6
    at Example_02.getNum(Example_02.java:7)
    at Example_02.main(Example_02.java:15)
```

图 7.3　ArrayIndexOutOfBoundsException 异常

说明：从输出结果可以看出，程序发生了 ArrayIndexOutOfBoundsException 异常，该异常是 IndexOutOfBoundsException 异常的子异常。当程序执行到语句"value = ex.getNum(6);"时发生了异常，因为数组中有 6 个元素，数组下标的范围是 0~5，所以用 6 作为数组下标的索引值发生了错误，因而导致下面的其他语句不会被执行。所以程序中只输出了数组中第一个元素的值 100，而没有输出最后一个元素的值 60。

实训 1：算术异常。

算术异常即 ArithmeticException，是指整数被 0 除产生的异常。在 Java 语言中，如果一个整数被 0 除，那么将抛出 ArithmeticException，但是浮点数被 0 除，将不引发算术异常，这与数学中的结论不同。本实训将演示出现算术异常的情况，并进行处理。

（1）在 Eclipse 中创建项目 03，并在该项目中创建 com.mingrisoft 包。

（2）在 com.mingrisoft 包中创建类文件，名称为 ExceptionTest。在该类的主方法中，演示出现算术异常的情况。这里将第一条可能出现异常的语句应用 try…catch 语句捕获，并输出异常信息，第二条可能出现异常的语句不作处理。代码如下。运行结果如图 7.4 所示。

```
public class ExceptionTest {
    public static void main(String[] args) {
        System.out.println("-1.0/0 = " + (-1.0/0));           //演示负浮点数除0
        System.out.println("+1.0/0 = " + (+1.0/0));           //演示正浮点数除0
        try {
            System.out.println("-1/0 = " + (-1/0));           //演示负整数除0
        } catch (Exception e) {
            System.out.println("抛出异常:" + e.getMessage());
        }
        System.out.println("+1/0 = " + (+1/0));               //演示正整数除0
```

System.out.println("输出结束。");
        }
    }

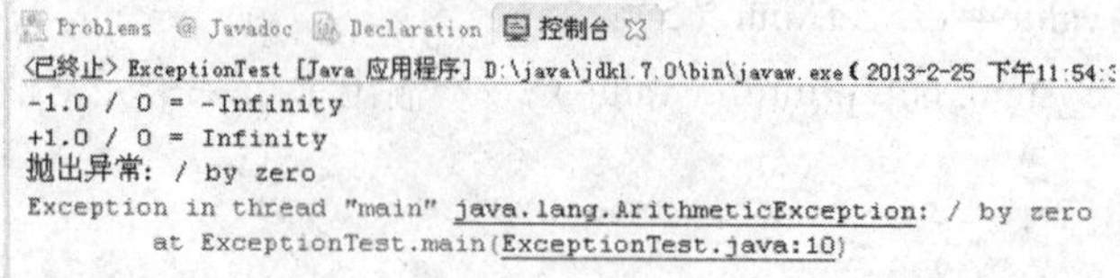

```
<已终止> ExceptionTest [Java 应用程序] D:\java\jdk1.7.0\bin\javaw.exe (2013-2-25 下午11:54:...
-1.0 / 0 = -Infinity
+1.0 / 0 = Infinity
抛出异常: / by zero
Exception in thread "main" java.lang.ArithmeticException: / by zero
        at ExceptionTest.main(ExceptionTest.java:10)
```

图 7.4　算术异常

说明：在 Java 的异常处理机制中，有一个默认处理异常的程序。当程序出现异常时，默认处理程序将显示一个描述异常的字符串，打印异常发生处的堆栈轨迹，并终止程序。

实训 2：数组下标越界异常

数组下标越界异常即 ArrayIndexOutOtBoundsException，当访问的数组元素的下标值大于数组的最大下标值时发生。也就是数组元素的下标值大于等于数组的长度时发生。本实训将演示出现数组下标越界异常（ArrayIndexOutOtBoundsException）的情况。

（1）在 Eclipse 中创建项目 04，并在该项目中创建 com.mingrisoft 包。

（2）在 com.mingrisoft 包中创建类文件，名称为 ArrayExceptionTest。在该类的 main()方法中，首先声明一个长度为 5 的整型数组，并应用 Arrays 对象的 fill() 方法，将数组中所有元素赋值为 8。然后应用 for 循环遍历输出所有数组元素。代码如下。运行结果如图 7.5 所示。

```java
import java.util.Arrays;
public class ArrayExceptionTest {
    public static void main(String[] args) {
        int[] array = new int[5];            // 声明一个长度为5的整型数组
        Arrays.fill(array, 8);               // 将新声明的数组所有元素赋值为8
        for (int i = 0; i < 6; i++) {        // 遍历输出所有数组元素
            System.out.println("array[" + i + "] = " + array[i]);
        }
    }
}
```

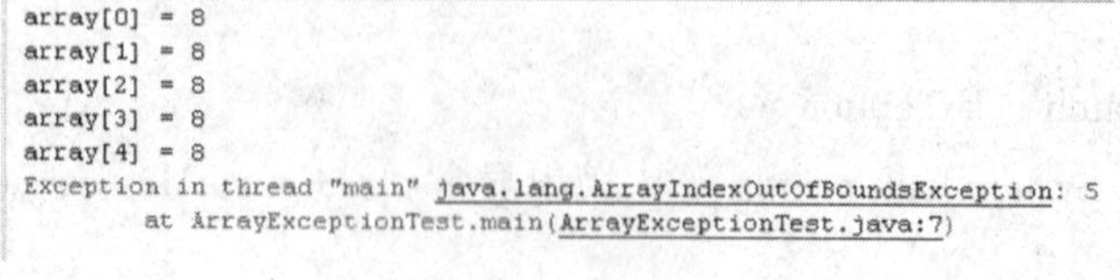

```
<已终止> ArrayExceptionTest [Java 应用程序] D:\java\jdk1.7.0\bin\javaw.exe (2013-2-26 上午12:01
array[0] = 8
array[1] = 8
array[2] = 8
array[3] = 8
array[4] = 8
Exception in thread "main" java.lang.ArrayIndexOutOfBoundsException: 5
        at ArrayExceptionTest.main(ArrayExceptionTest.java:7)
```

图 7.5　数组下标越界异常

说明：如果要遍历数组中的全部元素，则推荐使用 foreach 循环，它可以避免数组的下标越界。如果要使用数组的下标，则需要记住数组的下标是从 0 开始计算的。如果需要使用数组的长度，则推荐使用 length 属性。另外使用 ArrayList 类也可以避免这些问题。

7.3 获取异常信息

在 Java 中 java.lang.Throwable 类是所有异常类的超类，该类提供了获得异常信息的方法。表 7.3 中列出了获取异常信息的方法及说明。

表 7.3　　　　　　　　　获取异常信息的方法及说明

方法	说明
String getLocalizedMessage	获得此 Throwable 的本地化描述
String getMessage（）	获得此 Throwable 的详细消息字符串
Void printStackTrace（）	获此 Throwable 及其栈踪迹输出至标准错误流
String toString（）	获得此 Throwable 的简短描述

［例 7.4］在项目中创建 Example_03 类，在该类中使用表 7.3 中的方法输出进行除法运算时除数为 0 的异常信息。代码如下。运行结果如图 7.6 所示。

```
public class Example_ 03 {
    public void printBugInfo（）{// 定义成员方法
        try {
            int x = 100；// 定义局部变量 x
            int y = 0；    // 定义局部变量 y
            int z = x / y；// 计算 x 除以 y 的商
            System. out. println（x +" 除以" +y +" 的商是:" +z）；// 输出计算结果
        } catch（Exception ex）{
            ex. printStackTrace（）；// 输出异常到标准错误流
            System. out. println（" getMessage 方法：    " + ex. getMessage（））；// 使用 getMessage 方法输出异常信息
            System. out. println（" getLocalizedMessage 方法：    " + ex. getLocalizedMessage（））；        // 使用 getLocalizedMessage 方法输出异常信息
            System. out. println（" toString 方法：    " + ex. toString（））；// 使用 toString 方法输出异常信息
        }
    }
```

```
public static void main (String [] args) {
    Example_03 ex = new Example_03 ();  // 创建类的实例
    ex.printBugInfo ();  // 调用方法
}
```

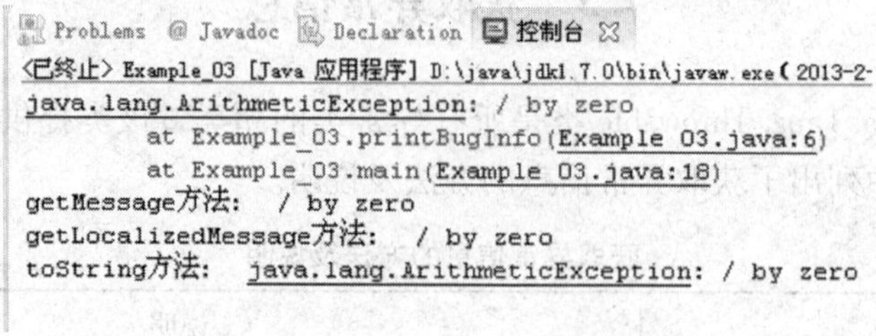

```
<已终止> Example_03 [Java 应用程序] D:\java\jdk1.7.0\bin\javaw.exe( 2013-2-
java.lang.ArithmeticException: / by zero
        at Example_03.printBugInfo(Example_03.java:6)
        at Example_03.main(Example_03.java:18)
getMessage方法：    / by zero
getLocalizedMessage方法：    / by zero
toString方法：    java.lang.ArithmeticException: / by zero
```

图 7.6 除数为 0 的异常信息

说明：输出结果是除数为 0 时发生的异常，其中前 3 行是 printStackTrace () 方法输出的异常信息，第 4 行是 getMessage () 方法输出的异常信息，第 5 行是 getLocalizedMessage 方法输出的异常信息，最后一行是 toString () 方法输出的异常信息。在本实例的代码中使用了 try…catch 语句块来捕获程序中的异常信息，在 try 和 catch 之间两个大括号内是程序需要正常执行，但是却又有可能发生异常的代码。在 catch 后的两个大括号内是 try 和 catch 之间的代码发生错误时执行的代码，用于进行异常处理。

7.4 处理异常

在 Java 语言中当程序发生异常时，可以使用 try…catch、try…catch…finally 或 try…finally 进行处理。接下来将对这 3 个语句块分别进行讲解。

7.4.1 使用 try…catch 处理异常

对于程序中可能发生异常的语句，可以将其添加到 try…catch 语句块中。这样当程序发生异常时，就可以对其进行相应的处理。

try…catch 语句块的语法格式如下：

try {

需要正常执行的语句

} catch (Exception ex) {

对异常进行处理的语句

}

注意：
- try 和 catch 是进行异常处理的关键字。
- try 和 catch 之间的两个大括号内是程序需要正常执行但又可能发生异常的语句。
- catch 后的两个小括号内是程序需要处理的异常类型。
- catch 后的两个大括号内是对程序发生的异常进行处理的语句。

7.4.2 使用 try…catch…finally 处理异常

对于程序中可能发生异常的语句，可以将其添加到 try…catch… finally 语句块中，这样当程序发生异常时，就可以对其进行相应的处理。

try…catch… finally 语句块的语法格式如下：

try {
　　需要正常执行的语句
} catch（Exception ex）{
　　对异常进行处理的语句
} finally {
　　一定会被处理的语句
}

注意：
- try、catch 和 finally 是进行异常处理的关键字。
- try 和 catch 之间的两个大括号内是程序需要正常执行但又可能发生异常的语句。
- catch 后的两个小括号内是程序需要处理的异常类型。
- catch 后的两个大括号内是对程序发生的异常进行处理的语句。
- finally 后的两个大括号内的语句，不管程序是否发生异常都要执行（也就是说程序执行完 try 和 catch 之间的语句或执行完 catch 后两个大括号内的语句都将执行 fmally 后的语句）。因此 finally 语句块通常用于执行垃圾回收、释放资源等操作。

技巧：
在 Java 中进行异常处理时，应该尽量使用 finally 块进行资源回收，因为在 try…catch…finally 语句块中，不管程序是否发生异常，最终都会执行 finally 语句块。因此可以在 finally 块中添加释放资源的代码。

[例7.5] 在项目中创建 IO 流，分配内存资源。使用完后，在 finally 中关闭 IO 流并释放内存资源。代码如下。运行结果如图 7.7 所示。

```
package com.mingrisoft;
import java.io.FileInputStream;
import java.io.IOException;
public class CloseIo {

    private FileInputStream in = null;        // 声明 FileInputStream 对象 in
    public void readInfo(){                    // 定义方法
        try {
            // 创建 FileInputStream 对象 in
            in = new FileInputStream(" src/com/mingrisoft/CloseIo.java");
            System.out.println(" 创建 IO 流，分配内存资源。");
        } catch（IOException io）{
```

```
                io.printStackTrace();            // 输出栈踪迹
                System.out.println("创建IO对象发生异常。");
            } finally {
                if (in != null) {
                    try {
                        in.close();              // 关闭 FileInputStream 对象 in，释放资源
                        System.out.println("关闭IO流，释放内存资源。");
                    } catch (IOException ioe) {
                        ioe.printStackTrace();   // 输出栈踪迹
                        System.out.println("关闭IO对象发生异常。");
                    }
                }
            }
        }
        public static void main(String[] args) {
            CloseIo ex = new CloseIo();           // 创建对象
            ex.readInfo();                        // 调用 readInfo() 方法
        }
    }
```

```
Problems  @ Javadoc  Declaration  控制台
<已终止> CloseIo (1) [Java 应用程序] D:\java\jdk1.7.0
创建IO流，分配内存资源。
关闭IO流，释放内存资源。
```

图 7.7 在控制台输出释放信息

说明：从输出结果可以看出，程序在 try 语句块中创建了 IO 对象，然后在 finally 语句块中关闭了 IO 对象，释放了内存资源。

7.4.3 使用 try…finally 处理异常

对于程序中可能发生异常的语句，可以将其添加到 try…finally 语句块中，这样当程序发生异常时，就可以在 finally 语句块中对其进行相应的处理。另外当程序没有发生异常时，执行完 try 和 finally 之间的语句后，也将执行 finally 语句块中的代码。因此可以在 finally 语句块中放置一些必须执行的代码，如释放内存资源的代码等。

try…finally 语句块的语法格式如下：

try {
需要正常执行的语句
} finally {
一定会被处理的语句

}

注意：
- try 和 finally 是进行异常处理的关键字。
- try 和 finally 之间的两个大括号内是程序需要正常执行但又可能发生异常的语句。
- finally 后两个大括号内的语句是不管程序是否发生异常最终都要执行的语句。因此，finally 语句块通常用于放置程序中必须执行的代码，如关闭数据库连接、关闭 IO 流等。

说明：在有 try…finally 语句块的程序中，只要程序执行了 try 语句块中的代码，不管 try 语句块是否发生异常，与该 try 语句块对应的 finally 语句块都一定会被执行。因此，通常使用 finally 语句块进行资源释放。

[例7.6] 在项目中创建 Example_07 类，使用 try…finally 语句块对程序进行异常处理和资源释放。代码如下。运行结果如图 7.8 所示。

```java
package com.mingrisoft;
import java.io.FileNotFoundException;
import java.io.FileReader;
import java.io.IOException;

public class Example_07 {
    private FileReader read = null;              // 声明 FileReader 对象 read
    public void readFileInfo() {                 // 定义方法
        try {
            try {
                read = new FileReader("src/com/mingrisoft/Example_07.java");    // 创建 FileReader 对象 read
                System.out.println("找到指定的文件，创建IO对象成功！");
            } catch (FileNotFoundException e) {
                e.printStackTrace();             // 输出栈踪迹
            }
        } finally {
            if (read != null) {
                try {
                    read.close();                // 关闭 FileReader 对象 read，释放资源
                    System.out.println("关闭IO对象!");
                } catch (IOException ioe) {
                    ioe.printStackTrace();       // 输出栈踪迹
                    System.out.println("关闭IO对象发生异常。");
                }
            }
        }
    }
}
```

```
    }
    public static void main (String [] args) {
        Example_07 ex = new Example_07 ();  // 创建对象
        ex.readFileInfo ();  // 调用 readFileInfo () 方法
    }
}
```

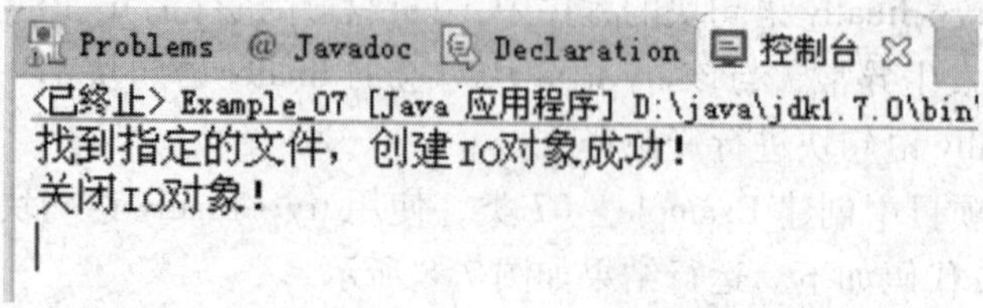

```
Problems  @ Javadoc  Declaration  控制台
<已终止> Example_07 [Java 应用程序] D:\java\jdk1.7.0\bin
找到指定的文件，创建IO对象成功！
关闭IO对象！
```

图 7.8　在控制台输出操作信息

说明：从输出结果可以看出来，程序在 try 语句块中创建了 IO 对象并分配了内存资源，然后在 finally 语句块中关闭了 IO 对象并释放了内存资源。

7.5　抛出异常

对于程序中发生的异常，除了可以使用 try…catch 语句块处理之外，还可以使用 throws 声明或 throw 语句抛出异常。下面将分别进行讲解。

7.5.1　使用 throws 声明抛出异常

throws 通常用于方法声明，当方法中可能存在异常，却不想在方法中对异常进行处理时，就可以在声明方法时使用 throws 声明抛出的异常。然后在调用该方法的其他方法中对异常进行处理（如使用 try…catch 语句或使用 throws 声明抛出的异常）。

如果需要使用 throws 声明抛出多个异常，各异常之间要用逗号分隔。throws 声明抛出异常的语法格式如下：

数据类型　方法名（形参列表）throws 异常类1，异常类2，……，异常类n {
　　方法体；
}

- 数据类型是基本数据类型或对象类型。
- 方法名是 Java 语言的合法标识符。
- throws 是抛出异常的关键字。
- 异常类是 Java 语言的异常类或自定义异常类。
- 方法体是该方法需要执行的语句。

[例 7.7] 使用 trows 抛出 Exception 异常。

```
public void showInfo () throws Exception {                        // 抛出 Exception 异常
    FileinputStream in = new FileinputStream ("c:/Record.txt");   // 创建 IO 对象
```

}

说明：showInfo（）方法使用 throws 抛出了 Exception 异常，这样在该方法中创建 IO 对象时就不会发生异常了。但是必须在调用该方法的其他方法中对 Exception 异常进行处理，否则调用该方法的其他方法会发生异常。

[例 7.8] 定义 methodName（）方法，该方法调用了上面定义的 showInfo（）方法，并对 showInfo（）方法抛出的异常进行了处理。

```
Void methodName（）{
    Try {
        showInfo（）;                    //使 try…catch 语句块处理 showInfo（）方法抛出的异常
    } catch（Exception ex）{
        System. out. println（ex. getMessage（））;
    }
}
```

说明：methodName（）方法调用了 showInfo（）方法，并对 showInfo（）方法抛出的 Exception 异常进行了处理，否则该方法将出错。

[例 7.9] 在项目中创建 Example_08 类，在该类中创建一个使用 throws 抛出异常的 createFile（）方法；然后创建一个 test（）方法，在该方法中调用 createFile（）方法，并进行异常处理。代码如下。运行结果如图 7.9 所示。

```
package com. mingrisoft;
import java. io. FileReader;              // 引用 java. io 包中的 FileReader 类
import java. io. IOException;             // 引用 java. io 包中的 IOException 类
public class Example_08 {
    private FileReader read = null;       // 声明 FileReader 对象 read
    public void createFile（）throws Exception {        // 定义方法，使用 throws 抛出 Exception 异常
        read = new FileReader（" src/com/mingrisoft/Example_08. java"）;     // 创建 FileReader 对象 read
        System. out. println（" 分配内存资源。"）;
    }
    public void test（）{
        try {
            createFile（）;                  // 调用 createFile（）方法，使用 try-catch-finally 处理异常
        } catch（Exception ex）{
            ex. printStackTrace（）;         // 输出栈踪迹
            System. out. println（" 创建 IO 对象异常。"）;
        } finally {
            if（read! = null）{
```

```
            try {
                read.close ();                          // 关闭IO流
                System.out.println (" 释放内存资源。");
            } catch (IOException e) {
                e.printStackTrace ();                   // 输出栈踪迹
                System.out.println (" 关闭IO对象异常。");
            }
        }
    }
    public static void main (String [] args) {
        Example_08 ex = new Example_08 ();              // 创建对象
        ex.test ();                                     // 调用test ()方法
    }
}
```

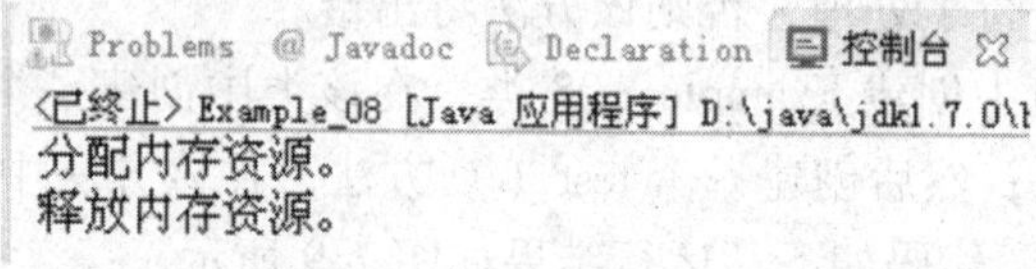

图7.9 分配和释放内存资源提示

7.5.2 使用throw语句抛出异常

在通常情况下,程序发生错误时系统会自动抛出异常,而有时希望程序自行抛出异常,可以使用throw语句来实现。Throw语句通常用在方法中,在程序中自行抛出异常,使用throw.

语句抛出的是异常类的实例,通常与if语句一起使用。

throw语句的语法格式如下:

throw new Exception ("对异常的说明")

- throw是抛出异常的关键字。
- Exception是异常类(通常使用自定义异常类)。

[例7.10] 在项目中创建Example_09类,使用该类计算圆的面积。设定圆的半径不能小于20,如果半径小于20,则使用throw语句抛出异常,并给出提示信息。代码如下。运行结果如图7.10所示。

```
package com.mingrisoft;
public class Example_09 {
    final static double PI = 3.14;                      // 圆周率
    public void computeArea (double r) throws Exception {  // 根据半径计算圆面积的方法
        if (r <= 20.0) {
```

```
                    throw new Exception（" 程序异常：\ n 半径为 :" + r + " \ n 半径不能小于 20。"）;                                           // 使用 throw 语句抛出异常
                } else {
                    double circleArea = PI * r * r;              // 计算圆的面积
                    System. out. println（" 半径是" + r + " 的圆面积是:" + circleArea）;
                }
            }
            public static void main（String [] args）{
                Example_ 09 ex = new Example_ 09（）;           // 创建对象
                try {
                    ex. computeArea（10）;                      // 调用方法
                } catch（Exception e）{
                    System. out. println（e. getMessage（））;   // 输出异常信息
                }
            }
```

```
Problems  @ Javadoc  Declaration  控制台
<已终止> Example_09 [Java 应用程序] D:\java\jdk1.7.0\bi
程序异常：
半径为：10.0
半径不能小于20。
```

图 7.10 半径小于 20 抛出异常

说明：computeArea（）方法根据圆半径计算圆的面积，并且当圆的半径小于等于 0 时，使用 throw 语句抛出异常。由于该方法使用 throw 语句抛出了异常，所以必须在调用该方法时对其进行异常处理。本实例在主方法中使用 try…catch 语句对其进行了异常处理。

实训 3：方法中抛出异常。

在项目开发中，通常是自顶向下进行的。在完成项目的整体设计后，需要对每个接口和类进行编写。如果一个类使用了其他类还没有实现的方法，则可以在实现其他类方法时让其抛出 UnsupportedOperationException，以便在以后进行修改完成。

（1）在 Eclipse 中创建项目 10，并在该项目中创建 com. mingrisoft 包。

（2）在 com. mingrisoft 包中编写 ThrowException 类，在该类中定义两个方法，一个是 throwException（）方法，用于抛出异常；另一个是 main（）方法，用于进行测试。代码如下。运行结果如图 7.11 所示。

```
package com. mingrisoft;
```

```java
public class ThrowException {
    public static void throwException () {
        throw new UnsupportedOperationException ("方法尚未实现");    //抛出异常
    }
    public static void main (String [] args) {
        ThrowException. throwException ();    //调用抛出异常的方法
    }
}
```

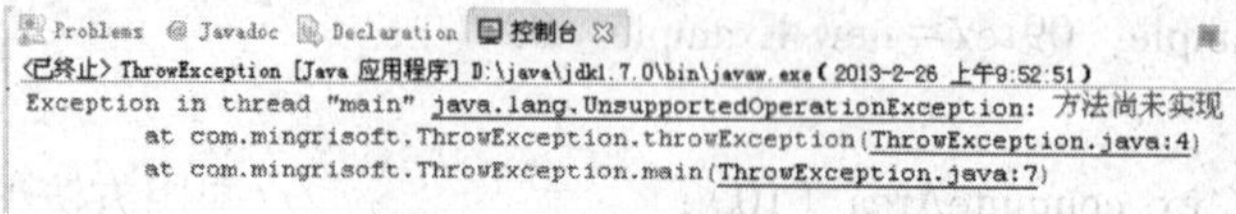

```
Exception in thread "main" java.lang.UnsupportedOperationException: 方法尚未实现
    at com.mingrisoft.ThrowException.throwException(ThrowException.java:4)
    at com.mingrisoft.ThrowException.main(ThrowException.java:7)
```

图7.11 方法中抛出异常

实训4：方法上抛出异常。

在方法的执行过程中，如果存在可能遇到引发问题的因素，则应该在定义方法时加以说明。例如读取文件的方法可能遇到文件不存在的情况，此时需要在方法声明时抛出文件不存在异常。本实训将演示如何在方法上抛出异常。

（1）在 Eclipse 中创建项目11，并在该项目中创建 com. mingrisoft 包。

（2）在 com. mingrisoft 包中编写 ThrowsException 类，并在该类中定义两个方法，一个是由 throw Exception () 方法，用于抛出异常；另一个是 main () 方法，用于进行测试。代码如下。运行结果如图7.12 所示。

```java
package com. mingrisoft;
public class ThrowsException {
    public static void throwsException () throws ClassNotFoundException {    //抛出异常
        Class. forName ("com. mysql. jdbc. Driver");
    }
    public static void main (String [] args) {
        try {                                                        //捕获异常
            ThrowsException. throwsException ();                      //调用抛出异常的方法
        } catch (ClassNotFoundException e) {
            e. printStackTrace ();
        }
    }
}
```

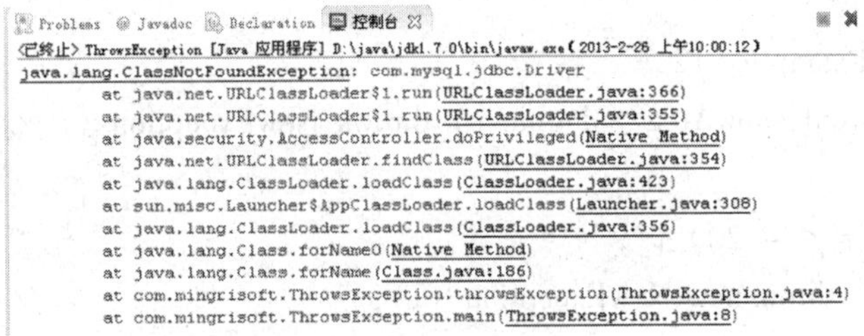

图7.12　方法上抛出异常

7.6　自定义异常

7.6.1　创建自定义异常类

创建自定义的异常类需要继承自 Exception 类，并提供含有一个 String 类型形参的构造方法，该形参就是异常的描述信息，可以通过 getMessage() 方法获得。例如：
```
public class NewException extends Exception {
    publiu NewException (String s) {
        super (s);
    }
}
```

说明：上面代码创建了一个自定义异常类 NewException，也就是说 NewException 是自定义异常类的名称。该类继承自 Exception 类，该类构造方法的形参 s 是需要传递的异常描述信息。该信息可以通过异常类的 getMessage() 方法获得。

7.6.2　使用自定义异常类

创建完自定义异常类后，就可以在程序中使用了。使用自定义异常类可以通过 throw 语句抛出异常，接下来通过实例来说明自定义异常类的使用。

[例7.11] 在项目中创建 Example_12 类，在该类中计算圆的面积。设定圆的半径不能小于20，如果半径小于20，则调用自定义异常类 NewException. 处理程序所发生的异常。运行结果如图 7.13 所示。

自定义异常类 NewException 的代码如下：
```
package com. mingrisoft;
public class NewException extends Exception {        // 创建自定义异常类
    public NewException (Double r) {                  // 有一个 Double 类型形参的构造方法
        System. out. println (" 发生异常：圆的半径不能小于20");
        System. out. println (" 圆的半径为： " +r);
    }
}
```

Example_12 类的代码如下：
```
package com. mingrisoft;
```

```
public class Example_ 12 {
public static void showArea (double r) throws NewException {   //创建求圆面积的方法
        if (r < = 20) {
            throw new NewException (r);                        // 抛出异常
        }
        double area = 3. 14 * r * r;                           // 计算圆的面积
        System. out. println (" 圆的面积是:" + area);          // 输出圆的面积
    }
    public static void main (String [ ] args) {
        try {
            showArea (10);                 // 调用 showArea ( ) 方法，传递半径 10
        } catch (NewException ex) {
            System. out. println (ex);                         // 输出异常信息
        }
    }
```

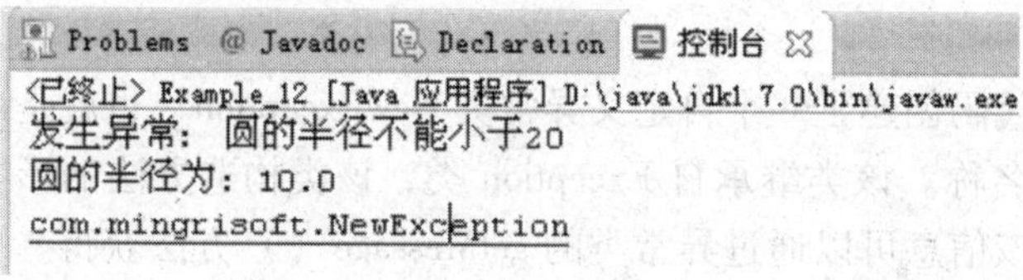

Problems @ Javadoc Declaration 控制台
<已终止> Example_12 [Java 应用程序] D:\java\jdk1.7.0\bin\javaw.exe
发生异常： 圆的半径不能小于20
圆的半径为：10.0
com.mingrisoft.NewException

图 7. 13　半径小于 20 抛出异常

7. 7　异常的使用原则

在程序中使用异常，可以捕获程序中的错误，但是异常的使用也要遵循一定的规则。下面是异常类的几项使用原则：

- 不要过多地使用异常，这样会增加系统的负担。
- 在方法中使用 try…catch 语句块捕获异常时，要对异常作出处理。
- try…catch 语句块的范围不要太大，这样不利于对异常的分析。
- 一个方法被覆盖时，覆盖它的方法必须抛出相同的异常或子异常。

前面的内容介绍了对异常的处理，下面给出几个在以后的实际开发中经常遇到的异常的实例。

实训 5：捕获单个异常。

当遇到异常时，除了可以将异常抛出，还可以将其捕获。抛出异常虽然简单，但是有时却不得不使用捕获来处理异常。如果程序遇到异常而没有捕获，则程序会直接退出。这在大多数情况下是不能被接受的，至少需要保存程序当前状态才能退出。本实训将演示如何捕获单个异常。运行结果如图7.14所示。

（1）在Eclipse中创建项目14，并在该项目中创建com.mingrisoft包。

（2）在com.mingrisoft包中编写CatchException类，在该类的main()方法中应用try…catch…finally语句捕获单个异常。代码如下：

```
package com.mingrisoft;
public class CatchException{
    public static void main (String [] args){
        try{                              // 定义try语句块
            System.out.println (" 进入try语句块");
            @SuppressWarnings (" unused")
            Class<?> clazz = Class.forName ("");  // 得到一个空的Class对象
            System.out.println (" 离开try语句块");
        }catch (ClassNotFoundException e){        // 定义catch语句块
            System.out.println (" 进入catch语句块");
            e.printStackTrace ();
            System.out.println (" 离开catch语句块");
        }finally{                         // 定义finally语句块
            System.out.println (" 进入finally语句块");
        }
    }
}
```

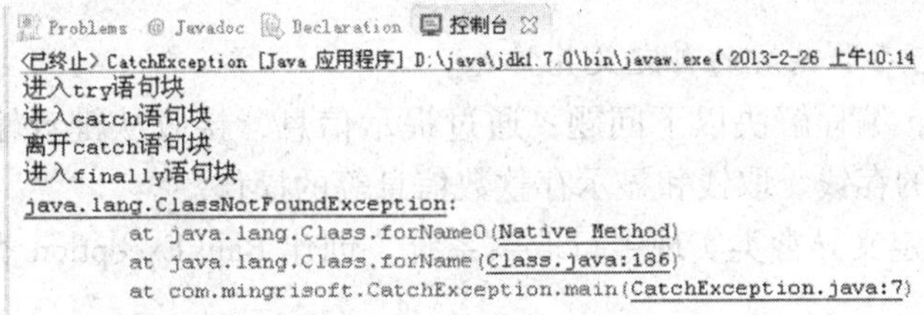

图7.14 捕获单个异常

说明：Java中捕获异常是通过try…catch…finally语句来完成的。其中try语句块是必需的，catch和finally语句块可以选择一个或两个。try语句块用来放置可能出现问题的语句，catch语句块用来放置异常发生后执行的代码。finally语句块用来放置无论是否发生异常都需要执行的代码。

实训6：应用异常。

在本实训中，编程解决以下问题：接收从键盘输入的数字并输出。若输入的值小于0，立即抛出异常，设法捕获该信息："你输出的是负数"。

（1）新建thowNum类，代码如下：

（2）使用System.in读入由键盘输入的数字，判断是否小于0，若小于0，就抛出异常并显示异常信息。运行结果见图7.15。

```java
import java.util.Scanner;
public class throwNum {
    public static void main (String [] args) {
        try {
            int x;
            Scanner input = new Scanner (System.in);
            //声明输入变量
            x = input.nextInt ();                    //输入整形数字
            if (x < 0) {
                throw new Exception (" 你输入的数字是负数");
            }
        }
        catch (Exception e) {
            e.printStackTrace ();
        }
    }
}
```

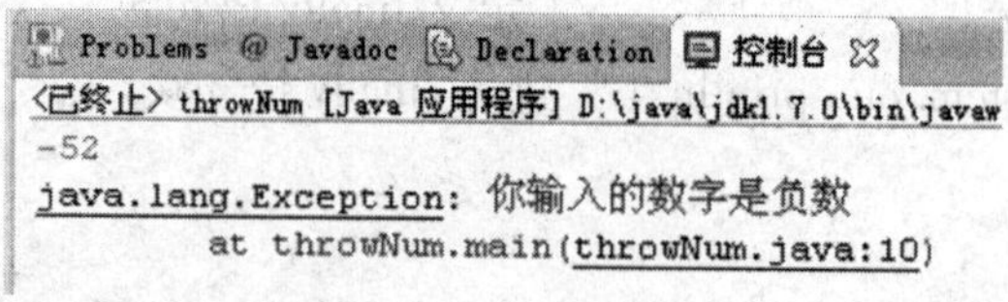

图 7.15 应用异常

实训 7：模拟银行存取系统的自定义异常类。

在本实训中，编程解决以下问题：通过提示信息，接收从键盘输入的信息，完成银行存取系统中的存钱、取钱和显示存款数信息等的操作。

（1）新建自定义异常类实现银行取款系统。创建 BankException 类，输入以下代码并保存。

```java
public class BankException extends Exception
{
    public BankException ()  //构造方法
    {
        super ();  //继承父类
    }
    public BankException (String str)
    {
        super (str);
    }
}
```

(2) 新建银行类 Bank，输入以下代码并保存。

```java
import java.io.*;
public class Bank
{
    public static float total, take[], input[];
    public static int i, j;
    public void deposit() throws IOException
    {
        System.out.println("请输入你要存多少钱:");
        BufferedReader save = new BufferedReader(new InputStreamReader(System.in));
        input[i] = Float.parseFloat(save.readLine());
        System.out.println("你已成功存入" + input[i] + "元钱");
        total = total + input[i];
    }
    public void take() throws IOException, BankException
    {
        if(take[j] > total)
        {
            throw new BankException("余额不足，取不出这么多钱");
        }
        System.out.println("请输入你要取多少钱:");
        BufferedReader tak = new BufferedReader(new InputStreamReader(System.in));
        try
        {
            take[j] = Float.parseFloat(tak.readLine());
            total = total - take[j];
        }
        catch(IOException e)
        {
            System.out.println("错误:" + e.getMessage());
            return;
        }
        System.out.println("你已成功取出" + take[j] + "元钱");
        j = j + 1;
    }
    public void display() throws IOException
    {
```

```java
            System.out.println("你账户上还有" + total + "元钱");
    }
    public static void main(String[] args) throws IOException
    {
        Bank bankuser = new Bank();
        take = new float[50];
        input = new float[50];
        System.out.println("请输入y然后回车进入银行系统");
        char option;
        while ((char)System.in.read() == 'y')
        {
            System.in.skip(2);
            System.out.println("请用数字选择你要进行的操作");
            System.out.println(" 1.存钱\t2.取钱\t3.显示存款数 ");
            option = (char)System.in.read();
            System.in.skip(2);     //跳过回车键
            switch(option)
            {
            case '1':
                bankuser.deposit();
                break;
            case '2':
                try
                {
                    bankuser.take();
                }
                catch(BankException e)
                {
                    e.printStackTrace();
                }
                break;
            case '3':
                bankuser.display();
                break;
            }
            System.out.println("要继续则输入然后回车,要退出请输入n");
        }
    }
```

3. 执行上述代码，根据提示完成相应操作，运行结果如图 7.16 所示。

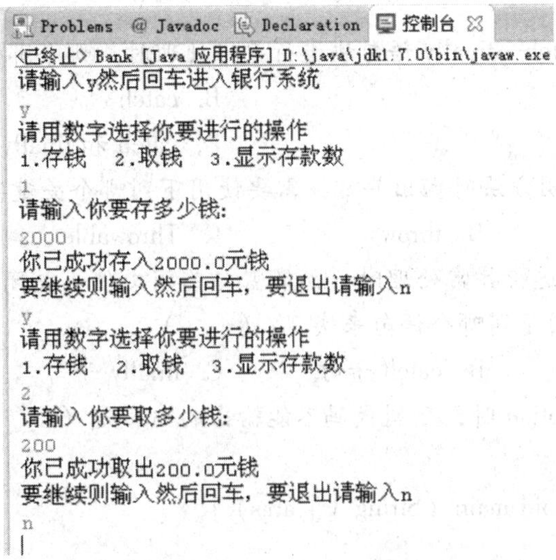

图 7.16 模拟银行存取系统的自定义异常

课外实训

1. 创建 Exception 类，在该类的 main（ ）方法中，使用 File 类创建一个文件对象。该对象指向一个不存在的文件，然后将该 File 对象作为 FileInputStream 类构造方法的参数，创建一个文件输入流对象，并使用 try…catch…finlly 语句块进行异常处理，以及关闭输入流对象。

2. 创建 Exception 类，在该类的 main（ ）方法中，使用 try…catch…finlly 语句块加载数据库驱动、建立数据库连接对象，并输出可能发生的异常，最后关闭数据库连接对象。

思考练习

（一）填空题

1. 如果需要在声明方法时抛出异常，则应该使用_____关键字。

2. 在进行异常处理时，_____关键字和_____关键字可以不同时出现，但是这两个关键字至少要有一个和 try 搭配使用。

3. 如果存在多个 catch 语句并且有一个是捕获 Exception 类型异常的，则该语句必须放置在_____。

4. 在定义 main（ ）方法时，不能使用_____关键字抛出异常，但是可以使用_____关键字抛出异常。

5. 在一段代码中，出现了 FileNotFoundException 和 IOException，如果需要使用两个 catch 语句捕获，则需要先捕获_____异常。

(二) 选择题

1. 在使用 try…catch…finally 语句块进行异常处理时，哪个部分可以出现多次？
   A. try   B. catch
   C. finally   D. catch 和 finally 都可以

2. 如果需要在声明方法时抛出异常，需要使用下列哪个关键字实现？（　　）
   A. throw   B. throws   C. Throwable   D. try

3. 在 Java 语言中进行异常处理时，如果需要关闭文件、关闭数据库连接以及释放资源等操作，需要使用下列哪个语句来实现？（　　）
   A. try 子句   B. catch 子句   C. finally 子句   D. throw 子句

4. 当发生 IOException 时，下列代码不能输出的内容是（　　）
```
public class Test {
    public static void main (String [] args) {
        int number;
        try {
            number = System. in. read ();
            System. out. println (" Location 1 ");
        } catch (IOException e) {
            System. out. println (" Location 2");
        } finally {
            System. out. println (" Location 3");
        }
        System. out. println (" Location 4");
    }
}
```
   A. Location 1   B. Location 2   C. Location 3   D. Location 4

5. 当编译和运行下列代码时会发生什么？（　　）
```
public class Test {
    public static void main (String [] args) {
        try {
            return;
        } catch (Exception e) {
            System. out . println (" Exception");
        } finally {
            System. out . println (" Finally");
        }
    }
}
```
   A. 编译错误   B. 运行错误

C. 输出 Exception 和 Finally   D. 输出 Finally

(三) 编程题

1. 编写一个异常类 MyException，再编写一个 Student 类，该类有一个产生异常的 speak（int m）方法。要求参数 m 的值大于 1000 时，方法抛出一个 MyException 对象。最后编写主类，在主方法中创建 Student 对象，让该对象调用 speak（）方法。

2. 创建 Number 类，通过类中的 count（）方法可得到任意两个数相乘的结果，并在调用该方法的主方法中使用 try…catch 语句捕捉可能发生的异常。

3. 创建 Computer 类，该类中有一个计算两个数的最大公约数的方法，如果向该方法传递负整数，该方法就会抛出自定义异常。

第8章 输入/输出流和文件操作

【学习目标】

输入/输出是计算机的基本操作,程序通过输入/输出与外部进行信息交互。键盘、显示器、文件、磁盘、网络等都可以看作程序的"外部";而"信息"也可以是任意类型,例如对象、字符串、图像、声音等。

Java语言采用面向对象的文件读/写方式来操作文件,即把所要读/写的文件数据转化为相应的流类的对象,然后通过流对象操作其方法。供程序实现I/O操作的类和接口都封装在java.io包中。Java流类具有清晰的继承关系,使用方法也是类似的,通过学习最基本的输入/输出流类,可以掌握各种流类的基本使用方法。

在完成了本章的学习后,读者应当能够掌握以下内容:
- 理解"流"的基本概念,理解利用"流"类实现Java程序输入/输出的原理
- 理解几种主要的流类的确切含义(字节流、字符流、节点流、处理流、缓冲流等)
- 掌握利用输入/输出流实现控制台(终端)的输入/输出
- 掌握利用输入/输出流实现Java程序对文件的读写
- 理解对象流的基本概念,掌握对象信息的保存

8.1 Java 输入/输出概述

8.1.1 Java I/O 简介

"对语言设计人员来说,创建好的输入/输出系统是一项特别困难的任务。"——《Think in Java》。

无论是系统、还是语言的设计中,I/O的设计都是异常复杂的。面临的最大的挑战一般是如何覆盖所有可能的因素,我们不仅仅要考虑文件、控制台、网络、内存等不同的种类,而且要处理大量的不同的读取方式,如顺序读取、随机读取、二进制读取、字符读取,按行读取、按字符读取……

Java把各种不同类型的输入、输出抽象为流,所有的输入/输出以流的形式进行处理。流是一个非常形象的概念,当程序需要读取数据的时候,就会开启一个通向数据源的流,这个数据源可以是文件,内存或是网络连接。类似的,当程序需要写入数据的时候,就会开启一个通向目的地的流。这时候你就可以想象数据好像在这其中"流"

动一样，如图8.1所示。

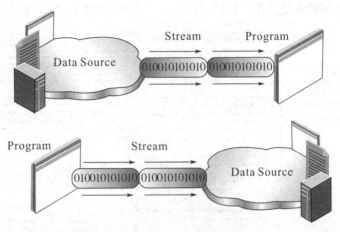

图 8.1　Java I/O 流示意图

Java 中的流分为两种，一种是字节流，另一种是字符流，分别由四个抽象类来表示（每种流包括输入和输出两种所以一共四个）：InputStream、OutputStream、Reader 和 Writer。

（1）字节流：从 InputStream 和 OutputStream 派生出来的一系列类。这类流以字节（byte）为基本处理单位。

（2）字符流：从 Reader 和 Writer 派生出的一系列类。这类流以 16 位的 Unicode 码表示的字符为基本处理单位。

8.1.2　I/O 流的层次

java.io 包中封装了完成 I/O 操作的各种流类，它们之间的层次结构如图8.2所示。图8.2可以帮助我们理解 Java 流类的层次关系和使用方法。

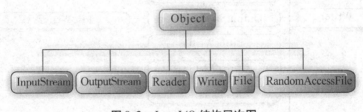

图 8.2　Java I/O 结构层次图

8.1.2.1　Java I/O 继承结构第一层

直接继承自 Object 类，重要的类有：
- InputStream：抽象类，处理所有字节流的输入操作。
- OutputStream：抽象类，处理所有字节流的输出操作。
- Reader：抽象类，处理所有字符流的输入操作。
- Writer：抽象类，处理所有字符流的输出操作。
- File：具体类，处理文件操作。
- RandomAccessFile：具体类，处理文件的随机访问操作。

除了具体类 File 和 RandomAccessFile，其他类都是抽象的，它们主要用来提供子类接口的规范，程序通常要使用它们的具体子类。其继承结构图如图 8.3 所示。

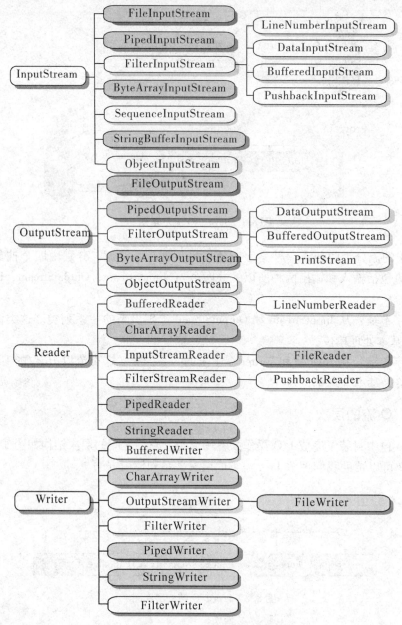

图 8.3　Java 流类层次结构图

注：如果要在程序中使用这些流类，必须使用"import java.io.*"引入包。输入/输出的最底层都是字节形式，字符形式的流为处理字符提供了更加方便有效的途径。

8.1.2.2　Java I/O 继承结构第二层

在这个层次中，主要是 InputStream、OutputStream、Reader 和 Writer 等几个类的子类。这些具体子类分别实现不同的功能，其中重要的类有：

●FileInputStream：将输入流 InputStream 连接到文件。

- FileOutputStream：将输出流 OutputStream 连接到文件。
- ObjectInputStream：将输入流 InputStream 连接到程序运行中的对象。
- ObjectOutputStream：将输出流 OutputStream 连接到程序运行中的对象。
- FilterInputStream：过滤流，实现基本类型数据的输入操作。
- FilterOutputStream：过滤流，实现基本类型数据的输出操作。
- BufferedReader：缓冲输入字符流。
- BufferedWriter：缓冲输出字符流。
- InputStreamReader：把字节转换成字符的输入流。
- OutputStreamWriter：把字节转换成字符的输出流。
- PrintWriter：向字符型输出流打印对象的格式化表示形式。

该层次的类都是功能比较完善的具体流处理类，可以实现各种 I/O 操作，它们是 Java 输入/输出时需要使用的主要流类。

8.1.2.3　Java I/O 继承结构第三层

这个层次的流类的处理对象将更为具体化，也就是有针对性地处理不同格式的数据。其中重要的类有：

- BufferedInputStream：缓冲输入流。
- BufferedOutputStream：缓冲输出流。
- DataInputStream：包含读取 JAVA 标准数据类型方法的输入流。
- DataOutputStream：包含输入 JAVA 标准数据类型方法的输出流。
- PrintStream：包含 print（）和 println（）的输出流。
- FileReader：读取文件的输入流，处理字符型文件。
- FileWriter：写文件的输出流，处理字符型文件。

处于该继承层次的类是方便处理具体数据格式的"便捷类"，使用它们可以省去使用上一个继承层次中的基本类带来的复杂性。

8.1.2.4　实现的接口

Java.io 包中实现了若干接口：

- DataInput：用于从二进制流中读取字节，并根据 Java 基本类型数据进行重构。
- DataOutput：用于将数据从任意 Java 基本类型转换为一系列字节，并将这些字节写入二进制流。
- Serializable：定义了数据的序列化。实现了该接口，就可以按照流式序列化保存程序运行中对象的属性信息。

8.1.2.5　I/O 异常

多数 I/O 方法在遇到错误时会抛出异常，这种异常都是 IOException 异常类的子类。因此，程序在调用这些方法时必须对 IOException 异常进行处理，可以在程序中捕获并处理异常，也可以将异常转移到 Java 运行时系统。

8.1.2.6　java.nio 包和 java.nio.channels 包

JDK 的升级版中还提供了 java.nio 包及其子包 java.nio.channels，包括一些新的I/O 功能类和接口。java.nio 包提供了除 boolean 类型外的各种基本数据类型缓冲区类，如 byte 类型的缓冲区类 ByteBuffer、int 类型的缓冲区类 IntBuffer、double 类型的缓冲区类

DoubleBuffer 等；java.nio.channels 包提供了通道接口 Channel、文件通道类 FileChannel 等，以方便编程处理。

8.1.3 标准输入/输出

所有的 Java 程序会自动导入 java.lang.* 包。该包定义了一个 System 类，该类封装了运行时环境的多方面内容，能获得与当前系统有关的不同属性。这其中包括三个流变量：

- 系统输出：public static final PrintStream out
- 错误输出：public static final PrintStream err
- 系统输入：public static final InputStream in

System.out、System.in 和 System.err 都是 System 类中定义的静态成员变量。其中，System.in 是 InputStream 类型的，代表输入流，默认状态对应于系统键盘输入。System.out 和 System.err 是 PrintStream 类型的，代表标准输出流和标准错误输出流，默认状态对应于屏幕输出。

System.out.println() 和 System.in.read() 是标准输入/输出最常用的方法。

8.1.3.1 System.in

由于 System.in 是 InputStream 类的一个实例，因此可以直接用 System.in 操作 InputStream 类的方法。而 InputStream 类中只定义了一个用于输入操作的方法 read()，用它可以读取字节型数据。下面代码实现了从键盘读入字节数据。如图 8.4 所示。

```java
import java.io.*;
public class StdIO {
    public static void main (String [] args) throws IOException {
        byte [] data = new byte [10];
        System.out.println ("请输入字符:");
        // 从键盘读入若干字节存入 data 数组中
        int res = System.in.read (data);
        System.out.println ("您请输入的内容为:");
        for (int i = 0; i < data.length; i++)
            System.out.print ((char) data [i]);
        if (res == -1) {
            System.out.println ("\nEnd of file reached!");
        } else {
            System.out.println ("\n读了" + res + "个字节。");
        }
    }
}
```

该程序从键盘读入若干字节存入字节型数组 data 中，如果数组已满，则不会再继续读入数据，剩余的数据将滞留在输入流中等待下次读入。

由于标准输入/输出流需要与系统底层打交道，因此它们须声明为字节流。标准输

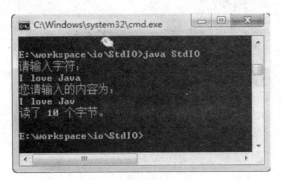

图 8.4

入/输出流都连接到了系统的标准设备，因此属于节点流类型。在程序中，可以将它们连接到其他处理流中，实现更复杂的操作。例如下面语句：

BufferedReader br = new BufferedReader (new InputStreamReader (System. in)) ;

该语句将系统标准输入流 System. in 连接到 InputStreamReader 中，从而把字节流转换成为字符流。转换为字符流以后，就可以执行与字符流相关的操作了。

注：System. in 经常与后面介绍的字符流类联合使用。

8.1.3.2 System. out

从代码的可移植性出发，应当使用字符流来实现控制台输出。但由于 System. out 是 PrintStream 类型的一个实例，因而字节流任然被广泛地用于控制台输出。控制台输出通常使用 print ( ) 和 println ( ) 方法，这些方法是 PrintStream 类中定义的。同时，System. out 也是 OutputStream 类的一个字类，它也实现了 OutputStream 中的 write 方法。因而也可以使用 write ( ) 方法来实现控制台输出，但该方法仅向控制台输出一个字节数据，使用起来不如 print ( ) 和 println ( ) 方法方便。如下面例子：

```
import java.io.*;
public class WriteByteToConsole {
    public static void main ( String [ ] args ) throws IOException {
        int b;
        b = 'A';
        System. out . write ( b );
        System. out . write ( '\n' );
        b = 2013;
        // write ( ) 方法仅将参数 b 的低 8 位写入控制台
        System. out . write ( b );
        System. out . write ( '\n' );
    }
}
```

从图 8.5 可以看出，write ( ) 方法仅将其整形参数的低 8 位写入控制台。整数 2013 的低 8 位对应字节是一个不可见字符，因此输出了一个问号。

注：JDK1.5 版本新增了 printf ( ) 和 format ( ) 方法，用于格式化输出字符型

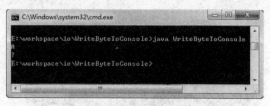

图 8.5

数据。

8.1.3.3 System.err

System.err 也是一个 PrintStream 类的对象,主要的功能是输出错误信息,而且这个错误信息在于打印错误对象。

```
import java.io.*;
public class StdIO {
    public static void main (String [] args) throws IOException {
        try {
            Integer.parseInt (" a");
        } catch (Exception e) {
            System.err.println (e);
            System.out.println (e);
        }
    }
}
```

8.2 字节流类

Java 中的有关顺序输入的类都从 InputStream 类继承,有关顺序输出的类都从 OutputStream 类继承的。把能够读取一个字节序列的对象称作一个输入流,而把能够写一个字节序列的对象称作输出流,它们分别由抽象类 InputStream 类和 OutputStream 类表示。由于它们是抽象类,所以不能直接生成对象,要通过这两个类的继承类来生成程序所需要的对象。由于这类流以字节(byte)为基本处理单位,所以把它们称作字节流类。

字节流类包括顺序输入/输出流、管道输入/输出流和过滤输入/输出流。

8.2.1 InputStream 和 OutputStream

InputStream 类是最基本的输入流,它提供了所有输入流都要用的方法,如表 8.1 所示。

表 8.1　　　　　　　　　　　InputStream 类的常用方法

方法名称	方法功能
abstract int read（）	读取一个字节数据，并返回读到的数据。如果返回 -1，表示读到了输入流的末尾。
int read（byte [ ] b）	将数据读入一个字节数组，同时返回实际读取的字节数。如果返回 -1，表示读到了输入流的末尾。
int read（byte [ ] b, int off, int len）	将数据读入一个字节数组，同时返回实际读取的字节数。如果返回 -1，表示读到了输入流的末尾。off 指定在数组 b 中存放数据的起始偏移位置；len 指定读取的最大字节数。
long skip（long n）	在输入流中跳过 n 个字节，并返回实际跳过的字节数。
int available（）	返回在不发生阻塞的情况下，可读取的字节数。
void close（）	关闭输入流，释放和这个流相关的系统资源。
void mark（int readlimit）	在输入流的当前位置放置一个标记，如果读取的字节数多于 readlimit 设置的值，则流忽略这个标记。
void reset（）	返回到上一个标记。
boolean markSupported（）	测试当前流是否支持 mark 和 reset 方法。如果支持，返回 true，否则返回 false。

注：markSupported、mark、reset 和 skip 等 4 种方法提供了对流进行标记和复位的功能。使得流可以从标记位置被读出。当流被标记时，它需要有一些与它有关的内存来跟踪位于标记和流当前位置之间的数据。

OutputStream 是最基本的输出流。它提供了所有输出流要用到的方法，如表 8.2 所示。

表 8.2　　　　　　　　　　　OutputStream 类的常用方法

方法名称	方法功能
abstract void write（int b）	往输出流中写入一个字节。
void write（byte [ ] b）	往输出流中写入数组 b 中的所有字节。
void write（byte [ ] b, int off, int len）	往输出流中写入数组 b 中从偏移量 off 开始的 len 个字节的数据。
void flush（）	刷新输出流，强制缓冲区中的输出字节被写出。
void close（）	关闭输出流，释放和这个流相关的系统资源。

8.2.2　FileInputStream 和 FileOutputStream

FileInputStream 类和 FileOutputStream 类分别直接继承于 InputStream 类和 OutputStream 类，它们重写了父类的所有方法。通过这两个类可以打开本地机器的文件，并进行顺序读/写操作。在进行读/写操作时，会产生 IOException 异常。因此，需要捕获或声明抛出该异常。

在生成 FileInputStream 类的对象时，如果找不到指定的文件，会抛出 FileNotFoundException 异常，该异常必须被捕获或声明抛出。FileInputStream 类的构造方法如表 8.3

所示。

表 8.3　　　　　　　　　　FileInputStream 类的构造方法

构造方法	参数说明
FileInputStream（File file）	使用 File 对象创建 FileInputStream 对象
FileInputStream（FileDescriptor fdObj）	fdObj 为一个指定文件描述符
FileInputStream（String name）	使用给定的文件名创建对象

要打开一个输入文件，可以创建 FileInputStream 类的一个实例，常用的构造方法是：
try {
　　FileInputStream ins = new FileInputStream（"myfile.dat"）；
} catch（IOException e）{
　　System.out.println（"File read error:" + e）；
}
或将 try 子句改为：
File f = new File（"myfile.dat"）；
FileInputStreamins = new FileInputStream（f）；
如果文件"myfile.dat"不存在，则抛出 FileNotFoundException 异常；文件正常打开，程序可以调用 read（）方法读数据：
int data = ins.read（）；
FileOutputStream 类提供了基本的文件顺序写入功能，在生成 FileOutputStream 类的对象时，如果指定的文件不存在，就会创建一个新文件；如果文件已存在，则清除文件中原有内容。FileOutputStream 类的构造方法如表 8.4 所示。

表 8.4　　　　　　　　　　FileOutputStream 类的构造方法

构造方法	参数说明
FileOutputStream（File file）	使用 File 对象创建 FileOutputStream 对象
FileOutputStream（FileDescriptor fdObj）	fdObj 为一个指定文件描述符
FileOutputStream（String name）	使用给定的文件名创建对象
FileOutputStream（String name, boolean append）	append 指定是覆盖原来文件的内容还是在文件尾部添加内容，append 为 true 时，数据将附加到现有文件末尾

实训 1：实现文件的复制。
我们来模拟将一个文件的内容拷贝到另一个文件中，这类似于操作系统的"复制"操作。
import java.io.*；
public class CopyByByte {
　　public static void main（String [] args）throws IOException {

```java
FileInputStream fin;
FileOutputStream fout;
int data;
if (args.length != 2) { // 输入的参数不是两个。
    System.out.println("命令参数有错误。");
    System.exit(1); // 系统退出
}
try {
    fin = new FileInputStream(args[0]);
} catch (FileNotFoundException fe) {
    System.out.println("Input file not found!");
    return;
}
try {
    fout = new FileOutputStream(args[1]);
} catch (FileNotFoundException fe) {
    System.out.println("Error opening output file!");
    return;
}
long start = System.currentTimeMillis();
do {
    data = fin.read();
    if (data != -1)
        fout.write(data);
    System.out.println("正在复制......");
} while (data != -1);
System.out.println(args[0] + "已成功复制到 " + args[1]);
fin.close();
fout.close();
long end = System.currentTimeMillis();
System.out.println("总共花时间:" + (end - start) + " ms");
}
}
```

执行程序 "java CopyByByte d:\test.jpg d:\des.jpg"，如果找不到指定文件，则系统报告找不到文件异常。若文件都找到，则可以对比两个文件，它们是一样的。

本例中的 "test.jpg" 图片文件只有240Kb，而统计出的拷贝时间是4.7秒！这比正常的文件拷贝慢得太多了。这是由于程序没有使用处理流对输入/输出流进行优化所导致的。后面的缓冲流将解决这个问题。如图8.6所示。

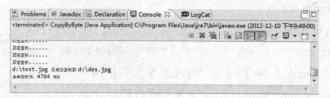

图 8.6

8.2.3 DataInputStream 和 DataOutputStream

利用字节流可以读/写任意类型的数据，当然也就可以读/写 Java 预定义的基本数据类型，如 int、float、double、short 等。要读/写基本数据类型的二进制形式可以使用 DataInputStream 和 DataOutputStream 类。

DataInputStream 和 DataOutputStream 是处理流，它们可以将基本数据类型的数据处理成二进制的形式。为了向文件读/写基本数据类型的数据，还需要将 DataInputStream 流和 DataOutputStream 流连接到文件，可以使用节点流 FileInputStream 和 FileOutputStream 来完成连接文件的操作。例如：

DataInputStream in = new DataInputStream（new FileInputStream（filename））；

DataOutputStream out = new DataOutputStream（new FileOutputStream（filename））；

表 8.5 和表 8.6 分别给出了 DataInputStream 和 DataOutputStream 类的常用方法。

表 8.5　　　　　　　　　　　DataInputStream 类的常用方法

方法名称	方法功能
publicDataInputStream（InputStream in）	使用指定的底层 InputStream 创建一个 DataInputStream 实例。
final public int read（byte [ ] b）	读入缓冲区的字节总数；如果因为已经到达流末尾而没有更多的数据，则返回 -1。
final public boolean readBoolean（）	读取 boolean 值。
final public byte readByte（）	读取一个字节。
final public char readChar（）	读取一个 Unicode 字符。
final public double readDouble（）	读取一个 double 类型。
final public float readFloat（）	读取一个 float 类型。
final public int readInt（）	读取一个 int 类型。
final public long readLong（）	读取一个 long 类型。
final public short readShort（）	读取一个 short 类型。
final public String readUTF（）	读取一个 Unicode 字符串。
final public int skipBytes（int n）	要跳过的字节数。

表 8.6　　　　　　　　　DataOutputStream 类的常用方法

方法名称	方法功能
public DataOutputStream（OutputStream out）	创建一个新的数据输出流，将数据写入指定基础输出流。计数器 written 被设置为零。
protected int written	到目前为止写入数据输出流的字节数。如果此计数器溢出，则将它包装成 Integer.MAX_VALUE。
public void flush（）	刷新此数据流，使流内的数据都被输出。
final public int size（）	返回计数器 written 的当前值，即到目前为止写入此数据输出流的字节数。
public void write（int b）	向流中写入一个整形数据。
public void write（byte [ ] b, int off, int len）	将指定 byte 数组中从偏移量 off 开始的 len 个字节写入基础输出流。
final public void writeBoolean（boolean v）	写一个布尔值。值 true 以值（byte）1 的形式被写出；值 false 以值（byte）0 的形式被写出。
final public void writeByte（int v）	向流中写入一个 byte。
final public void writeBytes（String s）	将字符串按字节顺序写出到基础输出流中。按顺序写出字符串中每个字符，丢弃其八个高位。如果没有抛出异常，则计数器 written 增加 s 的长度。
final public void writeChar（int v）	写一个字符，先写入高字节。如果没有抛出异常，则计数器 written 增加 2。
final public void writeChars（String s）	将字符串按字符顺序写入基础输出流。通过 writeChar 方法将每个字符写入数据输出流。如果没有抛出异常，则计数器 written 增加 s 长度的两倍。
final public void writeDouble（double v）	写入一个 double 型数据。如果没有抛出异常，则计数器 written 增加 8。
final public void writeFloat（float v）	写入一个 float 型数据。如果没有抛出异常，则计数器 written 增加 4。
final public void writeInt（int v）	将一个 int 值以 4-byte 值形式写入基础输出流中，先写入高字节。如果没有抛出异常，则计数器 written 增加 4。
final public void writeLong（long v）	写入一个 long 型数据。如果没有抛出异常，则计数器 written 增加 8。
final public void writeShort（int v）	写入一个短整形型数据。如果没有抛出异常，则计数器 written 增加 2。
final public void writeUTF（String str）	以与机器无关方式使用 UTF-8 修改版编码将一个字符串写入基础输出流。首先，通过 writeShort 方法将两个字节写入输出流，表示后跟的字节数。该值是实际写出的字节数，不是字符串的长度。根据此长度，使用字符的 UTF-8 修改版编码按顺序输出字符串的每个字符。如果没有抛出异常，则计数器 written 增加写入输出流的字节总数。该值至少是 2 加 str 的长度，最多是 2 加 str 的三倍长度。

下面例子产生 20 个 100 以内的随机整数并写到 data.dat 文件中，再从 data.dat 文

件中读出这些整数显示出来,并求累加和。
```java
import java.io.*;
import java.util.*;
public class DataInputOutput{
    int sum;
    DataInputOutput(String name,int n) throws IOException{
        DataOutputStream out = new DataOutputStream(new FileOutputStream(name));
        Random r = new Random();
        for(int i = 0;i < n;i++){
            out.writeInt(r.nextInt(100));
        }
        out.close();
        DataInputStream in = new DataInputStream(new FileInputStream(name));
        int m;
        while(in.available() > 0){
            m = in.readInt();
            System.out.print(m + "\t\t");
            sum += m;
        }
        in.close();
    }
    public static void main(String [] args) throws IOException{
        DataInputOutput dataIO = new DataInputOutput("d:\\data.dat",20);
        System.out.println("sum:" + dataIO.sum);
    }
}
```

文件data.dat是一个记事本打开呈乱码显示的二进制文件。

对于InputStream流读数据,可以用available()是否大于零来判断流中还有无数据可读。此外,如果度数据的方法会抛出EOFException,也可以通过异常来做输入控制。程序运行结果如图8.7所示。

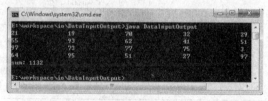

图8.7

8.2.4 PrintStream

PrintStream 称为打印流。PrintStream 类是继承 OutputStream 的子类，也是一种数据输出流，它是一种将字符转换成字节的输出数据流（如把文本框中的字符串写到文件中）。PrintStream 类的构造方法和常用方法如表 8.7 所示。

表 8.7

类型	名称	功能
构造方法	public PrintStream（OutputStream out）	创建新的打印流。此流将不会自动刷新。
	public PrintStream（OutputStream out, boolean autoFlush）	创建新的打印流。autoFlush 变量如果为 true，则每当写入 byte 数组、调用其中一个 println 方法或写入换行符或字节（'\n'）时都会刷新输出缓冲区。
	public PrintStream（String fileName）	创建具有指定文件名称且不带自动行刷新的新打印流。
	public PrintStream（File file）	创建具有指定文件且不带自动行刷新的新打印流。
常用方法	public void print（char c）	打印字符。按照平台的默认字符编码将字符转换为一个或多个字节，并完全以 #write（int）方法的方式写入这些字节。
	public void print（int i）	打印整数。
	public void print（char [ ] s）	打印字符数组。
	public void print（Object obj）	打印对象。
	public void write（int b）	将指定的字节写入此流。如果字节为新行且启用了自动刷新，则调用 flush 方法。
	public void println（）	通过写入行分隔符字符串终止当前行。行分隔符字符串由系统属性 line.separator 定义，不一定是单个换行符（'\n'）。

使用 PrintStream 的关键代码

```
import java.io.*;
public class PrintStreamIO {
    public static void main (String [] args) throws Exception {
        PrintStream out = new PrintStream (new FileOutputStream (new File (" D:"
            + File.separator + " test.txt")));
        out.print (" 8532 - 2358 = ");
        out.println (8532 - 2358);
        out.println (" Kaprekar" + " 变幻");
        out.close ();
    }
}
```

程序运行后将生成 test.txt 文件，其内容如图 8.8 所示。

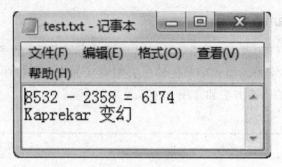

图 8.8

8.2.5 ObjectInputStream 和 ObjectOutputStream

ObjectInputStream 和 ObjectOutputStream 这两个类,用于从底层输入流中读取对象类型的数据和将对象类型的数据写入到底层输出流。

它们的构造方法分别是:

public ObjectInputStream(InputStream in)

public ObjectOutputStream(OutputStream out)

ObjectInputStream 除了继承的 read 方法外,还有 readBoolean、readByte、readChar、readInt、readFloat 和 readDouble 等读取基本类型数据的方法。另外还新增了 readObject 方法,可以从流中读取一个对象。

ObjectOutputStream 除了继承的 write 方法外,还有各种写基本类型数据的方法。另外还新增了 writeObject 方法,可以向流中写对象。

下面截取当前日期时间信息对应的 Calendar 实例对象,并将其写入磁盘文件"d:\\MyCalendar.txt"中。

```
import java.io.*;
import java.util.Calendar;
public class ObjectStreamW {
    ObjectStreamW(String name) throws IOException {
        ObjectOutputStream out = new ObjectOutputStream(new FileOutputStream(
            name)); // 创建至文件的对象输出流
        out.writeObject(Calendar.getInstance());
        out.close();
    }
    public static void main(String[] args) throws IOException {
        new ObjectStreamW("d:\\MyCalendar.txt");
    }
}
```

如果要从"d:\\MyCalendar.txt"文件中读取 Calendar 实例对象,并显示其中存储的时间,就得使用 ObjectInputStream 流指向确定文件的 FileOutputStream,用读对象的方法读出后再进行处理。

```
import java.io.*;
import java.util.*;
public class ObjectStreamR{
    ObjectStreamR(String name)throws Exception{
        ObjectInputStream in = new ObjectInputStream(new FileInputStream(name));
        // 创建至文件的对象输出流
        Calendar c = (Calendar)in.readObject();
        System.out.println(c.get(c.YEAR)+"年"+c.get(c.MONTH)+"月"
            +c.get(c.DAY_OF_MONTH)+"日");
        System.out.println(c.get(c.HOUR_OF_DAY)+":"+c.get(c.MINUTE)+":"
            +c.get(c.SECOND));
        in.close();
    }
    public static void main(String[] args)throws Exception{
        new ObjectStreamR("d:\\MyCalendar.txt");
    }
}
```

8.3 字符流类

尽管 Java 的字节流类功能十分强大,它几乎可以直接或间接处理任何类型的输入/输出操作,但利用字节流不能直接处理存储为 16 位的 Unicode(每个字符使用两个字节)字符。所以 Java 引入了用来处理 Unicode 字符的类层次,这些类派生自抽象类 Reader 和 Writer,它们用于读/写双字节的 Unicode 字符,而非单字节字符。

8.3.1 Reader 和 Writer

从 Reader 和 Writer 派生出的一系列类,这类流以 16 位的 Unicode 码表示的字符为基本处理单位,可以用于不同情况的字符数据的输入和输出。

这两个类是抽象类,只是提供了一系列用于字符流处理的接口,不能生成这两个类的实例,只能通过使用由它们派生出来的子类对象来处理字符流。表 8.8 和表 8.9 分别是 Reader 和 Writer 的构造方法和常用方法。

表 8.8

类型	名称	功能
构造方法	protected Reader()	创建一个新的字符流 reader。
	protected Reader(Object lock)	创建一个新的字符流 reader,其重要部分将同步给定的对象。

表8.8(续)

类型	名称	功能
常用方法	public int read()	读取单个字符。
	public int read(char [] cbuf)	将字符读入数组。在某个输入可用、发生I/O错误或者已到达流的末尾前,此方法一直阻塞。
	abstract public int read(char [] cbuf, int off, int len)	将字符读入数组的某一部分。cbuf:目标缓冲区;off:开始存储字符处的偏移量;len:要读取的最大字符数
	public long skip(long n)	n:要跳过的字符数。
	public void mark(int readAheadLimit)	标记流中的当前位置。对reset()的后续调用将尝试将该流重新定位到此点。

表8.9

类型	名称	功能
构造方法	protected Writer()	创建一个新的字符流 writer。
	protected Writer(Object lock)	创建一个新的字符流 writer,其关键部分将同步给定的对象。
常用方法	public void write(int c)	写入单个字符。要写入的字符包含在给定整数值的16个低位中,16高位被忽略。
	public void write(char [] cbuf)	写入字符数组。
	abstract public void write(char [] cbuf, int off, int len)	将字符写入数组的某一部分。
	public void write(String str)	写入字符串。
	public void write(String str, int off, int len)	写入一部分字符串。
	abstract public void flush()	一次 flush() 调用将刷新 Writer 和 OutputStream 链中的所有缓冲区。

8.3.2 FileReader 和 FileWriter

FileReader 和 FileWriter 类是由 InputStreamReader 和 OutputStreamWriter 派生的子类,其方法也是大同小异。FileReader 类使用字符方式创建文件输入流;FileWriter 类使用字符方式创建文件输出流。

下面程序使用 FileReader 和 FileWriter 类实现文件复制。

```java
import java.io.*;
public class CopyFileReaderWriter{
    public static void main(String [] args) throws IOException{
        try{
            FileReader fr = new FileReader(args[0]);
            FileWriter fw = new FileWriter(args[1]);
```

```
            int data;
            while ((data = fr.read()) != -1)
                fw.write(data);
            System.out.println("文件" + args[0] + "已成功复制到" + args[1]);
            fr.close();
            fw.close();
        } catch (IOException e) {
            e.printStackTrace();
        }
    }
}
```

8.3.3 BufferedReader 和 BufferedWriter

BufferedReader 会一次性从物理流中读取 8k（默认数值，可以设置）字节内容到内存，如果外界有请求，就会到这里存取，如果内存里没有才到物理流里再去读。即使读，也是再读入 8k。

而直接读物理流，是按字节来读。对物理流的每次读取，都有 I/O 操作。I/O 操作是最耗费时间的。BufferedReader 就是减少了大量 I/O 操作，而为你节省了时间。

简单地说，一次 I/O 操作，读取一个字节也是读取，读取 8k 字节也是读取，两者花费时间相差不多。而一次 IO 的来回操作却要耗费大量时间。好比是一辆大型汽车（假设能装 100 人），要去车站接人，如果一次只坐一个人，大巴得来回跑一百趟才能把这一百人全部送到目的地，这就类似 InputStream；如果让这一百人全部上车，一次就 OK 了。显然，后一种方法最划算。对于读取定长字节文件，当然 BufferedReader 更快了！

表 8.10 和表 8.11 分别是 BufferedReader 和 BufferedWriter 的构造方法和常用方法。

表 8.10

类型	名称	功能
构造方法	public BufferedReader(Reader in, int sz)	创建一个使用指定大小输入缓冲区的缓冲字符输入流。
	public BufferedReader(Reader in)	创建一个使用默认大小输入缓冲区的缓冲字符输入流。
常用方法	public int read()	读取单个字符。如果已到达流末尾，则返回 -1。
	public int read(char[] cbuf, int off, int len)	将字符读入数组的某一部分。
	public String readLine()	读取一个文本行。通过下列字符之一即可认为某行已终止：换行('\n')、回车('\r') 或回车后直接跟着换行。

表8.11

类型	名称	功能
构造方法	public BufferedWriter（Writer out）	创建一个使用默认大小输出缓冲区的缓冲字符输出流。
	public BufferedWriter（Writer out，int sz）	创建一个使用给定大小输出缓冲区的新缓冲字符输出流。
常用方法	public void write（int c）	写入单个字符。
	public void write（char [ ] cbuf, int off, int len）	写入字符数组的某一部分。
	public void write（String s，int off，int len）	写入字符串的某一部分。如果 len 参数的值为负数，则不写入任何字符。
	public void newLine（）	写入一个行分隔符。行分隔符字符串由系统属性 line.separator 定义，并且不一定是单个新行（'\n'）符。
	public void flush（）	刷新该流的缓冲。

实训2：快速读/写字符文件。

如果对大型的文本文件的读/写还是采用字节流的方式，则 I/O 操作会耗费大量时间。所以，下面我们采用带缓冲的字符流方式来重新复制文本文件。

```java
import java.io.BufferedReader;
import java.io.BufferedWriter;
import java.io.FileNotFoundException;
import java.io.FileReader;
import java.io.FileWriter;
import java.io.IOException;

public class BufferedReaderWriterTest {
    public static void main (String [] args) {
        FileReader in = null;
        BufferedReader read = null;
        String s = null;
        BufferedWriter writer = null;
        try {
            // 创建 FileReader 对象
            in = new FileReader ("d:\\test.txt");
            // 创建 BufferedReader 对象
            read = new BufferedReader (in);
            writer = new BufferedWriter (new FileWriter ("d:\\des.txt"));
            long start = System.currentTimeMillis ();
            while ((s = read.readLine ()) != null) {
```

```
            // 输出字符串
            writer.write(s);
            // 换行
            writer.newLine(); // 或直接 writer.write(s + '\r' + '\n');
            writer.flush();
        }
        long end = System.currentTimeMillis();
        System.out.println("总共花时间:" + (end - start) + " ms");
    } catch (FileNotFoundException ex) {
        System.out.println("找不到指定文件!!");
    } catch (IOException e) {
        System.out.println("文件读取有误!");
    } finally {
        try {
            writer.close();
            read.close();
        } catch (IOException ex) {
            System.out.println(ex.getMessage());
        }
    }
}
```

下面是一次运行的结果:

总共花时间: 63 ms

这次读写的文件有 807KB,但处理时间明显减少了。

8.3.4 InputStreamReader 和 OutputStreamWriter

InputStreamReader 和 OutputStreamWriter 是由 Reader 和 Writer 派生的子类,是建立在 InputStream 和 OutputStream 类的基础之上的,相当于字符流和字节流之间的转换器。

InputStreamReader 从输入流中读取字节数据,并按照一定的编码方式将其转换为字符数据;而 OutputStreamWriter 则将字符数据转换成字节数据,再写入到输出流。其转换步骤如图 8.9 所示。

表 8.12 和表 8.13 分别是 InputStreamReader 和 OutputStreamWriter 的构造方法和常用方法。

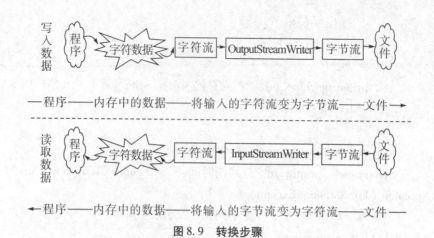

图8.9 转换步骤

表8.12　　　　　　　　　InputStreamReader的构造方法和常用方法

类型	名称	功能
构造方法	public InputStreamReader（InputStream in）	创建一个使用默认字符集的InputStreamReader。
	public InputStreamReader（InputStream in，String charsetName）	创建使用指定字符集的InputStreamReader。
	public InputStreamReader（InputStream in，Charset cs）	创建使用给定字符集的InputStreamReader。
常用方法	public intread（）	读取单个字符。
	public intread（char［］cbuf，int offset，int length）	将字符读入数组的某一部分。

表8.13　　　　　　　　　OutputStreamWriter的构造方法和常用方法

类型	名称	功能
构造方法	public OutputStreamWriter（OutputStream out）	创建使用默认字符编码的OutputStreamWriter。
	public OutputStreamWriter（OutputStream out，String charsetName）	创建使用指定字符集的OutputStreamWriter。
常用方法	public void write（int c）	写入单个字符。
	public void write（char［］cbuf，int off，int len）	将字符写入数组的某一部分。
	public void write（String str，int off，int len）	写入一部分字符串。
	public void flush（）	刷新该流的缓冲。

下面我们来实现按行读写控制台中的字符。
```
import java.io.*;
class InputStreamReaderTest{
    public static void main（String［］args）throws IOException{
```

```java
// 1. 获取键盘输入的字节流对象
InputStream in = System.in;
// 2. 将字节流对象转成字符流对象，使用转换流 InputStreamReader
// in 字节流就变成 isr 字符流了
InputStreamReader isr = new InputStreamReader(in);
// 3. 为了提高效率，使用字符缓冲流 BufferedReader
BufferedReader bufr = new BufferedReader(isr);
OutputStream output = System.out;
OutputStreamWriter osw = new OutputStreamWriter(output);
// 因为要用到换行 newLine()
BufferedWriter bufw = new BufferedWriter(osw);
// 也可写到文件
//BufferedWriter bufw = new BufferedWriter(new FileWriter("out.txt"));
// 4. 然后就可以使用 BufferedReader 的 readLine 方法一次读取一行，并显示
String lineStr = null;
while(true){
    lineStr = bufr.readLine();// 读取我们从键盘输入到控制台的内容
    if(lineStr != null){
        if(lineStr.equals("over"))// 输入 over 时结束
        {
            break;
        }else{
            bufw.write(lineStr);// 写到控制台
            bufw.newLine();// 输出换行符，在 windows 里也可直接输出"\r\n"
            bufw.flush();// 清空缓冲区，否则下一次输出时会重复输出
        }
    }else{
        break;
    }
}
}
```

程序执行情况如图 8.10 所示。

当我们使用默认 GBK 编码保存文本时，下面两句代码其实是一样的效果。

new OutputStreamWriter(new FileOutputStream("out.txt"));

new FileWriter("out.txt");

当要求保存为其他编码比如 UTF-8 时，就要这样写：

new OutputStreamWriter(new FileOutputStream("out.txt"),"UTF-8");

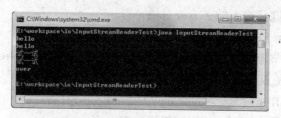

图 8.10

而如果要读取一个 UTF-8 编码的文本文件时,同样的要用:
new InputStreamReader(new FileInputStream(" in. txt")," UTF-8");
而不能用 new FileWriter(" in. txt")。

8.3.5 PrintWriter

打印输出流类 PrintWriter 是建立在 Writer 基础上的流,可以实现按 Java 基本数据类型为单位进行文本文件的写入。与 DataOutputStream 类似,PrintWriter 也是有输出方法但无目的地。PrintWriter 必须与一个输出流(如 OutptuStreamWriter,FileOutputStream)结合使用。例如下面代码:

PrintWriterout1 = new PrintWriter(new BufferedWriter(
　　　　　new FileWriter(" test. out")));

上面这句代码体现了 Java 输入/输出系统的一个特点,为了达到某个目的,需要包装好几层。首先,输出目的地是文件 test. out,所以最内层包装的是 FileWriter,建立一个输出文件流;接下来,我们希望这个流是缓冲的,所以用 BufferedWriter 来包装它以达到目的;最后,我们需要格式化输出结果,于是将 PrintWriter 包在最外层。

PrintWriter 的构造方法和常用方法见表 8.14。

表 8.14　　　　　　　　PrintWriter 的构造方法和常用方法

类型	名称	功能
构造方法	public PrintWriter(Writer out)	创建不带自动行刷新的新 PrintWriter。
	public PrintWriter(OutputStream out)	根据现有的 OutputStream 创建不带自动行刷新的新 PrintWriter。
	public PrintWriter(String fileName)	创建具有指定文件名称且不带自动行刷新的新 PrintWriter。
	public PrintWriter(File file)	使用指定文件创建不具有自动行刷新的新 PrintWriter。

表8.14(续)

类型	名称	功能
常用方法	public void print (char c)	打印字符。
	public void print (char [ ] s)	打印字符数组。
	public void print (String s)	打印字符串。
	public void write (char [ ] buf, int off, int len)	写入字符数组的某一部分。
	public void write (char [ ] buf)	写入字符数组。
	public void write (String s, int off, int len)	写入一部分字符串。
	public void write (String s)	写入字符串。

下面这个程序显示了 PrintStream 与 PrintWriter 两个类在处理相同输出目的时的方法，程序将会在控制台上显示"简体中文"四个字符。

```java
import java.io.*;
public class PrintStreamWriterDemo {
    public static void main (String [ ] args) {
        try {
            byte [ ] sim = { (byte) 0xbc, (byte) 0xf2, // 简
                (byte) 0xcc, (byte) 0xe5, // 体
                (byte) 0xd6, (byte) 0xd0, // 中
                (byte) 0xce, (byte) 0xc4 }; // 文
            InputStreamReader inputStreamReader = new InputStreamReader (
                new ByteArrayInputStream (sim), " GB2312");
            PrintWriter printWriter = new PrintWriter (new OutputStreamWriter (
                System.out, " GB2312"));
            PrintStream printStream = new PrintStream (System.out, true,
                " GB2312");
            int in;
            while ( (in = inputStreamReader.read ()) ! = -1) {
                printWriter.println ( (char) in);
                printStream.println ( (char) in);
            }
            inputStreamReader.close ();
            printWriter.close ();
            printStream.close ();
        } catch (ArrayIndexOutOfBoundsException e) {
            e.printStackTrace ();
        } catch (IOException e) {
```

```
            e.printStackTrace();
        }
    }
}
```

学习了字节流和字符流之后,在进行数据的输入/输出时要通过3个步骤来选择使用哪个流:

(1) 明确源和目的体系。

①源:输入流两个体系,分别是 InputStream 和 Reader;

②目的:输出流两个体系,分别是 OutputStream 和 Writer。

(2) 操作的数据是否是纯文本。为什么要区分字节和字符呢?主要是效率问题,还有就是类中独有的方法。

①是:用字符流;

②不是:用字节流;

③键盘:一般要处理的是键盘录入的字符,如果你非要处理字节也有可能的。

(3) 当体系明确后,再明确要使用哪个具体的类,或者说哪个对象。通过设备来区分:

①源设备:内存、硬盘、键盘;

②目的设备:内存、硬盘、控制台。

8.4 文件管理

在输入/输出操作中,最常见的是对文件的操作。java.io 包中提供了部分支持文件处理的类,包括 File、FileInputStream、FileOutputStream、FilePermission、FileReader、FileWriter、RandomAccessFile 以及接口 FileFilter 和 FilenameFilter。其中,最常用的是 File 类。

8.4.1 File 类

File 类通过简易的方法封装了复杂的、与平台相关的文件及目录。它也是 java.io 包中唯一可以指向磁盘文件和目录本身的类。

File 类的构造方法、常用属性和常用方法分别如表 8.15、表 8.16 和表 8.17 所示。

表 8.15   File 类的构造方法

方法名称	方法功能
public File(String pathname)	通过将给定路径名字符串转换为抽象路径名来创建一个新 File 实例。
public File(String parent, String child)	根据 parent 路径名字符串和 child 路径名字符串创建一个新 File 实例。
public File(File parent, String child)	根据 parent 抽象路径名和 child 路径名字符串创建一个新 File 实例。

表8.15(续)

方法名称	方法功能
public File（URI uri）	通过将给定的URI转换为一个抽象路径名来创建一个新的File实例。

表8.16　　　　　　　　　　　　　File类的常用属性

方法名称	方法功能
public boolean isAbsolute（）	测试此抽象路径名是否为绝对路径名。
public File getAbsoluteFile（）	返回此抽象路径名的绝对路径名形式。
public String getAbsolutePath（）	返回此抽象路径名的绝对路径名字符串。
public boolean isDirectory（）	测试此抽象路径名表示的文件是否是一个目录。
public boolean isFile（）	测试此抽象路径名表示的文件是否是一个标准文件。
public long getFreeSpace（）	返回此抽象路径名指定的分区中未分配的字节数。
public boolean isHidden（）	测试此抽象路径名指定的文件是否是一个隐藏文件。
public boolean setLastModified（long time）	设置此抽象路径名指定的文件或目录的最后一次修改时间。
public String getName（）	返回由此抽象路径名表示的文件或目录的名称。
public String getParent（）	返回此抽象路径名父目录的路径名字符串。
public File getParentFile（）	返回此抽象路径名父目录的抽象路径名。
public String getPath（）	将此抽象路径名转换为一个路径名字符串。
public boolean setReadable（boolean readable）	设置此抽象路径名所有者读权限的一个便捷方法。
public boolean setReadOnly（）	标记此抽象路径名指定的文件或目录，从而只能对其进行读操作。
public long getTotalSpace（）	返回此抽象路径名指定的分区大小。
public long getUsableSpace（）	返回此抽象路径名指定的分区上可用于此虚拟机的字节数。
public boolean setWritable（boolean writable）	设置此抽象路径名所有者写权限的一个便捷方法。

表8.17　　　　　　　　　　　　　File类的常用方法

方法名称	方法功能
public boolean canExecute（）	是否可执行。
public boolean canRead（）	是否可读。
public boolean canWrite（）	是否可写。
public boolean createNewFile（）	当且仅当不存在具有此抽象路径名指定名称的文件时，不可分地创建一个新的空文件。

表8.17(续)

方法名称	方法功能
public boolean delete()	删除此抽象路径名表示的文件或目录。如果此路径名表示一个目录,则该目录必须为空才能删除。
public void deleteOnExit()	在虚拟机终止时,请求删除此抽象路径名表示的文件或目录。
public boolean exists()	测试此抽象路径名表示的文件或目录是否存在。
public long lastModified()	返回此抽象路径名表示的文件最后一次被修改的时间。
public long length()	返回由此抽象路径名表示的文件的长度。
public String [] list()	返回一个字符串数组,这些字符串指定此抽象路径名表示的目录中的文件和目录。
public File [] listFiles()	返回一个抽象路径名数组。
public static File [] listRoots()	列出可用的文件系统根。
public boolean mkdir()	创建此抽象路径名指定的目录。
public boolean mkdirs()	创建此抽象路径名指定的目录,包括所有必需但不存在的父目录。
public boolean renameTo(File dest)	重新命名此抽象路径名表示的文件。

实训3:查看文件系统信息。

下面通过对文件系统的简单管理来演示File类的使用。本实训要实现的功能包括显示目录里的文件列表、获取文件和目录属性、创建目录、创建文件、向文件写入内容等。

```
import java.io.*;
import java.util.Date;
public class FileControl {
    public static void main(String args[]) {
        File directory = new File("test");
        if(!directory.exists()) {
            System.out.println("没有子目录:" + directory.getName());
            System.exit(0);
        }
        System.out.println("(I)  " + directory + " 是目录:"
            + directory.isDirectory());
        String[] str = directory.list();
        System.out.print("\t目录下的所有文件(含子目录):");
        for(int i = 0; i < str.length; i++) {
            System.out.print("\"" + str[i] + "\"\t");
        }
        System.out.print("\n\t目录下的txt文件有:");
```

```java
String [] str1 = directory.list (new FilenameFilter () {
    public boolean accept (File dir, String name) {
        if (name.endsWith (".txt"))
            return true;
        return false;
    }
});
for (int i = 0; i < str1.length; i++) {
    System.out.print ("\"" + str1[i] + "\"\t");
}
File file = new File (directory, "temp/Download.java");
System.out.println ("\n(II)" + file + "是文件:" + file.isFile ());
System.out.println ("\t文件名:" + file.getName ());
System.out.println ("\t文件大小:" + file.length () + "字节");
Date d = new Date ();
d.setTime (file.lastModified ());
System.out.println ("\t修改时间:" + d.toString ());
System.out.println ("\t绝对路径:" + file.getAbsolutePath ());
System.out.println ("(III) 当前系统平台的根目录名:");
File [] drive = File.listRoots ();
for (int i = 0; i < drive.length; i++) {
    System.out.println ("\t" + drive[i] + "大小:"
        + drive[i].getTotalSpace () + "字节,\t剩余:"
        + drive[i].getFreeSpace () + "字节。");
}
System.out.println ("\n(IV) 创建目录: d:\\testdir\\temp");
File drectory1 = new File ("d:\\testdir\\temp");
drectory1.mkdirs ();
String s = "\t书山有路勤为径,蜡炬成灰泪始干。"
    + "\r\n\t问渠哪得清如许?牧童遥指杏花村。";
byte [] b = s.getBytes ();
System.out.println ("(V)   创建文件:" + drectory1
    + "\\poet.txt,并写入内容:\n" + s);
File file2 = new File (drectory1, "poet.txt");
try {
    file2.createNewFile ();
    FileOutputStream out = new FileOutputStream (file2);
    out.write (b, 0, b.length);
```

```
            out. close ( );
    } catch (IOException e) {
        e.printStackTrace ( );
    }
}
```

当前系统程序运行后的结果如图 8.11 所示。

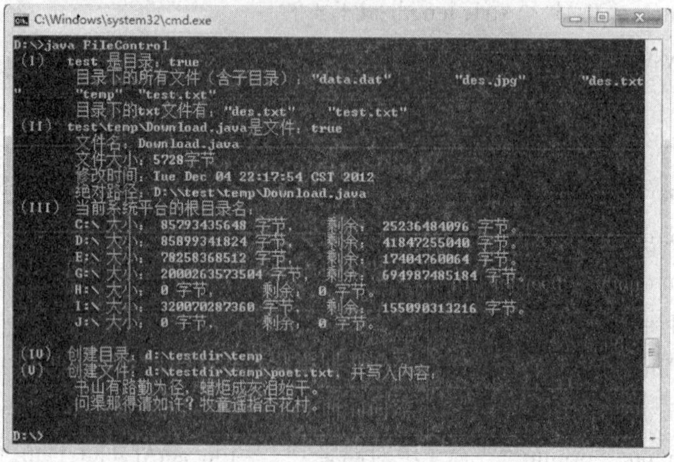

图 8.11

8.4.2 RandomAccessFile 类

使用流类可以实现对磁盘文件的顺序读写，而是用 RandomAccessFile 则可以实现随机读写。所谓随机读写，是指写上一个字节后，不仅能读写其后继的字节，还可以读写文件中的任意字节，就好像文件中有一个随意移动的指针一样。

Java 语言提供了 RandomAccessFile 类来进行随机文件的读取，RandomAccessFile 类直接继承于 Object，不属于 InputStream 或 OutputStream。但 RandomAccessFile 类实现了 DataInput 和 DataOutput 接口。

随机存取文件的行为类似存储在文件系统中的一个大型字节数组。存在指向该隐含数组的光标或索引，称为文件指针；输入操作从文件指针开始读取字节，并随着对字节的读取而前移此文件指针。如果随机文件存取文件以读取/写入模式创建，则输出操作也可以用；输出操作从文件指针开始写入字节，并随着对字节的写入而前移此文件指针。写入隐含数组的当前末尾之后的输出操作导致该数组扩展。该文件指针可以通过 getFilePointer 方法读取，并通过 seek 方法设置。

通常，如果所有读取程序在读取所需数量的字节之前已到达文件末尾，则抛出 EOFException 异常。如果在读取过程中，由于某些原因无法读取任何字节，则抛出 IOException 异常，而不是 EOFException。如果流已被关闭，再对流进行操作则可能抛出 IOException 异常。

RandomAccessFile 类的构造方法和常用方法如表 8.18 和表 8.19 所示。

表 8.18　RandomAccessFile 类的构造方法

方法名称	方法功能
public RandomAccessFile（String name, String mode）	创建从中读取和向其中写入（可选）的随机访问文件流，该文件具有指定名称。" r" 以只读方式打开。" rw" 打开以便读取和写入。如果该文件尚不存在，则尝试创建该文件。
public RandomAccessFile（File file, String mode）	创建从中读取和向其中写入（可选）的随机访问文件流，该文件由 File 参数指定。

表 8.19　RandomAccessFile 类的常用属性

方法名称	方法功能
public long getFilePointer（）	获得当前的文件指针
public long length（）	返回此文件的长度
public int read（）	从此文件中读取一个数据字节。如果尚无输入可用，将阻塞此方法。
public int read（byte [] b）	将最多 b. length 个数据字节从此文件读入 byte 数组。
final public char readChar（）	从此文件读取一个字符。
final public void readFully（byte [] b）	将 b. length 个字节从此文件读入 byte 数组，并从当前文件指针开始。
final public String readLine（）	从此文件读取文本的下一行。文本行由回车符（'\r'）和一个换行符（'\n'）结束，回车符后面紧跟一个换行符，或者是文件的末尾。
public void seek（long pos）	设置到此文件开头测量到的文件指针偏移量，在该位置发生下一个读取或写入操作。
public int skipBytes（int n）	尝试跳过输入的 n 个字节以丢弃跳过的字节。
public void write（byte [] b）	将 b. length 个字节从指定 byte 数组写入到此文件，并从当前文件指针开始。
final public void writeChars（String s）	按字符序列将一个字符串写入该文件。
final public void writeInt（int v）	按四个字节将 int 写入该文件，先写高字节。写入从文件指针的当前位置开始

在进行文件操作时，在 Swing 中提供了 JFileChooser 类实现文件对话框的操作。JFileChooser 为用户选择文件提供了一种简单又友好的机制，用户可以通过"打开"文件对话框或"保存"文件对话框进行文件的选择操作。

实训 4：读写员工记录信息。

import javax. swing. * ;
import java. awt. * ;
import java. awt. event. * ;
import java. io. * ;
public class RandomAccessFileStu extends JFrame implements ActionListener {

```java
JPanel pnlMain;
JLabel lblName, lblGender, lblAge, lblAddress;
JTextField txtName, txtGender, txtAge, txtAddress;
JButton btnLoad, btnSave, btnClear, btnExit;
JFileChooser fc;
RandomAccessFile employee;
public RandomAccessFileStu () {
    super ("读写员工信息");
    fc = new JFileChooser ();
    pnlMain = new JPanel (new GridLayout (6, 2));
    lblName = new JLabel ("员工姓名:");
    lblGender = new JLabel ("员工性别:");
    lblAge = new JLabel ("员工年龄:");
    lblAddress = new JLabel ("工资:");
    txtName = new JTextField (10);
    txtGender = new JTextField (10);
    txtAge = new JTextField (10);
    txtAddress = new JTextField (10);
    btnLoad = new JButton ("读取");
    btnLoad.addActionListener (this);
    btnSave = new JButton ("保存");
    btnSave.addActionListener (this);
    btnClear = new JButton ("清除");
    btnClear.addActionListener (this);
    btnExit = new JButton ("退出");
    btnExit.addActionListener (this);
    pnlMain.add (lblName);
    pnlMain.add (txtName);
    pnlMain.add (lblGender);
    pnlMain.add (txtGender);
    pnlMain.add (lblAge);
    pnlMain.add (txtAge);
    pnlMain.add (lblAddress);
    pnlMain.add (txtAddress);
    pnlMain.add (btnLoad);
    pnlMain.add (btnSave);
    pnlMain.add (btnClear);
    pnlMain.add (btnExit);
    setContentPane (pnlMain);
```

```java
        setSize(250, 150);
        setVisible(true);
    }
    public boolean loadFile(String fname){
        try{
            employee = new RandomAccessFile(fname, "r");
            employee.seek(0);
            txtName.setText(employee.readUTF());
            txtGender.setText(employee.readUTF());
            txtAge.setText(Integer.toString(employee.readInt()));
            txtAddress.setText(Double.toString(employee.readDouble()));
            employee.close();
            return true;
        }catch(Exception e){
            JOptionPane.showMessageDialog(null,"员工记录读取失败!");
            return false;
        }
    }
    public boolean saveFile(String fname){
        if(txtName.getText().equals("")){
            JOptionPane.showMessageDialog(null,"姓名不能为空");
            return false;
        }
        try{
            employee = new RandomAccessFile(fname, "rw");
            employee.seek(0);
            employee.writeUTF(txtName.getText());
            employee.writeUTF(txtGender.getText());
            employee.writeInt(Integer.parseInt(txtAge.getText()));
            employee.writeDouble(Double.parseDouble(txtAddress.getText()));
            employee.close();
            reset();
            return true;
        }catch(Exception e){
            JOptionPane.showMessageDialog(null,"员工记录保存失败!");
            return false;
        }
    }
    public void reset(){
```

```
            txtName. setText ("");
            txtGender. setText ("");
            txtAge. setText ("");
            txtAddress. setText ("");
        }
        public void actionPerformed (ActionEvent ae) {
            if (ae. getSource () = = btnSave)
                if (saveFile ("employee. dat"))
                    JOptionPane. showMessageDialog (null, "员工信息保存成功!");
            if (ae. getSource () = = btnLoad)
                if (loadFile ("employee. dat"))
                    JOptionPane. showMessageDialog (null, "员工信息读取成功!");
            if (ae. getSource () = = btnClear)
                reset ();
            if (ae. getSource () = = btnExit)
                System. exit (0);
        }
        public static void main (String args []) {
            new RandomAccessFileStu ();
        }
    }
```

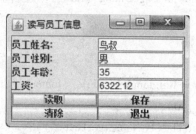

图 8.12

8.5 对象序列化

8.5.1 对象序列化概述

在一个程序运行的时候,其中的变量数据是保存在内存中的,一旦程序结束这些数据将不会被保存。一种解决的办法是将数据写入文件,而 Java 中提供了一种机制,它可以将程序中的对象写入文件,之后再从文件中把对象读出来重新建立。这就是所谓的对象序列化 Java 中引入,它主要是为了 RMI (Remote Method Invocation) 和 Java Bean 所用,不过在平时应用中,它也是很有用的一种技术。

把 Java 对象转换为字节序列的过程称为对象的序列化;把字节序列恢复为 Java 对

象的过程称为对象的反序列化。

对象的序列化主要有两种用途：

（1）把对象的字节序列永久地保存到硬盘上，通常存放在一个文件中；

（2）在网络上传送对象的字节序列。

将对象读出或者写入流的主要类有两个：ObjectOutputStream 与 ObjectInputStream。ObjectOutputStream 提供用来将对象写入输出流的 writeObject 方法，ObjectInputStream 提供从输入流中读出对象的 readObject 方法。使用这些方法的对象必须已经被序列化的。对象中的 transient 和 static 类型的成员变量不会被读取和写入。

序列化的实现：将需要被序列化的类实现 Serializable 接口，该接口没有需要实现的方法，implements Serializable 只是为了标注该对象是可被序列化的，然后使用一个输出流（如：FileOutputStream）来构造一个 ObjectOutputStream（对象流）对象，接着，使用 ObjectOutputStream 对象的 writeObject（Object obj）方法就可以将参数为 obj 的对象写出（即保存其状态），要恢复的话则用输入流。

在序列化时，有几点要注意的：

（1）当一个对象被序列化时，只保存对象的非静态成员变量，不能保存任何的成员方法和静态的成员变量。

（2）如果一个对象的成员变量是一个对象，那么这个对象的数据成员也会被保存。

（3）如果一个可序列化的对象包含对某个不可序列化的对象的引用，那么整个序列化操作将会失败，并且会抛出一个 NotSerializableException。我们可以将这个引用标记为 transient，那么对象仍然可以序列化。

还有我们对某个对象进行序列化时候，往往对整个对象全部序列化了。比如说类里有些数据比较敏感，不希望序列化，一个方法可以用 transient 来标识，另一个方法我们可以在类里重写。

实训 5：序列化用户登录信息。

import java.io.*;

import java.util.*;

//实现 Serializable 接口，以便实现对象序列化

public class LogonSerializable implements Serializable {

    private Date date = new Date();

    private String username;

    // transient 关键字表示 password 不参加序列化

    private transient String password;

    // 通过构造方法为用户名和密码赋值

    LogonSerializable（String name, String pwd）{

        username = name;

        password = pwd;

    }

    public String toString（）{

        String pwd =（password == null）? "（n/a）" : password;

```java
        return "登录信息：\n" + "username: " + username + "\n date: " + date
            + "\n password: " + pwd;
    }
    public static void main(String[] args) {
        try {
            LogonSerializable user1 = new LogonSerializable("Bill Gates",
                "trY mE+!");
            System.out.println(user1);

            ObjectOutputStream oos = new ObjectOutputStream(
                new FileOutputStream("Logon.out"));
            oos.writeObject(user1);
            oos.close();
            // 延迟5秒钟
            int seconds = 5;
            long t = System.currentTimeMillis() + seconds * 1000;
            while (System.currentTimeMillis() < t)
                ;
            ObjectInputStream in = new ObjectInputStream(new FileInputStream(
                "Logon.out"));
            System.out.println("重新读入 登录信息时间：" + new Date());
            user1 = (LogonSerializable) in.readObject();
            System.out.println(user1);
        } catch (Exception e) {
            e.printStackTrace();
        }
    }
}
```

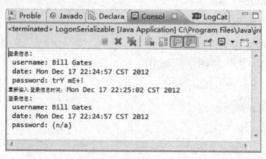

图8.13

类 LogonSerializable 是一个记录登录信息的类，包括用户名和密码。首先它实现了接口 Serializable，这就标志着它可以被序列化。之后再 main 方法里 ObjectOutputStream oos = new ObjectOutputStream（new FileOutputStream（" Logon. out"））；新建一个对象输出流包装一个文件流，表示对象序列化的目的地是文件 Logon. out。然后用方法 writeObject 开始写入。想要还原的时候也很简单，ObjectInputStream in = new ObjectInputStream（new FileInputStream（" Logon. out"））；新建一个对象输入流以文件流 Logon. out 为参数，之后调用 readObject 方法就可以了。

需要说明一点，对象序列化有一个神奇之处就是，它建立了一张对象网，将当前要序列化的对象中所持有的引用指向的对象都包含起来一起写入到文件。更为奇妙的是，如果你一次序列化了好几个对象，它们中相同的内容将会被共享写入。这的确是一个非常好的机制，它可以用来实现深层拷贝。

关键字 transient 在这里表示当前内容将不被序列化，比如例子中的密码，需要保密，所以没有被写入文件。

课外实训

1. 编写一个 SortedDirList 类，令其构造函数可以接收文件路径，并能够产生该路径下的所有文件的名称排序列表。编写两个重载的 list（），根据参数产生整份列表，或只产生列表的部分内容。再增加一个 size（），令它接收一个文件名，并返回文件大小。

2. 编写一个程序，对一个在代码中给定的字符串对象将字符串写到一个文件。该文件对应于字符串中单词的所有可能的排列，例如，对于字符串"the fat cat"，要写的字符串有："the fat cat"、"the cat fat"、"cat the fat"、"cat fat the"、"fat the cat"、"fat cat the"，不必按照这个顺序。

思考与练习

（一）填空题

1. 按照流的方向来分，I/O 流包括_____和_____。
2. 流是一个流动的_____，数据从_____流向_____。
3. FileInputStream 实现对磁盘文件的读取操作，在读取字符的时候，它一般与_____和_____一起使用。
4. 使用 BufferedOutputStream 输出时，数据首先写入_____，直到写满才将数据写入_____。
5. _____类是 java. io 包中一个非常重要的非流类，封装了操作文件系统的功能。
6. Java 包括两个标准输出对象标准输出对象，_____和标准错误输出。

（二）选择题

1. 以下哪个包是输入/输出处理时必须引入的（　　）。
   A. java.io　　　B. java.awt　　　C. java.lang　　　D. java.util
2. 下列流中哪一个使用了缓冲区技术？（　　）
   A. BufferedOutputStream　　　B. FileInputStream
   C. DataOutputStream　　　　　D. FileReader
3. 要在磁盘上创建一个文件，可以使用哪些类的实例？（　　）
   A. File　　　　　　　　　　　B. FileOutputStream
   C. RandomAccessFile　　　　　D. 以上都对
4. 下列说法错误的是（　　）。
   A. Java 的标准输入对象为 System.in
   B. 打开一个文件时不可能产生 IOException 异常
   C. 使用 File 对象可以判断一个文件是否存在
   D. 使用 File 对象可以判断一个目录是否存在
5. 下列哪个方法不属于 InputStream 类？（　　）
   A. int read（byte[]）　　　　B. void flush（）
   C. void close（）　　　　　　 D. int available（）
6. 下列哪个方法返回的是文件的绝对路径？（　　）。
   A. getCanonicalPath（）　　　B. getAbsolutePath（）
   C. getCanonicalFile（）　　　D. getAbsoluteFile（）

（三）简答题

1. 在数据流操作时，可能会遇到哪些异常？
2. 对于 InputStream 流，如何从中读取数据？有哪些读取方式？
3. 对于 OutputStream 流，如何向流写入数据？有哪些写入方式？
4. File 对象一定对应一个磁盘文件或磁盘目录吗？
5. 如何关闭 Reader 数据流和 Writer 数据流？关闭意味着什么？

（四）编程题

1. 编写应用程序，在当前目录下创建子目录 myfile 和文件 1.dat，使用 DataOutputStream 流向文件 1.dat 中写入一个布尔值、一个整数、一个长整数、一个双精度小数和一个字符串。使用 DataInputStream 流读取 1.dat，并将其内容显示在命令行。
2. 编写应用程序，使用 RandomAccessFile 对象实现第 1 题。
3. 编写一个 Student 类，类中定义变量学号、姓名、语文成绩和英语成绩，定义构造方法用于初始化类中的变量，覆盖 toString（）方法，用于显示类中的变量。Student 实现 Serializalbe 接口。编写应用程序，使用 ObjectOutputStream 流将 Student 对象写到文件 2.dat 中，并使用 ObjectInputStream 流读取 2.dat，将其内容显示在命令行。

第 9 章 多线程编程技术

【学习目标】

线程是 Java 语言中的一种重要机制，它允许一个程序同时执行多个任务。以往我们开发的程序大多是单线程的，即一个程序只有一条从头至尾的执行线索。然而现实世界中的很多过程都具有多条线索同时动作的特性。例如，我们可以一边看电视，一边聊天，同时还可以喝茶。再如一个网络服务器可能需要同时处理多个客户机的请求等。

在完成了本章的学习后，读者应当能够掌握以下内容：
- 多线程的基本概念
- 多线程的状态和生命周期
- 多线程的实现与控制
- 多线程的调度执行（优先级的概念）
- 使用 synchronized 关键字保护数据不受破坏
- 使用 wait（）和 notify（）使线程间相互通信

9.1 什么是线程

9.1.1 进程和线程

程序是一段静态的代码，它是应用软件执行的蓝本。

进程是程序的一次动态执行过程，它对应了从代码加载，执行至执行完毕的一个完整过程。这个过程也是进程本身从产生、发展至消亡的过程。如果把银行一天的工作比作一个进程，那么早上打铃上班是进程的开始，晚上打下班铃是进程的结束。

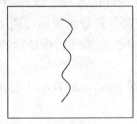

单进程　单线程

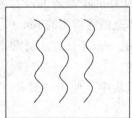

单进程　多线程

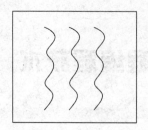 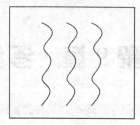

多进程　　多线程

图 9.1　进程、线程示意图

线程是比进程更小的执行单位。一个进程在其执行过程中,可以产生多个线程,形成多条执行线索。每条线索,即每个线程也有它自身的产生,存在和消亡的过程,也是一个动态的概念。就像银行一天的工作开始后,可以有多个不同的"线程"为客户服务,如财会部门、出纳部门、保安部门等等。我们知道,每个进程都有一段专用的内存区域,与此不同的是,线程间可以共享相同的内存单元(包括代码与数据),并利用这些共享单元来实现数据交换,实时通信以及必要的同步操作。比如在银行一天的工作开始后,财会部门、出纳部门、保安部门这三个线程共享银行的电力资源,财会部门,出纳部门可能共享银行的账目数据等。多线程的程序能更好地表达和解决现实世界的具体问题,是计算机应用开发和程序设计的一个必然发展趋势。

就像多任务操作系统通过运行超过一个以上的进程来并发地执行多件事情一样,一个进程也可以通过运行多个线程来实现类似的功能。每个线程都是一个能独立执行自身指令的不同控制流,这就使得一个包含多线程的进程能够并发地执行多项任务。例如,一个线程运行 GUI、第二个线程执行一些 IO 操作,而第三个线程则执行后台计算任务。

9.1.2　Java 对多线程的支持

多线程程序设计允许单个程序创建多个并行执行的线程来完成各自的任务,相对于单线程程序设计而言,多线程的并行程序设计是比较困难的,利用 C 或 C++语言以及 OS 的多线程支持库很难保证线程的安全性。因为利用这种显式的多线程程序设计方式,程序员很难保证在需要的时候加锁,而在某个合适的时候又能恰当地将它释放。Java 在语言级提供了对多线程的有效支持,通过语言和运行支持系统提供的复杂的同步机制,从而极大地方便了用户,有效地减少了多线程并行程序设计的困难。

Java.lang 中的 Thread 类是 Java 多线程程序设计的基础,线程的行为由线程体决定,Java 的线程体是由线程类的 run()方法定义。运行系统通过调用 run()方法实现线程的具体行为,run()方法通常是一个循环,如实现动画显示的线程就需要循环来显示一系列图像。

注:在这个模块中,使用"Thread"时是指 java.lang.Thread 而使用"thread"时是指执行上下文。

9.1.3　线程的三个部分

进程是正在执行的程序。一个或更多的线程构成了一个进程。一个线程或执行上

下文由三个主要部分组成
- 一个虚拟处理机

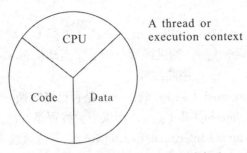

图9.2　一个线程的三个主要组成部分

- CPU 执行的代码
- 代码操作的数据

代码可以或不可以由多个线程共享，这和数据是独立的。两个线程如果执行同一个类的实例代码，则它们可以共享相同的代码。

类似地，数据可以或不可以由多个线程共享，这和代码是独立的。两个线程如果共享对一个公共对象的存取，则它们可以共享相同的数据。

在 Java 编程中，虚拟处理机封装在 Thread 类的一个实例里。构造线程时，定义其上下文的代码和数据是由传递给它的构造函数的对象指定的。

9.2　创建线程

run 方法执行线程的工作，其代码实现了线程的运行行为。线程的 run 方法能实现任何可以用语句所做的工作：对数据排序，运行动画，进行一系列科学运算。

Thread 类是一个通用的线程，它在默认情况下不做任何事情。可以有两种途径提供 run 方法的实现：继承 Thread 类和实现 Runnable 接口，这样可以用两种方法实现线程体的定义和线程的创建。

9.2.1　继承 Thread 类创建线程

通过实现 Thread 类的子类、重写 run () 方法定义线程体，让它做某些事情，然后创建该子类的对象创建线程。

我们先来看看 Thread 类代码，下面的方法会影响到线程的生命周期，为了方便省略了实现细节：

```
package java.lang;

public class Thread {
    public void start ();   // 线程的启动
    public void run ();     // 线程体
    public void stop ();    // 已废弃
    public void resume ();  // 已废弃
```

public void suspend ();// 已废弃

public static void sleep (long millis);// 在指定的毫秒数内让当前正在执行的线程休眠

public static void sleep (long millis, int nanos);// 同上，增加了纳秒参数

public boolean isAlive ();// 测试线程是否处于活动状态

public void interrupt ();// 中断线程

public boolean isInterrupted ();// 测试线程是否已经中断

public static boolean interrupted ();// 测试当前线程是否已经中断

public void join ( ) throws InterruptedException;// 等待该线程终止

public void join (long millis) throws InterruptedException;// 等待该线程终止的时间最长为 millis 毫秒

public void join (long millis, int nanos) throws InterruptedException;// 等待该线程终止的时间最长为 millis 毫秒 + nanos 纳秒
}

Thread 类拥有的主要方法有：

public Thread (Runnable target)：构造函数，创建线程对象，参数 target 称为被创建线程的目标对象。创建目标对象 target 的类负责实现 Runnable 接口，给出该接口中 run ( ) 方法的方法体。利用构造函数创建新线程对象之后，这个对象中的有关数据被初始化，从而进入线程的生命周期的第一个状态——新建状态。

start ( ) 方法：线程调用该方法将启动线程，使之从新建状态转入就绪状态并进入就绪队列排队，一旦轮到它来享用 CPU 资源时，就可以脱离创建它的主线程独立开始自己的生命周期了。

run ( ) 方法：Thread 类的 run ( ) 方法与 Runnable 接口中的 run ( ) 方法的功能和作用相同，都用来定义线程对象被调度之后所执行的操作，都是系统自动调用而用户程序不得引用的方法。系统的 Thread 类中，run ( ) 方法没有具体内容，所以用户程序需要创建自己的 Thread 类的子类，并重写 run ( ) 方法来覆盖原来的 run ( ) 方法。当 run 方法执行完毕，线程就变成死亡状态，所谓死亡状态就是线程释放了实体，即释放分配给线程对象的内存。在线程没有结束 run 方法之前，不赞成让线程再调用 start 方法，否则将发生 ILLegalThreadStateException 异常。

sleep (int millsecond) 方法：线程的调度执行是按照其优先级的高低顺序进行的，当高级线程不完成，即未死亡时，低级线程没有机会获得处理器。有时，优先级高的线程需要优先级低的线程做一些工作来配合它，或者优先级高的线程需要完成一些费时的操作，此时优先级高的线程应该让出处理器，使优先级低的线程有机会执行。为达到这个目的，优先级高的线程可以在它的 run ( ) 方法中调用 sleep 方法来使自己放弃处理器资源，休眠一段时间。休眠时间的长短由 sleep 方法的参数决定，millsecond 是毫秒为单位的休眠时间。

isAlive ( ) 方法：检查线程是否仍然存活的方法。

currentThread ( ) 方法：判断当前正在占有 CPU 的线程。

实训1：2014 年世界杯倒计时

本实训通过继承 Thread 类来制作一个简单的 2014 年世界杯倒计时显示屏，显示当

前距 2014 年世界杯还有多少时间，每秒刷新一次，并显示出所剩的天数、小时数、分钟数和秒钟数。

```java
import javax.swing.*;

import java.awt.*;
import java.util.*;

public class CountDown extends JFrame {
    private JFrame frm1;
    private JLabel lbl1;
    private JLabel lbl2;

    public CountDown() {
        frm1 = new JFrame("倒计时");
        lbl1 = new JLabel("距2014年世界杯还有:"); // lbl1 上提示倒计时内容，2014 年 6 月 13 日
        lbl2 = new JLabel(""); // lbl2 中显示剩余时间
        frm1.add(lbl1, BorderLayout.NORTH); // 添加 lbl1 到窗体上方
        frm1.add(lbl2, BorderLayout.CENTER); // 添加 lbl2 到窗体的中间
        Dimension scrSize = Toolkit.getDefaultToolkit().getScreenSize();
        frm1.setBounds((scrSize.width - 300)/2, (scrSize.height - 100)/2,
            300, 100); // 在屏幕正中央显示
        frm1.setVisible(true);
        // 创建 ShowTime 对象 t
        // GregorianCalendar 中月份是从 0 开始计数
        Thread t = new ShowTime(new GregorianCalendar(2014, 5, 13, 0, 0, 0));
        t.start(); // 启动线程
    }

    // 主方法，生成 TimeFrame 对象并显示
    public static void main(String[] args) {
        CountDown countdown = new CountDown();
        countdown.setDefaultCloseOperation(JFrame.EXIT_ON_CLOSE);
    }

// 定义 ShowTime 类，继承 Thread 类
class ShowTime extends Thread {
    private Calendar countDate;
```

```java
        // 构造方法，传入倒计时的时间
        public ShowTime(Calendar countDate){
            this.countDate = countDate;
        }

        public void run(){
            while(true){
                // 创建 GregorianCalendar 对象并得到当前的时间
                Calendar thisTime = new GregorianCalendar();
                // 定义 long 类型的 seconds，表示剩余的秒数
                long seconds = (countDate.getTimeInMillis() - thisTime
                        .getTimeInMillis()) / 1000;
                if(seconds <= 0) // 如果时间小于 0，则说明时间到
                {
                    lbl2.setText("时间到!");
                    break;
                }
                int day = (int)(seconds / (24 * 60 * 60));
                int hour = (int)(seconds / (60 * 60) % 24);
                int min = (int)(seconds / 60 % 60);
                int sec = (int)(seconds % 60);
                String str = day + "天" + hour + "时" + min + "分" + sec + "秒";
                lbl2.setText(str); // 刷新 lbl2 上的时间
                try{
                    Thread.sleep(1000); // 每隔一秒钟改变一次时间显示
                }catch(InterruptedException e){
                    e.printStackTrace();
                }
            }
        }
    }
}
```

程序运行结果如图 9.3 所示。

9.2.2 实现 Runnable 接口创建线程

另一种方法是通过在类中实现 Runnable 接口，并在该类中提供 run() 方法的实现。

Runnable 接口只有一个方法 run()，所有实现 Runnable 接口的用户类都必须具体

图 9.3　2014 年世界杯倒计时显示屏

实现这个 run（）方法，为它提供方法体并定义具体操作。当用 Thread 类的构造方法 Thread（Runnable target）创建线程对象时，构造方法中的参数必须是一个具体的对象，该对象称作线程的目标对象，创建目标对象的类必须要实现 Runnable 接口。当线程调用 start 方法时，一旦轮到它来享用 CPU，目标对象就会自动调用接口中的 run 方法。Runnable 接口中的这个 run（）方法是一个较特殊的方法，它可以被运行系统自动识别和执行。也就是说，当线程被调度并转入运行状态时，它所执行的就是 run（）方法中规定的操作。所以，一个实现了 Runnable 接口的类实际上定义了一个主线程之外的新线程的操作。

Runnable 接口是在 java.lang 包中定义的，下面是定义 Runnable 接口的源代码：

```
package java.lang;
public interface Runnable {
    public abstract void run();
}
```

从这里可以看出，Runnable 接口中只提供了 run（）方法的说明。

实训 2：银行卡折存取款。

某人在银行开了一个账户，同时办理了银行卡和存折，账户里原有 100 元。一天，夫妇俩分别持银行卡和存折到不同的银行窗口办理存取款业务，其中持卡的共取款 3 次，每次支取 100 元，而持存折的共存钱 3 次，每次存入 80 元。编程模拟存取款情况。

```
public class Money implements Runnable {
    int money = 100;
    int number1 = 80, number2 = 100;
    Thread t1, t2;

    public Money() {
        t1 = new Thread(this);
        t2 = new Thread(this);
    }

    public static void main(String args[]) {
        Money ee = new Money();
        ee.t1.start();
        ee.t2.start();
    }
```

```java
public void run () {
    if (Thread.currentThread () == t1) {
        for (int i = 1; i <= 3; i++) {
            money = money + number1;
            System.out.println (" t1 存了" + number1 + " 元钱,还剩" + money + " 元钱");
        }
    } else if (Thread.currentThread () == t2) {
        for (int i = 1; i <= 3; i++) {
            if (money >= number2) {
                money = money - number2;
                System.out.println (" t2 取了" + number2 + " 元钱,还剩" + money + " 元钱");
            } else {
                System.out.println (" 余额不足, t2 不能取钱");
            }
        }
    }
}
```

本实训连续运行三次后的结果如表 9.1 所示。

表 9.1

第一次运行结果	第二次运行结果
t2 取了 100 元钱,还剩 80 元钱 t1 存了 80 元钱,还剩 80 元钱 余额不足, t2 不能取钱 t1 存了 80 元钱,还剩 160 元钱 t2 取了 100 元钱,还剩 60 元钱 t1 存了 80 元钱,还剩 140 元钱	t2 取了 100 元钱,还剩 80 元钱 余额不足, t2 不能取钱 余额不足, t2 不能取钱 t1 存了 80 元钱,还剩 80 元钱 t1 存了 80 元钱,还剩 160 元钱 t1 存了 80 元钱,还剩 240 元钱
第三次运行结果	第四次运行结果
t1 存了 80 元钱,还剩 180 元钱 t2 取了 100 元钱,还剩 80 元钱 t1 存了 80 元钱,还剩 160 元钱 t2 取了 100 元钱,还剩 60 元钱 t1 存了 80 元钱,还剩 140 元钱 t2 取了 100 元钱,还剩 40 元钱	t2 取了 100 元钱,还剩 80 元钱 t1 存了 80 元钱,还剩 80 元钱 t1 存了 80 元钱,还剩 160 元钱 t1 存了 80 元钱,还剩 240 元钱 余额不足, t2 不能取钱 t2 取了 100 元钱,还剩 140 元钱

通过多次运行本实训,我们发现,只有第三次运行的结果完全正确,其他几次虽

然最后账户所剩钱数是正确的，但有时在存取款过程中显示的剩余金额是错误的。出现这种情况的原因是在程序运行过程中，CPU 在 3 个线程之间进行切换，使得上一线程还没来得及输出操作结果，操作系统就将 CPU 的使用权切换给了下一线程。上述问题涉及进程的同步，我们在实训 5 中来解决。

9.2.3 两种方法的比较

到这里，你一定会奇怪为什么 Java 有两种创建子线程的方法，哪一种更好呢？Thread 类定义了多种方法可以被派生类重载。对于所有的方法，唯一的必须被重载的是 run（）方法。这当然是实现 Runnable 接口所需的同样的方法。很多 Java 程序员认为类仅在它们被加强或修改时应该被扩展。因此，如果你不重载 Thread 的其他方法时，最好只实现 Runnable 接口。

构造线程体的两种方法的比较：
（1）实现 Runnable 接口
①可以将 CPU、代码和数据分开，形成清晰的模型；
②还可以继承其他的类；
③保持程序风格的一致性。
（2）直接继承 Thread 类
①不能再从其他类继承；
②编写简单，可以直接操纵线程，无需使用 Thread. currentThread（）。

注：如果你的类必须是另一个类的子类（如 java 小程序），那么就应该使用 Runnable 接口。

9.3 线程的状态与生命周期

Java 语言使用 Thread 类及其子类的对象来表示线程，新建的线程在它的一个完整的生命周期中通常要经历的四种状态。

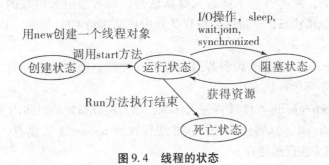

图9.4　线程的状态

9.3.1 创建线程

当一个 Thread 类或其子类的对象被声明并创建时，新生的线程对象处于新建状态。此时它已经有了相应的内存空间和其他资源。有时，可以仅仅创建线程，而不马上启动运行，此时线程就处于 New Thread 状态，如图 9.4 所示。

Thread myThread = new MyThreadClass ( );

当一个线程处于创建状态时，它仅仅是一个空的线程对象，系统不为它分配资源。处于 New Thread 状态的线程仅仅是一个空的线程对象，它还没有被分配有关的系统资源，start ( ) 为新创建的线程建立必要的系统资源，并使线程的状态从 New Thread 转化为 Runnable。

9.3.2 启动线程

线程创建之后就具备了运行的条件，一旦轮到它来享用 CPU 资源时，就可以脱离创建它的主线程独立开始自己的生命周期了。

Thread myThread = new MyThreadClass ( );
myThread. start ( );

当一个线程处于可运行状态时，系统为这个线程分配了它需要的系统资源，安排其运行并调用线程运行方法，这样就使得该线程处于可运行（Runnable）状态。需要注意的是这一状态并不是运行中状态（Running），因为线程也许实际上并未真正运行。由于很多计算机都是单处理器的，所以要在同一时刻运行所有的处于可运行状态的线程是不可能的，Java 的运行系统必须实现调度来保证这些线程共享处理器。

start ( ) 方法将在不同阶段完成如下事情：为线程创建必要的系统资源、将线程状态置为 Runnable 并将线程交给系统调度、调用线程的 run ( ) 方法。Runnable 状态表示线程正在运行或处于运行就绪状态，此时的线程仅仅是可以运行，但不一定在实际的运行中。在多线程程序设计中，系统往往会有多个线程同时处于 Runnable 状态，它们将竞争有限的 CPU 资源。对它们如何调度依赖于线程的优先级和系统的调度策略，没有被调度到的线程只能等待运行。

9.3.3 阻塞线程

一个正在执行的线程可能被人为地阻塞，让出 CPU 的使用权，暂时中止自己的执行，进入阻塞状态。阻塞时它不能进入排队队列，只有当引起阻塞的原因被消除时，线程才可以转入就绪状态，重新进到线程队列中排队等待 CPU 资源，以便从原来终止处开始继续运行。

一个处于 Runnable 状态的线程若遇到以下五种控制操作或事件时，将转化为 Not Runnable 状态（不可运行状态）：

（1）通过 sleep（millis）使线程进入休眠，该方法在指定的时间内无法被唤醒。

（2）通过 suspend ( ) 暂停线程，除非线程收到 resume ( ) 消息，否则不会变回可执行状态。（该方法已经废弃）

（3）通过 wait ( ) 暂停线程，除非收到 notify ( ) 或 notifyAll ( ) 消息，否则不会变回可执行状态。wait ( ) 和 notify ( ) 两个函数都是 Object 的一部分，不像 sleep ( ) 那样属于 Thread，这是因为两个函数会取用对象的互斥锁，而互斥锁正是每个继承自 Object 对象都拥有的。如此一来我们可以把 wait ( ) 置于任何同步函数内，也只能在同步函数中调用 wait ( )、sleep ( )、suspend ( ) 和 resume ( )，可以在所有非同步函数中使用，因为它们不会取用互斥锁。

（4）线程正在等待某个 IO 动作完成。

（5）线程正尝试调用一个同步对象，但尚未取得该对象互斥锁。

不可运行状态也称为阻塞状态（Blocked）。因为某种原因（输入/输出、等待消息或其它阻塞情况），系统不能执行线程的状态。这时即使处理器空闲，也不能执行该线程。

处于 Not Runnable 状态的线程，即使有空闲 CPU 资源，它也不能被调用运行，Not Runnable 状态可以利用某种控制操作转化为 Runnable 状态，其操作方法要与将 Runnable 状态转化为 Not Runnable 的方法相对应，具体地说：

●如果一个线程处于睡眠状态，则在指定的时间过完以后，线程状态自动恢复为 Runnable 状态；

●如果一个线程被挂起，则必须调用 resume（）方法，才能将线程状态转化为 Runnable 状态；

注：从 JDK1.2 开始就不再使用 suspend（）和 resume（）。

●如果一个线程是处于等待某个条件变量的状态，则必须使用 notify（）或 notifyall（）方法释放该条件变量；

●如果一个线程受阻于输入输出，那么在指定的输入输出的命令完成以后自动恢复为 Runnable 状态。

9.3.4 终止线程

处于死亡状态的线程不具有继续运行的能力。线程死亡的原因有二，一个是正常运行的线程完成了它的全部工作，另一个是线程被提前强制性地终止。所谓死亡状态就是线程释放了实体，即释放分配给线程对象的内存。

有三种方法可以使终止线程：

（1）使用退出标志，使线程正常退出，也就是当 run 方法完成后线程终止。

当 run 方法执行完后，线程就会退出。但有时 run 方法是永远不会结束的。如在服务端程序中使用线程进行监听客户端请求，或是其他的需要循环处理的任务。在这种情况下，一般是将这些任务放在一个循环中，如 while 循环。如果想让循环永远运行下去，可以使用 while（true）｛...｝来处理。但要想使 while 循环在某一特定条件下退出，最直接的方法就是设一个 boolean 类型的标志，并通过设置这个标志为 true 或 false 来控制 while 循环是否退出。

（2）使用 stop 方法强行终止线程（这个方法不推荐使用，因为 stop 和 suspend、resume 一样，也可能发生不可预料的结果）。

（3）使用 interrupt 方法中断线程。

使用 interrupt 方法来终端线程可分为两种情况：

①线程处于阻塞状态，如使用了 sleep 方法。

②使用 while（！isInterrupted（））｛...｝来判断线程是否被中断。

在第一种情况下使用 interrupt 方法，sleep 方法将抛出一个 InterruptedException 例外，而在第二种情况下线程将直接退出。下面的代码演示了在第一种情况下使用 interrupt 方法。

```java
public class ThreadInterrupt extends Thread {
    public void run () {
        try {
            sleep (50000); // 延迟50 秒
        } catch (InterruptedException e) {
            System.out.println (e.getMessage ());
        }
    }

    public static void main (String [] args) throws Exception {
        Thread thread = new ThreadInterrupt ();
        thread.start ();
        System.out.println (" 在 50 秒之内按任意键中断线程!");
        System.in.read ();
        thread.interrupt ();
        thread.join ();
        System.out.println (" 线程已经退出!");
    }
}
```

上面代码的运行结果如下：
在 50 秒之内按任意键中断线程！

sleep interrupted
线程已经退出！

在调用 interrupt 方法后，sleep 方法抛出异常，然后输出错误信息：sleep interrupted。

注意：在 Thread 类中有两个方法可以判断线程是否通过 interrupt 方法被终止。一个是静态的方法 interrupted ()，一个是非静态的方法 isInterrupted ()，这两个方法的区别是 interrupted 用来判断当前线是否被中断，而 isInterrupted 可以用来判断其他线程是否被中断。因此，while (! isInterrupted ()) 也可以换成 while (! Thread.interrupted ())。

在线程中，如果调用了在当时线程的状态下不允许执行的控制方法时，Java 运行系统将抛出 IllegalThreadStateException 异常。

实训 3：展示线程的生命周期。

一个线程的生命周期分为四种状态：新生、可执行、堵塞和死亡，我们在本实训中对一个线程进行上述操作。用一个标签显示线程的运行状态，文本框显示计时器的数值，并添加四个按钮分别模拟创建、启动、堵塞和死亡等四种状态。

```java
import java.awt.event.ActionEvent;
```

```java
import java.awt.event.ActionListener;
import javax.swing.*;

public class ThreadLife extends JFrame {

    private static final long serialVersionUID = 1L;
    private MyThread thread = null; // 要操作的线程
    private JTextField txtCount = null; // 运行计数器
    private JLabel lblState = null; // 显示线程运行状态
    private JButton btnNew = null, btnStart = null, btnWait = null,
            btnStop = null; // 新生、启动、堵塞、死亡 四个按钮
    private boolean isWait = false; // 是否为暂停状态

    public ThreadLife() {
        super("线程生命周期");
        txtCount = new JTextField(25);
        txtCount.setHorizontalAlignment(JTextField.CENTER);
        lblState = new JLabel("        ");
        btnNew = new JButton("新生");
        btnNew.addActionListener(new ActionListener() {
            public void actionPerformed(ActionEvent e) {
                thread = new MyThread();
                lblState.setText("新生");
            }
        });
        btnStart = new JButton("执行");
        btnStart.addActionListener(new ActionListener() {
            public void actionPerformed(ActionEvent e) {
                thread.start();
                lblState.setText("执行");
            }
        });
        btnWait = new JButton("堵塞");
        btnWait.addActionListener(new ActionListener() {
            public void actionPerformed(ActionEvent e) {
                if (!isWait) { // 如果不是暂停状态
                    isWait = true;
                    btnWait.setText("继续");
                } else {
```

```java
                isWait = false;
                synchronized (thread) {
                    thread.notify(); // 继续
                }
                btnWait.setText("堵塞");
            }
        }
    });
    btnStop = new JButton("死亡");
    btnStop.addActionListener(new ActionListener() {
        public void actionPerformed(ActionEvent e) {
            if (isWait) {
                isWait = false;
                synchronized (thread) {
                    thread.notify();
                }
            }
            thread.quit();
            lblState.setText("死亡");
        }
    });
    JPanel pane = new JPanel();
    pane.add(lblState);
    pane.add(txtCount);
    pane.add(btnNew);
    pane.add(btnStart);
    pane.add(btnWait);
    pane.add(btnStop);
    this.getContentPane().add(pane);
    this.setDefaultCloseOperation(JFrame.EXIT_ON_CLOSE);
    this.setSize(300, 150);
    this.setLocationRelativeTo(null);
    this.setVisible(true);
}

class MyThread extends Thread {
    // 计数器数值
    private int i = 0;
    // 控制循环,也就是控制线程结束的 boolean 变量
```

```java
        private boolean isOver = false;

        public MyThread () {
            i = 0;
            txtCount.setText (Integer.toString (i));
        }

        public void quit () {
            this.isOver = true;
        }

        public synchronized void run () {
            while (! isOver) {
                if (isWait) { // 这里决定了线程何时停滞
                    try {
                        wait (); // 只能在同步函数中调用 wait ()
                    } catch (InterruptedException ex) {
                        ex.printStackTrace ();
                    }
                }
                txtCount.setText (Integer.toString (i++));
                try {
                    MyThread.sleep (100);
                } catch (InterruptedException ex) {
                    ex.printStackTrace ();
                }
            }
        }
    }

    public static void main (String [] args) {
        new ThreadLife ();
    }
}
```

程序运行结果如图 9.5 所示。

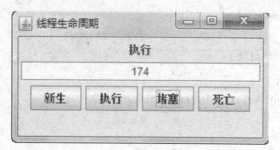

图9.5 一个线程生命周期的四种状态

9.4 线程的控制

9.4.1 使用 isAlive 和 join 方法

Thread 类提供了知道另一个线程是否终止的方法。

第一种方法是在线程中调用 isAlive() 方法，这个方法由 Thread 类定义：

final Boolean isAlive()

如果线程已经启动并且没有停止，调用 isAlive() 方法将返回真，否则返回假。该方法常用来测试线程的状态。

第二种方法是调用 join() 方法等待另一线程的结束。

join 方法的功能就是使异步执行的线程变成同步执行。也就是说，当调用线程实例的 start 方法后，这个方法会立即返回。如果在调用 start 方法后需要使用一个由这个线程计算得到的值，就必须使用 join 方法。如果不使用 join 方法，就不能保证当执行到 start 方法后面的某条语句时，这个线程一定会执行完。而使用 join 方法后，直到这个线程退出，程序才会往下执行。

下面的代码演示了 join 的用法。

```
public class JoinThread extends Thread {
    public static int n = 0;

    static synchronized void inc() {
        n ++;
    }

    public void run() {
        for (int i = 0; i < 10; i ++)
            try {
                inc();
                sleep(3); // 为了使运行结果更随机,延迟3毫秒
            } catch (Exception e) {
            }
```

```java
    }
    public static void main (String [] args) throws Exception {
        Thread threads [] = new Thread [100];
        for (int i = 0; i < threads.length; i++)
            // 建立100个线程
            threads [i] = new JoinThread ();
        for (int i = 0; i < threads.length; i++)
            // 运行刚才建立的100个线程
            threads [i].start ();
        if (args.length > 0)
            for (int i = 0; i < threads.length; i++)
                // 100个线程都执行完后继续
                threads [i].join ();
        System.out.println (" n = " + JoinThread.n);
    }
}
```

该演示代码建立了100个线程，每个线程使静态变量 n 增加10。如果在这100个线程都执行完后输出 n，这个 n 值应该是1000。

使用如下的命令运行上面程序：

java JoinThread

程序的运行结果如下：

n = 113

这个运行结果可能在不同的运行环境下有一些差异，但一般 n 不会等于1000。从上面的结果可以肯定，这100个线程并未都执行完就将 n 输出了。

使用如下的命令运行上面的代码：

java JoinThread join

在上面的命令行中有一个参数 join，其实在命令行中可以使用任何参数，只要有一个参数就可以，这里使用 join，只是为了表明要使用 join 方法使这100个线程同步执行。

程序的运行结果如下：

n = 1000

无论在什么样的运行环境下运行上面的命令，都会得到相同的结果：n = 1000。这充分说明了这100个线程肯定是都执行完了，因此，n 一定会等于1000。

9.4.2 线程的优先级

线程优先级被线程调度用来判定每个线程何时允许运行。理论上，优先级高的线程比优先级低的线程获得更多的 CPU 时间。实际上，线程获得的 CPU 时间通常由包括优先级在内的多个因素决定（例如，一个采用多任务处理的操作系统如何更有效地利用 CPU 时间）。一个优先级高的线程自然比优先级低的线程优先。举例来说，当低优先级线程正在运行，而一个高优先级的线程被恢复（例如从睡眠中或等待 I/O 中恢复），它将抢占低优先级线程所使用的 CPU。

理论上，等优先级线程有同等的权利使用 CPU。但 Java 是被设计成能在很多环境下工作的，而一些环境下实现多任务处理从本质上与其他环境不同。为安全起见，等优先级线程偶尔也受控制，这就保证了所有的线程在无优先级的操作系统下都有机会运行。实际上，在无优先级的环境下，多数线程仍然有机会运行，因为很多线程不可避免地会遭遇阻塞，例如等待输入输出。遇到这种情形，阻塞的线程挂起，其他线程运行。但是如果你希望多线程执行得顺利的话，最好不要采用这种方法。同样，有些类型的任务是占 CPU 的。对于这些支配 CPU 类型的线程，有时你希望能够支配它们，以便使其他线程可以运行。

设置线程的优先级，用 setPriority（ ）方法，该方法也是 Tread 的成员。它的通常形式为：

final void setPriority（int level）

这里，level 指定了对所调用的线程的新的优先权的设置。Level 的值（即线程的优先级）用数字来表示，即 Thread. MIN_ PRIORITY 到 Thread. MAX_ PRIORITY，范围从 1 到 10。一个线程的缺省优先级是 5，即 Thread. NORM_ PRIORITY。这些优先级在 Thread 中都被定义为 final 型变量。

你可以通过调用 Thread 的 getPriority（ ）方法来获得当前的优先级设置。该方法如下：

final int getPriority（ ）

优先级不能超出 1~10 的取值范围，否则抛出 IllegalArgumentException。另外如果该线程已经属于一个线程组（ThreadGroup），该线程的优先级不能超过该线程组的优先级。

下面用一个简单的输出数字的线程来演示线程优先级的使用，实现的示例代码如下：

```
public class TestPriority {
    public static void main（String [] args） {
        PrintNumberThread p1 = new PrintNumberThread（" 高优先级"）;
        PrintNumberThread p2 = new PrintNumberThread（" 普通优先级"）;
        PrintNumberThread p3 = new PrintNumberThread（" 低优先级"）;
        p1. setPriority（Thread. MAX_ PRIORITY）;
        p2. setPriority（Thread. NORM_ PRIORITY）;
        p3. setPriority（Thread. MIN_ PRIORITY）;
        p1. start（）;
        p2. start（）;
        p3. start（）;
    }
```

```java
}

class PrintNumberThread extends Thread {
    String name;

    public PrintNumberThread(String name) {
        this.name = name;
    }

    public void run() {
        try {
            for (int i = 0; i < 10; i++) {
                System.out.println(name + ":" + i);
            }
        } catch (Exception e) {
        }
    }
}
```

程序的一种执行结果为:

高优先级:0	高优先级:2	高优先级:5	高优先级:9
低优先级:0	低优先级:4	普通优先级:3	普通优先级:5
普通优先级:0	高优先级:3	高优先级:6	普通优先级:6
低优先级:1	普通优先级:2	低优先级:8	普通优先级:7
高优先级:1	高优先级:4	高优先级:7	普通优先级:8
低优先级:2	低优先级:5	普通优先级:4	普通优先级:9
普通优先级:1	低优先级:6	高优先级:8	
低优先级:3	低优先级:7	低优先级:9	

在该示例程序，PrintNumberThread 线程实现的功能是输出数字，每次数字输出之间没有设置时间延迟，在测试类 TestPriority 中创建三个 PrintNumberThread 类型的线程对象，然后分别设置线程优先级是最高、普通和最低，接着启动线程执行程序。

从执行结果可以看出，不一定优先级高的线程比优先级低的线程先运行完毕。Java 线程的优先级高只是说明该线程先执行的概率大一些，并不代表一定会先执行。

9.4.3 线程的调度

Java 提供一个线程调度器来监控程序中启动后进入就绪状态的所有线程。线程调度器按照线程的优先级决定应调度哪些线程来执行。

线程调度器按线程的优先级高低选择高优先级线程（进入运行中状态）执行，同时线程调度是抢先式调度，即如果在当前线程执行过程中，一个更高优先级的线程进入可运行状态，则这个线程立即被调度执行。

抢先式调度又分为：时间片方式和独占方式。在时间片方式下，当前活动线程执行完当前时间片后,如果有其他处于就绪状态的相同优先级的线程,系统会将执行权交给其他就绪态的同优先级线程;当前活动线程转入等待执行队列,等待下一个时间片的调度。

在独占方式下,当前活动线程一旦获得执行权,将一直执行下去,直到执行完毕或由于某种原因主动放弃 CPU,或者是有一高优先级的线程处于就绪状态。

下面几种情况下,当前线程会放弃 CPU:

(1) 线程调用了 yield() 或 sleep() 方法主动放弃;

(2) 由于当前线程进行 I/O 访问,外存读写,等待用户输入等操作,导致线程阻塞;或者是为等候一个条件变量,以及线程调用 wait() 方法;

(3) 抢先式系统下,由高优先级的线程参与调度;时间片方式下,当前时间片用完,由同优先级的线程参与调度。

注意:并不是在所有系统中运行 Java 程序时都采用时间片策略调度线程,所以一个线程在空闲时应该主动放弃 CPU,以使其他同优先级和低优先级的线程得到执行。

实训4:龟兔赛跑。

本实训中我们利用学到的多线程知识来模拟一个有趣的程序——"龟兔赛跑"。

用两个带图片的 JLabel 对象分别代表兔子和乌龟,点击开始按钮后乌龟和兔子就开始赛跑比赛了。兔子的跑步速度远快于乌龟,但兔子每次休息打盹的时间也要长得多。因此,用两个线程分别控制代表兔子和乌龟 JLabel 对象在窗体中的显示位置,并让代表兔子的线程休眠的时间长一些,这样就可以模拟"龟兔赛跑"了。

程序运行结果如图 9.6 所示。

图 9.6　龟兔赛跑

```
import java.awt.*;
import java.awt.event.*;
import javax.swing.*;

import java.lang.Math;
import java.lang.Thread;

public class Race extends JFrame implements ActionListener {
```

```java
    private JButton btnStart;
    JLabel lbl1 = new JLabel (new ImageIcon (
            "rabbit.jpg"));
    JLabel lbl2 = new JLabel (new ImageIcon (
            "tortoise.jpg"));
    Thread myAnimat1, myAnimat2;

    public Race () {
        super ("龟兔赛跑");
        Container c = getContentPane ();
        c.setLayout (null);
        btnStart = new JButton ("开始");
        btnStart.setBounds (170, 200, 60, 30);
        c.add (btnStart);
        btnStart.addActionListener (this);
        lbl1.setBounds (0, 10, 70, 70);
        add (lbl1);
        Animat rabbit = new Animat (20, 6000, lbl1, 10);
        myAnimat1 = new Thread (rabbit);   // 建立兔子线程
        lbl2.setBounds (0, 100, 70, 70);
        add (lbl2);
        Animat tortoise = new Animat (1, 60, lbl2, 100);
        myAnimat2 = new Thread (tortoise);  // 建立乌龟线程
        setBounds (100, 100, 400, 280);
        setVisible (true);
        setResizable (false);
    }

    public void actionPerformed (ActionEvent event) {
        myAnimat1.start ();  // 启动兔子线程
        myAnimat2.start ();  // 启动乌龟线程
        btnStart.setEnabled (false);
    }

    public static void main (String args []) {
        Race race = new Race ();
        race.setDefaultCloseOperation (JFrame.EXIT_ON_CLOSE);
    }
}
```

```java
class Animat implements Runnable{ // 实现 Runnable 接口
    private int speed; // 跑步速度
    private int rest; // 休眠时间
    private JLabel lblPic; // 显示小动物图片
    private int draw_y; // 小动物图片的显示纵坐标
    private int curdistance = 0; // 当前位置

    public Animat(int speed, int rest, JLabel lblPic, int draw_y){
        this.speed = speed;
        this.rest = rest;
        this.lblPic = lblPic;
        this.draw_y = draw_y;
    }

    public void run(){
        while(true){
            try{
                // 休眠一段时间
                Thread.sleep((int)(Math.random() * rest) + 100);
            }catch(Exception e){
            }
            curdistance += speed; // 目前跑到的位置
            if(curdistance >= 330)
                curdistance = 0; // 跑到终点又重头再跑
            lblPic.setLocation(curdistance, draw_y);
        }
    }
}
```

读者可以通过试着修改乌龟和兔子的速度以及休眠时间参数,来观察究竟哪一个先跑到终点。

9.5 线程的同步与死锁

9.5.1 线程的同步机制

在 Java 语言中引入线程的目的是为了支持多线程程序设计,所谓多线程程序是指一个程序中创建了多个线程,这些线程可以执行相同的代码,也可以执行不同的代码,如多个线程分别是不同的线程类的对象时就是这种情况。

在多线程的程序中，当多个线程并发执行时，虽然各个线程中语句（或指令）的执行顺序是确定的，但线程的相对执行顺序是不确定的。如有线程 A1、B1、A2、B2 四个线程，当这四个线程并发执行时，可能会产生如下的执行顺序：

A1A2B1B2、A1B1A2B2、A1B1B2A2、B1A1A2B2、B1A1B2A2、B1B2A1A2 等；

有些情况下，这种因多线程并发而引起的执行顺序的不确定性是无害的，即不会产生运行结果的不确定性。但在有些情况下，这种执行顺序的不确定性会产生执行结果也不确定，比如在多个线程需要共享数据时通常会产生这种不确定性。

实现线程的同步主要有以下 3 种方法：

（1）wait 方法

该方法属于 Object 的方法，wait 方法的作用是使得当前调用 wait 方法所在部分（代码块）的线程停止执行，并释放当前获得的调用 wait 所在的代码块的锁，并在其他线程调用 notify 或者 notifyAll 方法时恢复到竞争锁状态（一旦获得锁就恢复执行）。

调用 wait 方法需要注意几点：

①wait 被调用的时候必须在拥有锁（即 synchronized 修饰的）的代码块中。

②恢复执行后，从 wait 的下一条语句开始执行，因而 wait 方法总是应当在 while 循环中调用，以免出现恢复执行后继续执行的条件不满足却继续执行的情况。

③若 wait 方法参数中带时间，则除了 notify 和 notifyAll 被调用能激活处于 wait 状态（等待状态）的线程进入锁竞争外，在其他线程中 interrupt 它或者参数时间到了之后，该线程也将被激活到竞争状态。

④wait 方法被调用的线程必须获得之前执行到 wait 时释放掉的锁重新获得才能够恢复执行。

（2）notify 方法和 notifyAll 方法

notify 方法通知调用了 wait 方法，但是尚未激活的一个线程进入线程调度队列（即进入锁竞争），注意不是立即执行。并且具体是哪一个线程不能保证。另外一点就是被唤醒的这个线程一定是在等待 wait 所释放的锁。

notifyAll 方法则唤醒所有调用了 wait 方法，尚未激活的进程进入竞争队列。

（3）synchronized 关键字

①synchronized 用来标识一个普通方法时，表示一个线程要执行该方法，必须取得该方法所在的对象的锁。

②synchronized 用来标识一个静态方法时，表示一个线程要执行该方法，必须获得该方法所在的类的类锁。

③synchronized 修饰一个代码块。类似这样：synchronized（obj）{ //code.... }。表示一个线程要执行该代码块，必须获得 obj 的锁。这样做的目的是减小锁的粒度，保证当不同块所需的锁不冲突时不用对整个对象加锁。利用零长度的 byte 数组对象做 obj 非常经济。

9.5.2 死锁

死锁是指两个或多个线程无止境地互相等待的过程，错误的同步常常会引起死锁。

为了解决死锁问题，在进行多线程程序设计时需要遵循如下策略：

- 在指定的任务真正需要并行时，才采用多线程进行程序设计。
- 在对象的同步方法中需要调用其他同步方法时必须小心。
- 在临界区中的时间尽可能的短，需要长时间运行的任务尽量不要放在临界区中。

需要避免的与多任务处理有关的特殊错误类型是死锁（deadlock）。死锁发生在当两个线程对一对同步对象有循环依赖关系时。例如，假定一个线程进入了对象 X 的管程而另一个线程进入了对象 Y 的管程。如果 X 的线程试图调用 Y 的同步方法，它将像预料的一样被锁定。而 Y 的线程同样希望调用 X 的一些同步方法，线程永远等待，因为为了到达 X，必须释放自己的 Y 的锁定以使第一个线程可以完成。死锁是很难调试的错误，因为：

- 通常，它极少发生，只有到两线程的时间段刚好符合时才能发生。
- 它可能包含多于两个的线程和同步对象（也就是说，死锁在比刚讲述的例子有更多复杂的事件序列的时候可以发生）。

为充分理解死锁，观察它的行为是很有用的。如下面这段程序：

```
public int sumArrays（int [] a1, int [] a2）{
    int value = 0;
    int size = a1.length;
    if（size == a2.length）{
        synchronized（a1）{
            synchronized（a2）{
                for（int i = 0; i < size; i++）
                    value += a1[i] + a2[i];
            }
        }
    }
    return value;
}
```

这段代码在求和操作中访问两个数组对象之前锁定了这两个数组对象。它形式简短，编写也适合所要执行的任务；但不幸的是，它有一个潜在的问题。这个问题就是它埋下了死锁的种子。像该例阐明的，你的多线程程序经常被锁定，死锁是你首先应检查的问题。

实训 5：银行卡消费问题。

本实训接着来模拟银行卡消费的问题。假定银行卡里原有 800 元，每次存钱充值都存 800 元，而每次取钱消费都取 1000 元。如果卡里的钱超过 1000 元，则没必要马上存进去，要等消费后卡里的钱少于 1000 元才能再存钱；同样，如果卡里的钱少于 1000 元，则不能消费，要等存了钱再说。

通过这个实训，我们能很好地理解生产者消费者问题，要特别注意同步（synchronized）的使用方法。

```
class SynchronizedBuffer {
    private int buffer = 800;  // 定义缓冲区 buffer：原始保存 800 元
```

```java
private boolean occupiedBuffer = false; // 标志缓冲区是否有钱可取

public synchronized void set(int value){ // 该方法设置 buffer 值,模拟生产过程
    String name = Thread.currentThread().getName(); // 得到生产线程的名字
    while(occupiedBuffer){ // occupiedBuffer 为 true,表明已存钱,还可以取钱
        try{
            System.err.println(name + " 试图存钱,但上一次的还没有消费!等待消费!");
            wait(); // 生产线程等待,直到消费线程已消费,并且 occupiedBuffer 为 false
        } catch(InterruptedException e){
            e.printStackTrace();
        }
    }
    buffer += value; // 消费线程唤醒该线程后,可以生产,即设置 buffer 的值
    System.out.println(name + " 存入一笔钱后,银行卡里还有:" + buffer + " 元"); // 打印生产的值
    if(buffer >= 1000)
        occupiedBuffer = true; // 设置逻辑值 true,表明已存钱并且够消费,必须先消费后才能存钱
    notify(); // 唤醒消费线程,然后对已生产的值进行消费,即调用 get 方法。
}

public synchronized int get(int value){ // 该方法得到 buffer 值,模拟消费过程
    String name = Thread.currentThread().getName(); // 得到生产线程的名字
    while(!occupiedBuffer){ // occupiedBuffer 为 false,表明还够消费,不能消费
        try{
            System.err.println(name + " 试图消费,但银行卡里存钱不够!等待存钱!");
            wait(); // 消费线程等待,直到生产线程已存钱:occupiedBuffer 为 true
        } catch(InterruptedException e){
            e.printStackTrace();
        }
    }
    buffer -= value; //
    if(buffer < 1000)
        occupiedBuffer = false; // 逻辑值为 false,表明已消费过量,又需要存钱
```

```java
            System.out.println(name + "消费后,银行卡里还有:" + buffer + "元");
            notify(); // 唤醒生产线程,上一次生产的值已消费,又可以生产。
            return buffer; // 返回buffer,表明该值已消费
    }
}

class Producer extends Thread {
    private SynchronizedBuffer sharedBuffer; // 生产线程存放数据的空间

    public Producer(SynchronizedBuffer sharedBuffer) {
        super("生产线程——存钱");
        this.sharedBuffer = sharedBuffer;
    }

    // 线程启动后执行,模拟4次存钱,每次存800
    public void run() {
        for (int count = 1; count <= 4; count++) {
            try {
                Thread.sleep((int)(Math.random() * 2000)); // 线程休眠
                sharedBuffer.set(800); // 设置buffer的值,即存入800元
            } catch (InterruptedException e) {
                e.printStackTrace();
            }
        }
    }
}

class Consumer extends Thread {
    private SynchronizedBuffer sharedBuffer; // 消费线程消费数据的空间

    public Consumer(SynchronizedBuffer sharedBuffer) {
        super("消费线程——取钱");
        this.sharedBuffer = sharedBuffer;
    }

    // 线程启动后执行,模拟4次取钱,每次取1000
    public void run() {
        for (int count = 1; count <= 4; count++) {
            try {
```

```java
                    Thread.sleep((int)(Math.random() * 2000)); // 线程休眠
                    sharedBuffer.get(1000); // 得到(消费)缓冲区的 1000 元
                } catch(InterruptedException e){
                    e.printStackTrace();
                }
            }
        }
    }
}

public class ProducerComsumer {
    public static void main(String[] args){
        System.out.println("演示生产和消费的同步:");
        // 生产和消费线程所共享的数据存储空间
        SynchronizedBuffer sharedBuffer = new SynchronizedBuffer();
        Producer producer = new Producer(sharedBuffer); // 生产线程
        Consumer consumer = new Consumer(sharedBuffer); // 消费线程
        producer.start(); // 启动生产线程
        consumer.start(); // 启动消费线程
    }
}
```

本实训连续运行三次后的结果如下：

第一次运行结果：

演示生产和消费的同步：

消费线程——取钱 试图消费，但银行卡里存钱不够！等待存钱！

生产线程——存钱 存入一笔钱后，银行卡里还有：1600 元

消费线程——取钱 消费后，银行卡里还有：600 元

生产线程——存钱 存入一笔钱后，银行卡里还有：1400 元

生产线程——存钱 试图存钱，但上一次的还没有消费！等待消费！

消费线程——取钱 消费后，银行卡里还有：400 元

生产线程——存钱 存入一笔钱后，银行卡里还有：1200 元

消费线程——取钱 消费后，银行卡里还有：200 元

生产线程——存钱 存入一笔钱后，银行卡里还有：1000 元

消费线程——取钱 消费后，银行卡里还有：0 元

第二次运行结果：

演示生产和消费的同步：

生产线程——存钱 存入一笔钱后，银行卡里还有：1600 元

生产线程——存钱 试图存钱，但上一次的还没有消费！等待消费！

消费线程——取钱 消费后，银行卡里还有：600 元

生产线程——存钱 存入一笔钱后，银行卡里还有：1400 元
消费线程——取钱 消费后，银行卡里还有：400 元
消费线程——取钱 试图消费，但银行卡里存钱不够！等待存钱！
生产线程——存钱 存入一笔钱后，银行卡里还有：1200 元
消费线程——取钱 消费后，银行卡里还有：200 元
消费线程——取钱 试图消费，但银行卡里存钱不够！等待存钱！
生产线程——存钱 存入一笔钱后，银行卡里还有：1000 元
消费线程——取钱 消费后，银行卡里还有：0 元

第三次运行结果：
演示生产和消费的同步：
消费线程——取钱 试图消费，但银行卡里存钱不够！等待存钱！
生产线程——存钱 存入一笔钱后，银行卡里还有：1600 元
消费线程——取钱 消费后，银行卡里还有：600 元
消费线程——取钱 试图消费，但银行卡里存钱不够！等待存钱！
生产线程——存钱 存入一笔钱后，银行卡里还有：1400 元
消费线程——取钱 消费后，银行卡里还有：400 元
消费线程——取钱 试图消费，但银行卡里存钱不够！等待存钱！
生产线程——存钱 存入一笔钱后，银行卡里还有：1200 元
消费线程——取钱 消费后，银行卡里还有：200 元
消费线程——取钱 试图消费，但银行卡里存钱不够！等待存钱！
生产线程——存钱 存入一笔钱后，银行卡里还有：1000 元
消费线程——取钱 消费后，银行卡里还有：0 元

通过对比查看，我们发现再也没有出现错误的显示了。
随着多核 CPU 的普及，多线程编程技术已经成为开发人员必须掌握的一项技能。本章介绍了多线程编程的基本知识，包括线程的创建、调度以及同步，可以在实际开发中应用多线程技术提供 CPU 的利用率。

课外实训

1. 编写一个小应用程序，在小应用程序的主线程中有两个线程，一个负责模仿垂直上抛运动，另一个模仿 45 度的抛体运动。

2. 模拟三个人排队买票。张某、李某和赵某买电影票，售票员只有 3 张 5 元的钱，电影票 5 元钱一张。张某拿 20 元一张的新人民币排在李的前面买票，李某排在赵的前面拿一张 10 元的人民币买票，赵某拿一张 5 元的人民币买票。

3. 设计一个生产计算机和搬运计算机类。要求生产一台计算机就搬走一台计算机，如果没有新的计算机生产出来，则搬运工要等待新计算机产出；如果生产出的计算机没有被搬走，则要等待计算机搬走之后再生产，并统计出产计算机的数量。

思考与练习

（一）填空题

1. Java 语言实现多线程的方法有两种，它们是_____和_____。
2. Java 中的线程体是由线程类的_____方法进行定义的，线程运行时，也是从该方法开始执行。
3. 如果一个调用线程调用_____（）方法，将使该线程进入休眠状态。
4. 实现线程交互的 wait（）和 notify（）方法在_____类中定义。
5. Java 线程中，共享数据的所有访问都必须作为临界区，使用_____进行加锁控制。
6. 新创建线程的默认优先级是_____。

（二）选择题

1. 以下哪个方法不能使线程进入阻塞状态（   ）。
   A. sleep（）   B. wait（）   C. suspend（）   D. stop（）
2. 可以使用（   ）方法设置线程的优先级。
   A. getPriority（）   B. setPriority（）   C. yield（）   D. wait（）
3. 以下方法用于定义线程执行体的是（   ）。
   A. start（）   B. init（）   C. run（）   D. main（）
4. 下列方法中，声明抛出 InterruptedException 类型异常的方法是（   ）。
   A. suspend（）   B. resume（）   C. sleep（）   D. start（）
5. 如果线程正处于运行状态，则它可能到达的下一个状态是（   ）。
   A. 只有终止状态
   B. 只有阻塞状态和终止状态
   C. 可以是运行状态、阻塞状态和终止状态
   D. 其他所有状态
6. 在多线程并发程序设计中，能够给对象 x 加锁的语句是（   ）。
   A. x. wait（）   B. synchronized（x）
   C. x. notify（）   D. x. synchronized（）

（三）简答题

1. 建立线程有几种方法？
2. 怎样设置线程的优先级？
3. 在多线程中，为什么要引入同步机制？并举例说明。
4. 在什么地方 wait（）方法，notify（）及 notifyAll（）方法可以被使用？
5. 简述 sleep（）方法和 wait（）方法有什么区别。

(四) 编程题

1. 试编写多线程程序模拟一个售票系统，启动 3 个线程共同卖 100 张电影票。
2. 分别用继承和实现接口方式，生成 5 个线程对象，每个对象循环打印 1000 次，要求从结果中证明线程的无序性。

第10章 Java 网络编程

【学习目标】

本章介绍了 Java 进行网络编程的几种基本的方法，以异 TCP/IP 协议为线索，讲解了高层次的网络访问 URL，以及以 TCP 协议、UDP 协议两种不同通信方式为核心的 Socket 编程。

在完成了本章的学习后，读者应当能够掌握以下内容：
- TCP/IP 的基本概念
- 根据网络访问的不同需求选择不同的访问模型
- 掌握 Java 通过 URL 进行高层网络访问的方法
- 掌握 Java 中 Socket 进行低层网络访问的方法

10.1 Java 的网络访问支持

网络编程的目的就是使得计算机之间能够进行通信，计算机之间的连接必须依靠由连接各方共同遵循的协议，TCP/IP 是应用最为广泛的协议之一。图 10.1 为 TCP/IP 协议的层次结构示意图。

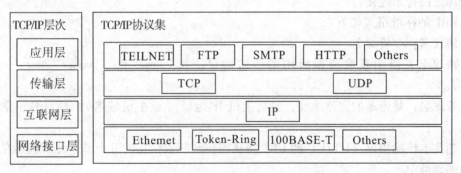

图 10.1 TCP/IP 协议的层次结构示意

通过 TCP/IP 协议可以解决计算机之间通信的两个主要的问题，一个是如何准确地定位网络上一台或多台主机，另一个就是找到主机后如何可靠高效地进行数据传输。在 TCP/IP 协议中 IP 层主要负责网络主机的定位、数据传输的路由，由 IP 地址可以唯一地确定 Internet 上的一台主机。而 TCP 层则提供面向应用的可靠的或非可靠的数据传输机制，这是网络编程的主要对象，一般不需要关心 IP 层是如何处理数据的。

而在应用层，还有一些更为高级的协议，比如可以利用 URL 直接进行 Internet 上的资源访问和数据传输。一些特定的应用这些高层的访问方式要更为简便一些。Java 网络编程所需的类主要集中在 java.net 包中，提供对低层和高层通信均能支持。

图 10.2 为 java 常见的几种通信方式与 TCP/IP 层次之间的关系。

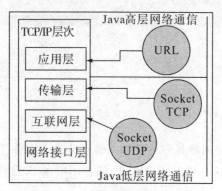

图 10.2 Java 两个层次的网络通信

10.2 Java 的高层网络访问

10.2.1 URL 类

10.2.1.1 URL 介绍

URL 是 Uniform Resource Locator 的缩写，意为是统一资源定位器，是因特网上标准的资源的地址（Address），是用来标识 Internet 上的资源的，通过 URL 可以访问 Internet 上相应的文件和其他资源。统一资源定位符不但被用作网页地址，数据库终端也使用统一资源定位符服务器连接其服务器。实际上任何终端—服务器程序都可以使用统一资源定位符来连接。

URL 的标准格式如下：

协议名：//资源名

协议名：指明获取资源所用的传输协议，如：http、ftp、gopher、new、mailto、file 等。

资源名：是资源的完整地址，包括主机 IP 地址（或主机域名）、端口号、完整文件名。

超文本传输协议（HTTP）的 URL 将从因特网获取信息的五个基本元素包括在一个简单的地址中：

一个比较常见的 URL 如下：

图 10.3

其中,

传输协议：说明访问资源时使用的网络协议。

主机名称（host name）：资源所在的主机的名称（IP 地址）。

文件名（file name）：资源在机器上的完整名字。这里的文件名并不是简单的名字，它要包括文件的完整的路径名，这样我们才能直接通过文件名访问到一个文件。

端口号（port number）：连接时所使用的服务器端口号。省略时表示标准端口号，如 http：80，telnet：23 等 。

10.2.1.2　URL 对象的创建

用 Java.net 包提供了一个 URL 类，可以用它来访问 Web 资源，在 URL 类中，我们可以设定一个 URL，通过这个 URL，我们可以指向 Web 资源（如 Web 页面、Web 站点中的文件文件等），并可以这些资源的内容。

URL 类的构造方法有多种形式，下面是常用的几种形式：

（1）用一个字符串生成 URL 对象

URL（String spec）throws MalformedURLException

如：

URL url = new URL（" http：//java.apple.com/download.html"）；

（2）相对路径构造 URL 对象

URL（URL context，String spec）throws MalformedURLException

（1）中定义的 URL 形式包含访问网络资源的完整路径，通常称为绝对 URL。在 Html 文档中通常还会使用相对 URL。一个相对 URL 不包括协议或主机信息，用于指定与当前文档处于相同主机的 Html 文档。相对 URL 可能包括相对路径的成员，也可能是 URL 片断。如：

URL baseUrl = new URL（" http：// java.sun.com/j2se/1.4.2/"）；

URL url3 = new URL（baseUrl," downloa.html"）；

（3）分别指定 URL 的各个部分，包括协议、主机名、资源路径，采用缺省端口构成 URL 对象

URL（String protocol，String host，int port，String file）

throws MalformedURLException

如：

URL url1 = new URL（" http"," java.sun.com"，80，

" /j2se/1.4.2/download.html "）；

10.2.2　用 URL 访问 WWW

10.2.2.1　获取 URL 属性

通过 URL 类的方法可以获得 URL 的属性，常用属性如表 10.1 所示。

表 10.1　　　　　　　　　　　　常用 URL 属性

String getProtocol（）	获取 URL 中的传输协议。
String getHost（）	获取 URL 中的主机名称。

表10.1(续)

String getProtocol()	获取 URL 中的传输协议。
int getPort():	获取 URL 中的端口号,如果一个 URL 地址没有端口号,返回值为 -1。
String getFile()	返回目录文件名(路径名)。
String getRef()	获取 URL 中的参考点,如果一个 URL 地址没有参考点,返回值为 null。
String toExternalForm()	将 URL 地址转换成字符串
String toString()	将 URL 地址转换成字符串
boolean sameFile(URL other):	比较两个 URL 是否相同。

10.2.2.2 简单获取 URL 内容

(1) 直接获取 URL 指定的资源

用 getContent() 方法可以直接获取 URL 指定的资源,它会根据流的 MIME 类型并将流转换为相应的 Java Object。

例如,如果我们创建了一个指向 GIF 格式图片的 URL,getContent() 方法将识别流的类型为 "image/gif" 或 "image/jpeg",并返回 Image 类的一个实例。该 Image 对象包含该 GIF 图片的一个拷贝。我们可以通过 getContent() 方法将资源取到一个 Java 对象中,然后进行相应处理。

下面的例子从百度网站上读取它的 logo 图片:

```
            URL url;
            Object obj;
     try {
            url = new URL(
"            http://www.baidu.com/img/shouye_b5486898c692066bd2cbaeda86d74448.gif");
            obj = url.getContent();
            System.out.println(obj.getClass().getName());
            }
            catch(MalformedURLException e1) {
            e1.printStackTrace();}
            catch(IOException e) {
              e.printStackTrace();}
```

执行将得到如下输出:
   sun.awt.image.URLImageSource
可见 url 已经正确地读取了图片的数据流,并且识别出了类型。

(2) URL 中的流

建立连接 URL 后,可以调用 URL 类中的 openStream() 函数来打开一个流,从流中可读取 URL 中的内容。OpenStream() 函数返回一个 java.io.InputStream 流对象,可从中读取数据。

```
public static void TestUrlOpenStream() throws IOException
{
    URL url = new URL("http://www.scmpi.cn/Item/2030.aspx");
    //打开到此 URL 的连接并返回一个用于从该连接读入的 InputStream。
    Reader reader =
        new InputStreamReader(new BufferedInputStream(url.openStream()));
    int c;
    while ((c = reader.read()) != -1)
        System.out.print((char)c);
    reader.close();
}
```

10.2.2.3 与 URL 交互

在创建 URL 对象之后，可以创建一个 URLConnection 对象，URLConnection 对象是以 HTTP 协议为核心的类，它可以与远程主机之间建立连接，进行交互，而不仅仅限于读取 URL 的内容。

使用 URLConnection 与 URL 交互的一般步骤如下：

（1）通过在 URL 上调用 openConnection 方法创建连接对象。
（2）处理设置参数和一般请求属性。如 setDoOutput、SetInput 等。
（3）使用 connect 方法建立到远程对象的实际连接。
（4）远程对象变为可用。远程对象的头字段和内容变为可访问。亦可以向远程对象写入东西了。

如下例，用 URLConnection 对象访问网站首页，并将其内容打印在控制台。

```
public static void TestUrlConnetion()
{
    try {
        URL url = new URL("http://www.163.com");
        URLConnection urlConnection = url.openConnection();
        BufferedReader inBuffer =
            New BufferedReader(
                new InputStreamReader(
                    urlConnection.getInputStream()));
        //getInputStream() 时会隐含进行 connect();
        String inputString;
        while ((inputString = inBuffer.readLine()) != null)
            System.out.println(inputString);
        inBuffer.close();
```

```
    } catch (MalformedURLException e) {
        e.printStackTrace ();
    } catch (IOException e) {
        e.printStackTrace ();
    }
}
```

URLConnection 类是很多远程网络访问类的超类，下面我们看到的是它的一个常用的子列 HttpURLConnection 向 URL 端发送数据的代码片段。

```
OutputStream outStrm = httpUrlConnection.getOutputStream ();
ObjectOutputStream objOutputStrm = new ObjectOutputStream (outStrm);
objOutputStrm.writeObject (new String (" 我是测试数据"));
objOutputStm.flush ();
objOutputStm.close ();
InputStream inStrm = httpUrlConnection.getInputStream ()
```

它的主要步骤是构建对象输出流对象，向对象输出流写出数据。这些数据将存到内存缓冲区中，flush 刷新对象输出流，将任何字节都写入 ObjectOutputStream 流中，然后关闭流对象。此时，先前写入的数据存在于内存缓冲区中，不能再向对象输出流写入任何数据，调用 getInputStream 才把准备好的 http 请求正式发送到服务器。

实训 1　用 URL 访问网站

使用 URL 类访问一个知名网站，获取其首页的相关属性，并读取该 URL 的内容。

本实训中，在 TestUrlInfo 方法中建立了一个 URL 对象，用 URL 的 get＊＊＊方法获取 ULR 资源的几种常见的信息。然后调用 TestUrlConnection 方法，该方法用传入的 URL 对象建立了一个 URLConnection

```
import java.io.*;
import java.net.*;
public class TestUrl {

    public static void main (String [] args) {
        TestUrl.TestUrlInfo ();
    }
    public static void TestUrlInfo ()
    {
        try {
            URL url = new URL (" http://www.google.com.hk"); /＊创建 URL 对象＊/
            System.out.println (" URL：      " + url.toExternalForm () + " \n" +
                " File：   " + url.getFile () + " \n" +
                " Host：   " + url.getHost () + " \n" +
```

```
                    "Port： " + url.getPort() +"\n" +
                    "Protocol:" + url.getProtocol() +"\n");
                TestUrlConnetion(url);
            } catch (MalformedURLException e) {
                System.out.println("Bad URL.");
            } catch (IOException e) {
                e.printStackTrace();
            }
        }
    public static void TestUrlConnetion(URL url) throws IOException
{
    URLConnection urlConnection = url.openConnection();
    BufferedReader inBuffer = new BufferedReader(new InputStreamReader(urlConnection.getInputStream()));
        String inputString;
        while ((inputString = inBuffer.readLine())! = null)
            System.out.println(inputString);
        inBuffer.close();
    }}
```

10.3 Java 低层网络通信

10.3.1 Socket 通信的机制

所谓 Socket 通常也称作"套接字"，是一个通信链的句柄，用于描述在特定 IP 地址和端口进行的通信，应用通过它可以来针对网络读写数据，就像通过一个文件的 file handler 就可以写数据到存储设备上一样。根据 TCP 协议和 UDP 协议的不同，在网络编程方面就有面向两个协议的不同 Socket，一个是面向字节流的一个是面向报文的。

对 Socket 的本身组成倒是比较好理解。无论服务器端还是客户端。都有对应的 IP 地址和端口号（Port）来。另外，端口号是一个 16 位的二进制数字，那么范围就是从 (0-65535)。IP 地址加端口号基本上就构成了 Socket。如图 10.4 所示：

TCP 是 Transfer Control Protocol 的简称，是一种面向连接的保证可靠传输的协议。通过 TCP 协议传输，得到的是一个顺序的无差错的数据流。发送方和接收方的成对的两个 socket 之间必须建立连接，一旦这两个 socket 连接起来，它们就可以进行双向数据传输，双方都可以进行发送或接收操作。

UDP 是 User Datagram Protocol 的简称，是一种无连接的协议，每个数据报都是一个独立的信息，包括完整的源地址或目的地址。它在网络上以任何可能的路径传往目的地，因此能否到达目的地，到达目的地的时间以及内容的正确性都是不能被保证的。

相比而言 UDP 的应用不如 TCP 广泛，但它与 TCP 相比较而言却又有自身的优势，主要表现在：它在进行数据传输通信的时候，并不需要先有一个握手连接的过程。在

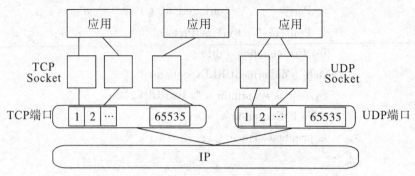

图 10.4 socket 和 TCP/IP 之间的关系

数据传输的过程中，协议低层对数据的校验等过程不像 TCP 协议那样严格。它不保证所有传输的数据都能到达目的地，接收方也不会向发送方报告接收状态（如有必要，我们可以用程序代码补充此功能），因而效率比较高，当然可靠性有所降低，所以它和 TCP 协议各有其适应的场合。例如在视频传输时，比较注重的是画面流畅，数据是否完全准确实际上对画面的影响并不大，那么采用 UDP 协议来传输则会表现出更好的整体性能。

10.3.2 Socket 实现的 TCP 协议通信

10.3.2.1 Socket 通信的过程

这种通信是双向的，应用程序通常通过"套接字"向网络发出请求或者应答网络请求，建立起可靠的、双向的、持续的连接。

Socket 和 ServerSocket 类库位于 java.net 包中。ServerSocket 用于服务器端，Socket 是建立网络连接时使用的。在连接成功时，应用程序两端都会产生一个 Socket 实例，操作这个实例，完成所需的会话。对于一个网络连接来说，套接字是平等的，并没有差别，不因为在服务器端或在客户端而产生不同级别。

10.3.2.2 Socket 通信服务器端和客户端的实现

使用 socket 进行 Client/Server 程序设计的一般连接过程是这样的：Server 端 Listen（监听）某个端口是否有连接请求，Client 端向 Server 端发出 Connect（连接）请求，Server 端向 Client 端发回 Accept（接受）消息。一个连接就建立起来后，Server 端和 Client 端都可以通过输入、输出流和对方通信。

对于一个功能齐全的 Socket，都要包含以下基本结构，其工作过程包含以下四个基本的步骤：

（1）创建 Socket；
（2）打开连接到 Socket 的输入/出流；
（3）按照一定的协议对 Socket 进行读/写操作；
（4）关闭 Socket。

10.3.2.3 服务器与客户端 Socket 通信的简单实例

下面的程序片段实现了一个简单的服务器与客户端进行通信的例子，如图 10.5 所示。

服务器端程序：

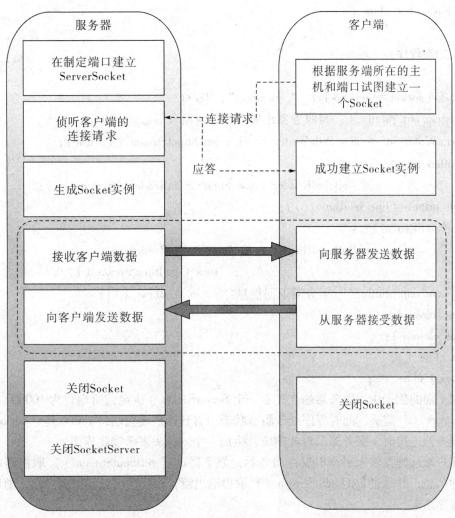

图 10.5 客户端与服务器端建立 Socket 连接并传输数据的过程

```
...
ServerSocket serverSocket = new ServerSocket(10000);
System.out.println("Server start...");
Socket socket = serverSocket.accept();
BufferedReader in = new BufferedReader(new InputStreamReader(
                    socket.getInputStream()));
PrintWriter out = new PrintWriter(socket.getOutputStream(), true);
String line = in.readLine();
System.out.println("收到客户信息:" + line);
out.println("本服务器收到:" + line);
out.close();
in.close();
socket.close();
```

```
serverSocket.close();
...
```
客户端程序：

```
Socket socket = new Socket("localhost", 10000);
System.out.println("与服务器连接成功,请输入信息...");
PrintWriter out = new PrintWriter(socket.getOutputStream(), true);
BufferedReader line =
            new BufferedReader(new InputStreamReader(System.in));
out.println(line.readLine());
BufferedReader in =
            new BufferedReader(new InputStreamReader(
                                    socket.getInputStream()));
System.out.println("服务器返回信息:" + in.readLine());
line.close();
out.close();
in.close();
socket.close();
```

在上面的例子中，服务器端先建立一个 ServerSocket（指定监听端口为 10000），开始用 accept() 监听，此时程序处于阻塞状态。直到客户端在端口 10000 建立 socket 试图与服务器连接时，服务器端对此响应，生成一个 socket 来承接此连接。

客户端从键盘输入字符串发往服务器，服务器通过 getInputStream() 取得客户端发来的信息，并通过 getOutputStream() 取得输出流，将反馈信息发回客户端。随后服务器程序结束。

在实际应用中，由于双方的通信一般会往返多次，所以以上的发送和接收指令大都会置于循环体中。并且，同一时间只对一个用户服务是不能满足需要的。往往网络服务程序必须能够同时响应多个客户端的连接请求。在 Java 中，一般采取主程序监听一个端口，等待客户接入时，同时构造一个新的线程来接管此会话，然后主程序继续监听。运用 Thread 类或 Runnable 接口都是可行的方法。

实训 2 用 Socket 建立一个注册程序。

该实训中，服务器端建立了一个 SocketServer，等待客户端的连接请求，客户端建立 Scoket 发出连接请求，服务器端监听到请求后，记录下客户端的 ip 地址，向客户端发出要求输入姓名，客户端通过键盘输入姓名后，发往服务器。服务器接收后，将客户端注册的姓名、客户端 IP 以及时间信息发回客户端。注册的客户满 10 个后，服务器关闭。如图 10.6 和图 10.7 所示。

服务器端源程序：

```
import java.io.*;
import java.net.*;
```

```java
import java.text.SimpleDateFormat;
public class RegisterServer {
    private ServerSocket serverSocket;
    private Socket clientSocket;
    private BufferedReader in;
    private PrintWriter out;
    public RegisterServer ()
    {
        SimpleDateFormat sdf = new SimpleDateFormat (" yyyy - MM - dd HH: mm: ss");
        String nameString ;
        String registerTimeString ;
        int count = 0;
        try
        {
            serverSocket = new ServerSocket (10000);
            System.out.println (" server start... ");
            while (count < 10)
            {
                clientSocket = serverSocket.accept ();
                String ipString =
                    clientSocket.getLocalAddress ().getHostAddress ();
                out = new PrintWriter (clientSocket.getOutputStream (), true);
                out.println (" please input you name :" );
                in = new BufferedReader (new
                    InputStreamReader (clientSocket.getInputStream ()));
                nameString = in.readLine ();
                registerTimeString = sdf.format (new java.util.Date ());
                System.out.println (nameString +" " + ipString +" " +
                    registerTimeString );
                out.println (" welcome   " + nameString +" from " + ipString +
                    " registered at " + registerTimeString );
                out.close ();
                in.close ();
                clientSocket.close ();
                count + + ;
            }
        }
```

```
        catch (IOException e)
        {
            e. printStackTrace ();
        }
        try {
            serverSocket. close ();
        } catch (IOException e) {
            e. printStackTrace ();
        }
    }
    public static void main (String [ ] args) {
        // TODO Auto-generated method stub
        new RegisterServer ();
    }
}
```

客户端源程序：
```
import java. io. *;
import java. net. *;
public class RegisterClient {
    Socketsocket;
    BufferedReaderin;
    PrintWriterout;
    public RegisterClient ()
    {
        try
        {
            socket = new Socket (" localhost", 10000);
            in = new BufferedReader (
                    new InputStreamReader (socket. getInputStream ()));
            System. out . println (in. readLine ());
            out = new PrintWriter (socket. getOutputStream (), true);
            BufferedReader line = new BufferedReader (new InputStreamReader (System. in ));
            out. println (line. readLine ());
            System. out . println (in. readLine ());
            line. close ();
            out. close ();
            in. close ();
            socket. close ();
        }
```

```java
            DatagramSocket aSocket = new DatagramSocket(port, ip);
            // 确定数据报接受的数据的数组大小
            byte[] buf = new byte[1024];
            // 创建接受类型的数据报，数据将存储在buf中
            DatagramPacket getPacket =
                    new DatagramPacket(buf, buf.length);
            // 通过套接字接收数据
            aSocket.receive(getPacket);
            // 取得接收到的消息，通过数据报得到发送方的IP和端口号，
            String getMes =
                    new String(buf, 0, getPacket.getLength());
            InetAddress sendIP = getPacket.getAddress();
            int sendPort = getPacket.getPort();
            System.out.println(sendIP.getHostAddress() +
                    "(" + sendPort + "):" + getMes);

            // 通过数据报得到发送方的套接字地址
            SocketAddress sendAddress =
                    getPacket.getSocketAddress();
            // 确定要反馈发送方的消息内容，并转换为字节数组
            String backString = "我是A，收到你的问候！";
            byte[] backBuff = backString.getBytes();
            // 创建发送类型的数据报
            DatagramPacket sendPacket =
                    new DatagramPacket(backBuff,
                    backBuff.length, sendAddress);
            // 通过套接字发送数据
            aSocket.send(sendPacket);
            // 关闭套接字
            aSocket.close();
        } catch (Exception e) {
            e.printStackTrace();
        }
    }
}
```

在网络的B端运行下面的程序：
```java
import java.net.DatagramPacket;
import java.net.DatagramSocket;
import java.net.InetAddress;
```

```
catch (IOException e)
{
    e. printStackTrace ();
}
}
public static void main (String [] args) {
    new RegisterClient ();
}
}
```

图 10.6 客户端的运行状态

图 10.7 服务器端的运行状态

10.3.3 Socket 实现的 UDP 协议通信

Java 中实现 UDP 通信也被称为数据报（Datagram），主要用 DatagramSocket 和 DatagramPacket 类来表示，前者表示数据的通道套接字，后者表示传输的内容。

下面的程序示例了一个简单的 UDP 通信的过程。

在网络的 A 端运行下面的程序

```
import java. net. DatagramPacket;
import java. net. DatagramSocket;
import java. net. InetAddress;
import java. net. SocketAddress;
public class TestUDP_ A {
    public static void main (String [] args) {
        try {
            //
            // 在本地 5678 端口建立 Socket，用于与 UDP 通信。
            InetAddress ip = InetAddress. getLocalHost ();
            int port = 5678;
```

```java
public class TestUDP_B {
    public static void main (String [] args) {
        try {
            //用本地 IP 和随机端口号创建套接字；确定对方的 IP 地址及端口号，
            //，此例为本地机器地址，在真实环境中，该地址一般是其他主机的 IP。
            DatagramSocket bSocket = new DatagramSocket ();
            int port = 5678;
            InetAddress ip = InetAddress.getByName (" 192.168.1.100");
            // 创建发送类型的数据报：
            // 由于数据报的数据是以字节数组传送，所以要将字符串转存为字节数组
            String messString = " A 您好!";
            byte [] buf = messString.getBytes ();
            DatagramPacket sendPacket =
                new DatagramPacket (buf, buf.length, ip, port);
            // 通过套接字发送数据：
            bSocket.send (sendPacket);
            // 创建一个 1024 字节的缓冲区用于接收对方发来的数据。
            byte [] getBuf = new byte [1024];
            // 创建接受类型的数据报
            DatagramPacket getPacket = new DatagramPacket (getBuf, getBuf.length);
            // 通过套接字接受数据，该数据被存入缓冲区。
            bSocket.receive (getPacket);

            // 将缓冲区的字节数据转换为字符串，并打印
            String backMes =
                new String (getBuf, 0, getPacket.getLength ());
            System.out.println (" A 方返回的消息:" + backMes);
            // 关闭套接字
            bSocket.close ();
        } catch (Exception e) {
            e.printStackTrace ();
        }
    }
}
```

在 A 端，控制台显示如下结果：

192.168.1.104 (45667) 发来消息：A 您好！

在 B 端，控制台显示如下结果：

A 方返回的消息：我是 A，收到你的问候！

从上例我们可以看到，UDP 通信中，DatagramSocket 没有像 TCP 通信那样的监听的功能，A 方的 DatagramSocket 在建立后直接接收传入数据，双方之间的要更为平等一些，对方的 IP 地址等信息是从 DatagramPacket 数据包中提取的，而不是从 Datagram-Socket 中提取出来。可见，对方在发来信息之前，并不需要得到 DatagramSocke 的任何认证，就像两个人互相发信。一方只需要知道对方的地址，然后就可以发信过去，对方是否收到我不知道，也不需要专门对口令似的来建立连接。这就是 UDP 协议与 TCP 协议主要的区别之一。

实训 3：用 DatagramSocket 建立一个模拟 P2P 文件下载的程序。

本实训利用 DatagramSocket 模拟一个 p2p 文件下载的过程，基本思路是，将需要下载的文件分为若干个片段，下载方向文件的提供方（可能是多个）发出需要下载的片段号列表，文件提供方根据下载方的要求发送对应的文件块。反复此过程，直到下载方得到所有的文件块，并拼装成一个完整的文件。简单起见，我们用一个数组来代表一个文件，文件被分为 5 个片段，每个字符串代表一个片段。

文件提供方程序源代码：

```java
import java.net.DatagramPacket;
import java.net.DatagramSocket;
import java.net.InetAddress;
import java.net.SocketAddress;
import java.util.Arrays;
public class UDP_Source {
    String [] fileCountent;
    public UDP_Source ()
    {   fileCountent = new String [5];
        fileCountent [0] = " 文件的第 0 部分";
        fileCountent [1] = " 文件的第 1 部分";
        fileCountent [2] = " 文件的第 2 部分";
        fileCountent [3] = " 文件的第 3 部分";
        fileCountent [4] = " 文件的第 4 部分";
        startServer ();
    }
    public void startServer ()
    {
        DatagramSocket sourceSocket = null;
        try {
            // 确定接受方的 IP 和端口号，IP 地址为本地机器地址
            InetAddress ip = InetAddress.getLocalHost ();
            int port = 22255;
```

```java
// 指定IP地址和端口号创建套接字
sourceSocket = new DatagramSocket(port, ip);
// 确定数据报接受的数据的数组大小
byte[] requestBuff = new byte[64];
// 创建接受类型的数据报，数据将存储在requestBuf中，
//数据内容为文件下载方的要求下载的文件块。如果第一个byte为-1
//时，表示下载方不需要下载任何内容。
DatagramPacket getPacket = new DatagramPacket(requestBuff,
                                    requestBuff.length);
sourceSocket.setSoTimeout(300000);
while(true){
    // 通过套接字接收数据
    sourceSocket.receive(getPacket);
    if(requestBuff[0] == -1)
        break;
    // 通过数据报得到发送方的IP和端口号，并打印
    InetAddress sendIP = getPacket.getAddress();
    int sendPort = getPacket.getPort();
    System.out.println(sendIP.getHostAddress()
                       +" (" + sendPort
                       + ") 有下载要求");
    SocketAddress sendAddress =
                       getPacket.getSocketAddress();
    //准备传送数据缓冲区。
    byte[] fileBuf = new byte[256];
    DatagramPacket sendPacket = new DatagramPacket(fileBuf,
            fileBuf.length, sendAddress);
    //根据下载方的要求传送数据块（字符串）
    for(int i = 0; i < requestBuff.length && requestBuff[i] != 
                                    -1; i++){
        fillFileBuf(i, fileBuf);
        sourceSocket.send(sendPacket);
        Thread.sleep(1000);
    }
}
} catch(Exception e){
    if(sourceSocket != null)
        sourceSocket.close();
```

```java
            e.printStackTrace();
        }
    }
    void fillFileBuf(int blockNum, byte[] fileBuff)
    {
```
//准备传送数据，第一个byte存放文件的片段编号，第二字节开始是该片段的内容
```java
        byte[] countentBuff;
        Arrays.fill(fileBuff, 0, fileBuff.length, (byte)0);

        fileBuff[0] = (byte)blockNum;
        countentBuff = fileCountent[blockNum].getBytes();
        for(int j=1; j-1<countentBuff.length; j++)
            fileBuff[j] = countentBuff[j-1];
    }
    public static void main(String[] args){
        new UDP_Source();
    }
}
```

下载方的程序源代码：

```java
import java.net.DatagramPacket;
import java.net.DatagramSocket;
import java.net.InetAddress;
public class UDP_Download{

    public UDP_Download(FileSimulate file)
    {
        startDownload(file);
    }
    public void startDownload(FileSimulate file)
    {
        try{
                //创建套接字
                DatagramSocket downloadSocket = new DatagramSocket();
                byte[] requestBuf = new byte[10];
                file.requstTOBuff(requestBuf);
                int port = 22255;
```

```java
            InetAddress ip = InetAddress.getByName("192.168.1.103");
            DatagramPacket sendPacket =
                            new DatagramPacket(requestBuf,
                                    requestBuf.length, ip, port);

            // 创建一个256字节的缓冲区用于接收对方发来的数据。
            byte[] getBuf = new byte[256];
            // 创建接受类型的数据报
            DatagramPacket getPacket = new DatagramPacket(getBuf,
                                                        getBuf.length);
            // 通过套接字接受数据,该数据被存入缓冲区。
            String countentString;
            while(requestBuf[0]! = -1)
            {
                //将下载需求信息发给文件提供方
                downloadSocket.send(sendPacket);
                downloadSocket.receive(getPacket);
                            //从收到的字节数组中的第二个byte开始提取字符串。
                countentString = new String(getBuf, 1, getPacket.getLength() -1);
                //根据接收到的字节数组第一个byte的值存储收到的数据
                file.save(getBuf[0], countentString);
                // 更新下载需求信息
                file.requstTOBuff(requestBuf);
            }
            //向文件提供方发送不再需要下载的消息(第一个byte为-1)
            downloadSocket.send(sendPacket);
            downloadSocket.close();
        }catch(Exception e){
            e.printStackTrace();
        }
    }
}
    public static void main(String[] args){
        FileSimulate file = new FileSimulate();
        new UDP_Download(file);
        file.print();
    }
}
```

```java
public class FileSimulate {
    public ArrayList<Byte>   requestBlockList;
    String [] countents;
    public   FileSimulate ()
    {   countents = new String [6];
        //初始化下载需求列表,每个 byte 代表需要下载的文件片段
        requestBlockList = new ArrayList<Byte> ();
        requestBlockList. add ( (byte) 0);
        requestBlockList. add ( (byte) 1);
        requestBlockList. add ( (byte) 2);
        requestBlockList. add ( (byte) 3);
        requestBlockList. add ( (byte) 4);
    }
    void save (byte blockNum, String content)
    {
        int    index = requestBlockList. indexOf (blockNum);

        if (index = = -1) return;
        else
          {countents [blockNum]  = content;
        requestBlockList. remove (index);
          }
    }


    void requstTOBuff (byte [] buff)
    {
    Arrays. fill (buff, (byte)  -1);
    for (int i =0; i < requestBlockList. size (); i + +)
     {buff [i]  = requestBlockList. get (i);}



    }
    void print ()
    {
    for (int i =0; i < countents. length; i + +)
        System. out . println (countents [i]);
       }

}
```

思考与练习

（一）填空题

1. 一个 Socket 地址有一个 IP 地址和一个_____唯一确定。
2. Internet 上标准的资源定位描述称为_____。
3. 在 Socket 通信中发出连接请求的一般是_____端。
4. 在数据报通信时，被传输的字符串应当转换为_____类型。
5. TCP 协议和 UDP 协议二者相较，传输效率相对较高的是_____。

（二）选择题

1. 在 TCP/IP 四层模型中，位于 IP 层之上的是（　　）。
   A. 互联网层　　　　　　　　B. 应用层
   C. 网络接口层　　　　　　　D. 传输层
2. 在 Java 的低层网络编程一般是针对 TCP/IP 层次是（　　）
   A. 互联网层　　　　　　　　B. 应用层
   C. 网络接口层　　　　　　　D. 传输层
3. 下面合法的 URL 是（　　）
   A. http：\ \ 192.168.1.105 \ index.html
   B. http：//localhost
   C. http：//172.168.4.4@80
   D. ftp：//ftp，abc，com
4. 在 Java 中，能够与 URL 上资源进行交互的对象是（　　）
   A. URLConnection　　　　　　B. InputStream
   C. OutputStream　　　　　　　D. 以上均不能与 URL 上资源交互
5. 在 UDP 协议通信编程时，如要得到发送方的 IP 地址，一般应在（　　）中提取。
   A. Socket　　　　　　　　　　B. ServerSocket
   C. DatagramSocket　　　　　　D. DatagramSocket
6. 以下关于 Socket 通信正确的说法是
   A. 一个服务器端只能建立一个 Socket 对象
   B. 一个服务器端程序只能监听一个端口
   C. 一个服务器端可以创建多个线程用于与不同的客户端进行 Socket 通信
   D. 服务器端进行连接监听时，该线程不会发生阻塞。

（三）简答题

1. 在网络通信中，主要需解决那两个问题，TCP/IP 在其中如何发挥作用。
2. 简述 Socket 通信的基本过程。

3. 比较 TCP 与 UDP 各有的什么特点?
4. 如果希望 datagram 通信中接收信息时不发生阻塞,应如何解决?

(四) 编程题

1. 编写一个程序,记录客户端登录服务器的时间和注销的时间。
2. 编写一个程序,用 UDP 通信方式是模拟 Cilent/Server 模式的通信。

第 11 章 Java 数据库技术

【学习目标】

JDBC 是 Java 平台提供的用于 Java 应用程序连接数据库的标准方法，JDBC 使用已有的 SQL 标准并支持与其它数据库连接标准。由于它可以支持多种的与数据库连接的方式，因此开发人员可以根据实际场景很容易地在易用和效率之间找到平衡，并且将 Java 语言和 JDBC 结合起来使开发人员不必为不同的平台编写不同的应用程序，成为数据库开发的利器。

在完成了本章的学习后，读者应当能够掌握以下内容：
- JDBC 的基本概念
- JDBC 与数据库连接的方法与步骤
- 通过 JDBC 对数据库进行各种查询与更新的操作
- 事务处理的一般方法
- 有关数据库操作异常的处理

11.1 JDBC 介绍

11.1.1 什么是 JDBC

通常的数据库应用系统的开发都是以关系型数据库（RDBMS）作为数据存储与应用的主要载体，数据库一般都提供某种接口（API），以便客户应用可以访问和存取数据库。这些接口以及相关的操作界面存在着差异性，JDBC（Java DataBase Connectivity）是 Java 连接操作数据库的系统的解决方案。它将各种不同的数据库产品的驱动 API 隐藏到统一的 JDBC 的 API 下，使得开发人员避免直接地与复杂多样的各种不同数据库驱动交道，只要掌握了 JDBC 的使用方法，即可以完成大多数的数据库操作。

11.1.2 JDBC 的基本构架

本质上讲，如果要连接数据库，并对其进行操作，必须按照数据库厂商提供的 API 接口，在程序中通过 API 的调用来完成对数据库的存取等操作。而各种数据库的接口当然是有着很大的区别的，彼此不兼容，不能相互操作。比如有一应用 Oracle 来管理学生档案，则需要在程序中嵌入 Oracle 提供的一系列 API 对数据库进行操作，如果数据的存储方案变更需要变更为 MS SQLServer，即使在功能上没有任何的变化，由于数据库的不同，则需要把嵌入程序中大量的数据库操作 API 作相应的变化，重新加以编译方可运行，甚至引起程序结构必须发生大的变更，十分的不方便。

而对开发人员说，这种方式的操作将使得他们不得不面对五花八门的数据库产品，了解这些产品的接口标准，学习和开发成本巨大。

JDBC 的出现则在很大程度上解决了这个问题，JDBC 提供了一套统一标准的数据库操作界面，开发人员通过调用 JDBC 提供的 API 来对数据库进行操作，JDBC 负责将操作转换提交到特定的数据库驱动，实现对数据库的操作。基于此，开发人员无需再直接面对各种数据库的本地接口，只需要掌握一套 JDBC 的数据库操作方法，即可操纵不同的数据库产品。如果应用更换数据库，则基本上只需要换相应的数据库连接方式，其他的数据操作不需要有太大的改变，尽量达到一次编程适应多种数据库的目的，数据迁移和程序移植的成本大大降低。图 11.1 为 JDBC、数据库驱动以及数据库之间的关系。

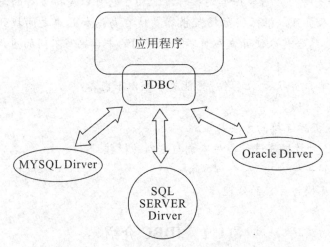

图 11.1　JDBC、数据库驱动以及数据库之间的关系

11.2　JDBC 与数据库的连接

11.2.1　JDBC 与数据库的连接方式

JDBC 在与数据库进行连接时，根据不同数据库的情况，通常有以下四种不同的方式，如图 11.2 所示。

方式一：JDBC - ODBC Bridge

这种方式下必须上必须安装 ODBC 驱动程序程式，在程序运行时也要首先加载 JDBC - ODBC 驱动。运行时，JDBC 将用户的请求转换 ODBC 的请求。由于多数数据库产品支持 ODBC，所以此方法比较容易部署，但因为经过了 ODBC 的转发，一般效率较低。

方式二：Native - API Bridge

此方式通过 JDBC 与数据库的原生驱动相对接，原生驱动程序的可能是用 C、

C++等语言编写，JDBC通过调用这些驱动程序的API来实现对数据库的操作。不同数据库驱动的API当然是不一样的，所以这种方式的JDBC驱动程序也必须针对不同的数据库设计。

方式三：JDBC – middleware

这种方式将JDBC的调用转换为独立与数据库的网络协议，通过中间件（middleware）来操作数据库，Middleware负责数据库的管理和使用。因此本机上不需要安装任何数据库驱动程序，只要确保应用程序可以和Middleware通信即可。这种结构模型多用于Java Applet和Client/Server环境中，所有访问数据库的任务都在Server端完成。

方式四：Pure Java Driver

一些数据库支持网络协议连接，与此类数据库连接，JDBC可以将对数据库的操作装换为网络协议，而不需要驱动程序，也不需要安装客户端软件。用纯粹的JAVA代码即可实现。特别适用于通过网络使用数据库的各种应用程序。

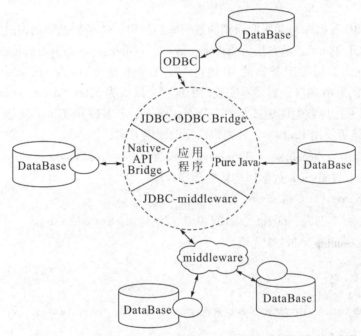

图11.2 JDBC与数据库的连接方式

11.2.2 JDBC与数据库连接的步骤

（1）安装数据库驱动

使用JDBC连接数据库时，首先需要提供相应的JDBC数据库驱动程序，一般将其相应的驱动包的路径包含在ClassPath即可。比如MySQL的驱动可在其官方网站http://dev.mysql.com/downloads/connector 上下载最新的JDBC驱动，驱动文件为mysql – connector – java – ….tar.gz，将此文件加压后，可以得到mysql – connector – java – …bin.jar包。如果将此文件放在c:\library\driver中，则需要将c:\library\driver\mysql – connector – java – …bin.jar包含进Classpath中。

（2）载入 JDBC 驱动程序

JDBC 驱动程序可以通过 java.lang.Class 类装载到 java 虚拟机中，也可以用 com.mysql.jdbc.Driver driver = new com.mysql.jdbc.Driver();，驱动程序如果能够成功装载，则会自动地通过 DriverManager.registerDriver() 方法将自己注册到 DriverManager 中，以备调用。

（3）建立 Connection

驱动程序注册后，即可向 DriverManager 提供数据库 JDBC url，由建立 DriverManager 负责建立 Connection，对数据库的后续操作则主要通过此 Connection 来完成。创建连接时，可以使用 DrivierManager 的 getConnection 方法，getConnection 的格式如下：

getconnection（url）；

getconnection（url，info）；

getconnection（url，user，pwd）；

url 是 JDBC 数据库驱动所能识别的数据库的标识，各种数据库的 URL 表示方法不尽相同，MySQL 的 url 表示方法为：jdbc：mysql：//dbip：port/databasename

其中 dbip 为数据库服务器的 IP 地址，如果是本地可写：localhost 或 127.0.0.1。port 为数据库的监听端口，需要看安装时的配置，缺省为 3306。databasename 为数据库的名字。如果要使用数据库中涉及中文数据，必须给定参数 userUnicode 及 characterEncoding，表明是否使用 Unicode，并指定汉字的编码方式，如：

jdbc：mysql：//localhost：3306/demo？useUnicode = true&characterEncoding = utf - 8

下面是一个与 MySQL 数据库连接的程序片段：

Class.forName（"com.mysql.jdbc.Driver"）；

String url = " jdbc：mysql：//127.0.0.1/test？useUnicode = true&characterEncoding = utf - 8"；

String user = ""；

String psw = ""；

Connection con = DriverManager.getConnection（url，user，psw）；

11.2.3 获得数据源属性

连接完成后，我们可以首先通过 connection 的 getMateData 获得数据库的元数据 DataBaseMetaData，即数据库的有关属性。下面的程序片段可以获取数据库的 DBMS 名称：
…

Connection con = DriverManager.getConnection（url，user，psw）；

DatabaseMetaData db = con.getMetaData（）；

String dbName = db.getDatabaseProductName（）；

用类似的方法还可获得数据库的 URL、驱动程序名称、版本号等。

11.2.4 关闭连接

在数据库的操作结束时，应当在程序结束之前关闭数据库连接，以保证数据库的数据完整和安全,关闭连接使用 Connection 的 close()方法。

实训1:用 JDBC 建立数据库连接。

本实训通过读取配置文件中的设置,用 JDBC 建立与 SQLite 数据库的连接,连接成功后,打印出数据库的简单信息。

本实训的示例程序中,定义了一个 DBSource 类,用于提供数据库的连接。DBSource 类可以读取配置文件,根据配置文件的驱动、url 等信息来建立连接,增强了程序的通用性。当数据源发生变化时,改变配置文件即可。

同时通过 DBSource 间接提供 Connection,为 Connection 的管理提供可能。可以在本程序的基础上,扩展出连接池。即在 DBSource 中维持一组 Connection,以避免在每次对数据库进行操作时,都必须重新建立连接。这是实际应用中的一种通行的做法。

TestJDBC 类中包含 main()方法,它的 doTestConnect()方法中,实例化 DBSource,建立与数据库的连接,并打印出数据库的相关信息。

本例中使用的数据库为 MySQL,需要在本机或局域网服务器上安装 MySQL 数据库,需要把 MySQL 的 JDBC 驱动加到项目的 build path 中,JDBC 配置文件内容如下:

driver = com. mysql. jdbc. Driver
url = jdbc:mysql://localhost:3306/test? useUnicode = true&characterEncoding = utf-8
user = root
password =

程序源代码:

```
import java.io.FileInputStream;
import java.io.FileNotFoundException;
import java.io.IOException;
import java.sql.Connection;
import java.sql.DriverManager;
import java.sql.SQLException;
import java.util.Properties;


public class DBSource {

    private Properties properties;
    private String urlString;
    private String userString;
    private String passwordString;
    private String dirverString;
    private Connection conn;
    public DBSource() {
```

```java
            //this("myjdbc.properties");
        }
        public Boolean setConnectionProperties(String configFile) {
            //Boolean setSuccessBoolean = false;
            properties = new Properties();
            try {
                properties.load(new FileInputStream(configFile));

            } catch (FileNotFoundException e) {
                e.printStackTrace();
                return false;
            } catch (IOException e) {
                e.printStackTrace();
                return false;
            }
            dirverString = properties.getProperty("driver");
            urlString = properties.getProperty("url");
            userString = properties.getProperty("","");
            passwordString = properties.getProperty("","");


            try {
                Class.forName(dirverString);
            } catch (ClassNotFoundException e) {
                // TODO Auto-generated catch block
                e.printStackTrace();
                return false;
            }


            return true;
        }
        public Connection getConnection() {

            try {
                conn = DriverManager.getConnection(urlString, userString, passwordString);
            } catch (SQLException e) {
                // TODO Auto-generated catch block
                e.printStackTrace();
```

```java
            conn = null;
        }
        return conn;
    }
    public void closeConnection (Connection conn) throws SQLException
    {
        conn.close ();
    }
}

import java.sql.Connection;
import java.sql.DatabaseMetaData;
import java.sql.ResultSet;
import java.sql.SQLException;

public class TestJDBC {
    public static void doTestConnect (Connection conn) {
        try {
            DatabaseMetaData db = conn.getMetaData ();
            System.out.println (db.getDatabaseProductName ());
            System.out.println (db.getURL ());
        } catch (SQLException e) {
            e.printStackTrace ();
        }
    }

    public static void main (String [] args) {
        // TODO Auto-generated method stub
        DBSource dbSource = new DBSource ();
        Connection conn = null;
        if (dbSource.setConnectionProperties (" myjdbc2.properties"))
            if ( (conn = dbSource.getConnection ()) == null)
                return;
        TestJDBC.doTestConnect (conn);
```

11.3 JDBC 查询数据库

11.3.1 简单查询

JDBC 中数据库的查询仍然是以 SQL 为基础的，Connnetion 建立后，通过 Connection 对象建立 Statement 对象，Statement 对象在 JDBC 中代表 SQL 描述，可以使用 excuteUpdate（）、excuteQuery（）等方法来将 SQL 语句置入 Statement 对象中，并执行。

对数据库进行查询时，我们使用 excuteQuery（）。该方法返回一个 ResultSet 对象，查询的结果包装在 ResultSet 中，通过的该对象的访问即可得到查询的数据。基本步骤如下：

（1）创建 Statement 对象

Statement st = con. CreateStatement（）；

（2）设置 Satement 的相关选项

可以根据需要，通过 Statement 的方法设置一些附加选项，比如：

设置查询的可等待时间　　setQueryTimeout（seconds）

设置结果集的最大行数　　setMaxRows（max）

（3）执行查询语句

执行 语句使用 excuteQuery（）方法，该方法的定义如下：

ResultSet executeQuery（String sql) throws SQLException

参数 sql 为 SQL 字符串，查询时一般是 SELECT 语句。如：

ResultSet rs = st. executeQuery（" Select * from employee"）；

该语句执行后将返回 employee 表中的所有行。如果执行产生错误将抛出 SQLException 异常，用户可捕捉该异常加以处理。

（4）关闭 Statement 对象

在查询结束后，应该关闭 Statement，Statement 对象关闭后，由它所创建的 ResultSet 对象将会被清除。

11.3.2 带参查询

在执行查询时，很多时候查询语句的模板是相同的，不同的是查询条件的值不一样，比如当我们需要反复根据价格查询产品记录时就是这种情况。如果用 Statement 传送 SQL 语句，则只能将包含单价条件的查询语句提交到数据库，数据库对其进行编译执行后返回结果。如：

ResultSet rs = st. executeQuery（" Select * from 产品 where 单价 =30"）；

如果有若干类似的查询要执行，那就需要反复地经过编译和执行的过程，而实际上很多数据库都有预编译的机制。也就是说，对与上例的这类查询，SQL 语句的模板可以数据库中得到预先的编译，仅仅是条件值发生变化时，数据库不需要重新编译，而是直接利用之前的编译结果来执行，因而执行效率相对较高。

JDBC 中，我们可以使用 Connection 建立 prepareStatement 对象来发挥这种预编译机制，prepareStatement 的比较常用的一种定义如下：

PreparedStatement prepareStatement（String sql）throws SQLException

参数 sql 同样是 SQL 命令字符串，其中通常包含一个代表参数的 "?"，比如：

PreparedStatement pst = conn. prepareStatement（"Select * from 产品 where 单价 =?"）;

在执行 excuteQuery（）之前，setInt（）、setString（）等方法设置参数值：

pst. setInt（1, 25）;

ResulitSet rs = pst. excuteQuery（）;

需要再次以单价为条件查询该表时，则再次通过 setInt（）方法携带参数，执行 excuteQuery（）得到新的结果集。

11.3.3 存储过程及输出参数

存储过程（Stored Procedure）是在大型数据库系统中，一组为了完成特定功能的 SQL 语句集，经编译后存储在数据库中，用户通过指定存储过程的名字并给出参数（如果该存储过程带有参数）来执行它。很多存储过程执行相应的 SQL 语句后，也会返回查询结果，有的数据库还支持通过存储过程输出参数。

在 JDBC 中，通过 Connection 的 prepareCall（）建立 CallableStatement 对象，即 CallableStatement 能够调用数据库的存储过程，prepareCall（）的一般定义为：

CallableStatement prepareCall（String sql）throws SQLException

此处的 sql 是对存储过程的调用的 SQL 命令，以下程序片段调用数据库中名为 proc_query1 的存储过程。

CallableStatement cst = con. prepareCall（"{call query1（）}"）;
    ResultSet rs = cst. executeQuery（）;

如果存储过程是以输出参数的方式返回结果，那么，JDBC 必须在 executeQuery（）执行之前，通过 CallableStatement 对象的 registerOutParameter（）方法预先注册输出参数。存储过程执行完毕后，在 ResultSet 中，用 getInt（）, getString（）等方法获取输出参数的值。

11.3.4 ResultSet 的使用

如前所述，JDBC 的查询结果集被封装在 ResultSet 对象中，我们也可以认为 ResultSet 对象中包含了一个二维表。我们对 ResultSet 中各行列的值进行读取，即可还原出查询的结果。

程序读取 ResultSet 的行位置称为游标，一般的我们可以通过 ResultSet 的 next（）方法从头至尾逐行取得查询结果，如下程序片段：

ResultSet rs = st. executeQuery（"Select * from 产品"）;

```java
while (rs.next())
{
    System.out.print(rs.getInt(1) + "\t");
    System.out.print(rs.getString(2) + "\t");
    System.out.print(rs.getFloat(3) + "\t");
    System.out.print(rs.getString(4) + "\n");
}
```

如果我们希望能够以 afterLast()、previous()、absolute()、relative() 来移动游标读取 ResultSet，则必须在建立 Statement、PerparedStatement 对象时指定 resultSetType，resultSetType 有三个可选值：TYPE_FORWARD_ONLY、TYPE_SCROLL_INSENSITIVE、TYPE_SCROLL_SENSITIVE，默认值为 TYPE_FORWARD_ONLY，即只能从头至尾逐行读取，下例建立了一个指定 ResultSet 为可以前后滚动读取的 Statement 对象：

```java
Statement st = con.createStatement(ResultSet.TYPE_FORWARD_ONLY,
                ResultSet.CONCUR_READ_ONLY);
```

实训2 使用 JDBC 查询示例数据库。

本实训的任务是编制一个程序，实现按产品 ID 查询产品信息，示例数据库同实训一，产品表的表结构如下：

表名：产品

列名	数据类型
ID	INTEGER
名称	TEXT
单价	REAL
类别	TEXT

示例程序用两种方法来实现查询：QueryMethod1 是将查询条件字符串化形成 SQL 语句，然后用 Statement 对象的 executeQuery() 方法实现，QueryMethod2 则是用 PerpareStatement 对象设置参数的方法实现。另外还加入了一个 query() 方法，可以按条件字符串来检索。

```java
import java.sql.Connection;
import java.sql.PreparedStatement;
import java.sql.ResultSet;
import java.sql.SQLException;
import java.sql.Statement;

public class TestQuery {
    public static ResultSet QueryMethod1(Connection conn, int id) {
        ResultSet rs = null;
```

```java
            java.sql.Statement st;
            String sqlString = String.format(" select * from 产品 where id =%d", id);
            try {
                st = conn.createStatement();
                rs = st.executeQuery(sqlString);
            } catch (SQLException e) {
                // TODO Auto-generated catch block
                e.printStackTrace();
            }
            return rs;

        public static ResultSet QueryMethod2(Connection conn, int id) {
            ResultSet rs = null;
            PreparedStatement pst;
            try {
                pst = conn
                        .prepareStatement(" select * from 产品 where id = ?");
                pst.setInt(1, id);
                rs = pst.executeQuery();
            } catch (SQLException e) {
                e.printStackTrace();
            }
            return rs;
        }

        public static ResultSet query(Connection conn, String whereString)
        {
            ResultSet rs = null;
            Statement st;
            try {
                st = conn.createStatement(ResultSet.TYPE_SCROLL_INSENSITIVE,
                        ResultSet.CONCUR_UPDATABLE);
                String sqlString = String.format(" select * from 产品 where " + whereString);
                rs = st.executeQuery(sqlString);
            } catch (SQLException e) {
                e.printStackTrace();
            }
```

```java
            return rs;
        }
        public static void printResult(ResultSet rs){
            boolean isEmpty = true;
            try{
                //System.out.printf(" ID=%d\n", queryId);
                System.out.println("产品id      名称        单价      类别");
                System.out.println("- - - - - - - - - - - - - - - - - - - - - - - - - - - - - - - - - - -");
                while(rs.next()){
                    isEmpty = false;
                    System.out.print(rs.getInt(1) + "\t");
                    System.out.print(rs.getString(2) + "\t");
                    System.out.print(rs.getFloat(3) + "\t");
                    System.out.print(rs.getString(4) + "\n");
                }
            }catch(SQLException e){
                e.printStackTrace();
            }
            if(isEmpty)
                System.out.println("没有记录//////////////////////");
            System.out.println("- - - - - - - - - - - - - - - - - - - - - - - - - - - - - - - - -");
        }
    }
```

在实训1的TestJDBC类中，加入方法doTestQuery，并在main()方法中执行的源代码如下：

```java
public static void doTestQuery(Connection conn)
{
    int id = 7;
    ResultSet rs = TestQuery.QueryMethod1(conn, id);
    TestQuery.printResult(rs);

    TestQuery.QueryMethod1(conn, id);
    rs = TestQuery.QueryMethod1(conn, id);
    TestQuery.printResult(rs);

}
```

```
public static void main (String [] args) {
    // TODO Auto-generated method stub
    DBSource dbSource = new DBSource ();
    Connection conn = null;
    if (dbSource.setConnectionProperties (" myjdbc2.properties"))
        if ((conn = dbSource.getConnection ()) == null)
            return;
//TestJDBC.doTestConnect (conn);

    TestJDBC.doTestQuery (conn);
    //TestJDBC.doTestUpDate (conn);
    //TestJDBC.doTestTransaction (conn);

}
```

11.4 使用 JDBC 更新数据库

11.4.1 使用 excuteUpdate 更新

数据库的更新是指对数据库中的数据产生更改结果的操作,包括对数据库中各种对象的维护修改。在 JDBC 中更新主要是指对表的创建和删除、对表中的数据的增加、修改、删除等操作。

与数据库的查询操作类似,数据库的操作同样是以 SQL 语句为基础的、Statement 对象同样在更新操作中作为 SQL 语句的代表。用 excuteUpdate () 方法来执行相应的 SQL 更新语句即可。下面列出常见的一些数据库更新操作:

(1) 表的创建和删除

st.executeUpdate (" CREATE TABLE 产品 (ID INTEGER, 名称 TEXT, 单价 REAL, 类别 TEXT)");

此语句使用 CREATE TABLE 向一个 SQLite 数据库中添加了一个名为"产品"的表。

删除表用 DROP TABLE 语句,下面的代码删除了表"产品":

st.executeUpdate (" DROP TABLE 产品);

(2) 表定义的修改

表定义的修改包括对表中所含列的增加和删除,以及对列属性的修改等。

例如,在"产品"表中添加一个"产品分类"列:

st.executeUpdate (" ALTER TABLE 产品 ADD COLUMN 产品分类 TEXT);

删除列同样使用 SQL 的 ALTER TABLE 语句

st.executeUpdate (" ALTER TABLE 产品 DROP COLUMN 产品分类);

（3）添加记录

添加记录常用 SQL 的 INSERT 语句，例如：

st. executeUpdate（" INSERT INTO 产品（id，产品名称，单价，单位，产品分类）values（1002，'苹果'，4.5，'千克'，'水果'））；

（4）修改记录

下面的语句将所有产品价格九折：

st. executeUpdate（" UPDATE 产品 SET 单价 = 单价 * 0.9"   ）；

（5）删除记录

DELETE 语句用于删除记录

st. executeUpdate（" DELETE 产品 WHERE 单价 > 100"   ）；

11.4.2　通过 ResultSet 更新数据库

通过 executeUpdate 方式进行数据库更新，必须使用 SQL 语句，常常需要将内存中的数据转换为字符串构成 SQL 语句。这种方式有时会带来比较繁琐的转换工作，容易出错，并且调试跟踪也不是很方便。如果更新是比较简单的，那么我们还可以通过 ResultSet 来实现更新，而避开比较容易出错的 SQL 语句。

ResultSet 要具备可更新的能力，首先需要在建立 Statement 对象时，设定适当的 resultSetType 和 resultSetConcurrency：

Statement st = con. createStatement（ResultSet. TYPE_ SCROLL_ INSENSITIVE,
　　　　　　ResultSet. CONCUR_ UPDATABLE）；

resultSetType 还可设置为 TYPE_ SCROLL_ SENSITIVE，它与 TYPE_ SCROLL_ INSENSITIVE 同样可以用于设置可前后滚动的 ResultSet。不同之处在与当数据库中的相关数据在查询之后如果发生了变化，前者将跟踪并更新，而后者则对此不敏感。

这样建立 Statement，执行 executeQuery（）得到的 ResultSet 将具备更新数据库的能力。在这种情况下 ResultSet 相当于数据库中的视图，所以并不是只要设置了可更新，ResultSet 都能够完成更新的，还必须对 statement 代表的 SQL 语句作特定要求。这个 SQL 语句必须要满足如下的条件：

①SELECT 语句中只引用了单个表。

②SELECT 语句中不能含有 join 或者 group by 子句。

③查询结果列中要必须包含主关键字。

更新的按如下方法：

（1）修改列值的方法

把 ResultSet 的游标移动到需要更新的行，然后调用 updateInt（），upDateString（）等方法进行更该列值，然后执行 updateRow（）保存更新：

Statement st = con. createStatement（ResultSet. TYPE_ SCROLL_ SENSITIVE,
　　　　　　ResultSet. CONCUR_ PUDATABLE）；

ResultSet rs = st. executeQuery（" Select * from 产品"）；

rs. last（）；

rs. updateString（2，" 巧克力"）；

rs. updateRow（）；

以上片段将 ResultSet 中末行的第 2 列，即"产品名称"更改为巧克力。注意，必须是在没有离开修改行之前执行 updateRow（），否则更新无效。

（2）添加记录的方法

添加记录需要首先调用 moveToInsertRow（）方法，此时 ResultSet 对象进入插入状态，产生一个插入缓冲行，并且移动到该缓冲行。然后我们可按照改列值的方法调用 updateXXXX（）方法设置相关列值，之后执行后 insertRow，即可完成记录的添加。

```
Statement st = con.createStatement（ResultSet.TYPE_ SCROLL_ SENSITIVE,
        ResultSet.CONCUR_ PUDATABLE）；
ResultSet rs = stmt.executeQuery（" Select * from 产品"）；
rs.moveToInsertRow（）；
rs.updateInt（1, 1001）；
rs.updateString（2," 冰花啤酒"）；
rs.insertRow（）；
```

上面的程序片段在"产品"表中添加了一条产品记录，注意，在执行 insertRow 之前不要离开"新行"，否则插入操作无效。

（3）删除记录

下面的程序片段删除了 ResultSet 中的第 5 行所对应的记录。

```
Statement st = con.createStatement（ResultSet.TYPE_ SCROLL_ SENSITIVE,
        ResultSet.CONCUR_ PUDATABLE）；
ResultSet rs = stmt.executeQuery（" Select * from 产品"）；
rs.absolute（5）；
rs.deleteRow（）；
```

实训 3　用 JDBC 更新数据库

本实训的练习将为饮料的产品的价格上调 10%，用两种方式来实现，一种方式用 Statemen 的 executeUpdate（）方法，第二种方法通过更改 ResultSet 来更新数据库。

程序源代码如下：

```java
import java.sql.Connection;
import java.sql.ResultSet;
import java.sql.SQLException;
import java.sql.Statement;
public class TestUpdate {
    public static Boolean updateMethod1（Connection conn）{
        ResultSet rs = TestQuery.query（conn," 类别 = '饮料'"）；
        if（rs = = null）return false；
        try {
            while（rs.next（））
            {
```

```java
                rs.updateDouble(" 单价", rs.getFloat(" 单价") * 1.1);
                rs.updateRow();
            }
        } catch (SQLException e) {
            e.printStackTrace();
            return false;
        }
        return true;
    }
    public static Boolean updateMethod2(Connection conn) {
        try {
            Statement st = conn.createStatement();
            String sqlString;
            sqlString = String.format(" update 产品 set 单价 = 单价 * 1.1 where 类别 = '饮料'");
            st.executeUpdate(sqlString);
            return true;
        } catch (SQLException e) {
            // TODO Auto-generated catch block
            e.printStackTrace();
            return false;
        }
    }
}
```

在实训1的TestJDBC类中,加入方法doTestQuery,并用类似实训2中的方式在main()方法中调用,执行列示了两种更新方法的结果的源代码如下:

```java
public static void doTestUpDate(Connection conn) {
    ResultSet rs = TestQuery.query(conn, " 类别 = '饮料'");
    TestQuery.printResult(rs);
    TestUpdate.updateMethod1(conn);
    System.out.println(" after update by updateMethod1");
    rs = TestQuery.query(conn, " 类别 = '饮料'");
    TestQuery.printResult(rs);
    TestUpdate.updateMethod1(conn);
    System.out.println(" after update by updateMethod2");
    rs = TestQuery.query(conn, " 类别 = '饮料'");
    TestQuery.printResult(rs);
}
```

11.5 批处理与事务

11.5.1 简单的事务处理

由于数据库大都在多用户环境中,且数据之间存在很强的关联性,所以为了避免各种更新操作交错而发生错误,数据库一般采用事务(Transaction)机制来进行制约。

比如在一个售票系统中,处理一笔售票业务时,必须要完成座位售出、销售记录增加,可能还要通过银行 POS 收取票款。一个环节失败,意味着整个处理无效。这种情况就是一个事务处理。

我们可以这样简单地理解事务,事务是数据库操作的一个最小单元,一个事务是不可分割的,但一个事务中可以包含多个 SQL 操作。这些 SQL 操作如果在执行中间发生错误,则该事务中,已经执行的 SQL 语句也将撤销(rollback),数据库回滚到事务执行前的状态。只有当事务中的所有操作都完成,该事务才能被成功完结(commit)。

在 JDBC 中,默认的情况下,commit 是自动的,Statement 每执行一次 execute 后,其中的 SQL 操作都会被自动提交(commit),相当于每一个操作语句都是一个事务。

如果要把多个操作安排到一个事务中,可以通过 Connection 的 setAutoCommit()方法,将 auto commit 设置为 false。多个语句执行完毕后,再显式的调用 Connection 的 commit()方法来提交事务。中间有错误时,调用 Connection 的 rollBack()方法撤销回滚事务。以下程序片段是事务处理的较为常用的方式。

```
try{
    //...
    conn.setAutoCommit(false);
    Statement st = conn.createStatement();
    st.execute("Select * from 产品 where 单价 >30");
    //st.execute("......");
    //st.executeUpdate("....");
    // st.executeUpdate("....");
    conn.commit();
}
catch(SQLException e1){
    try{
        conn.rollback();
    }
    catch(SQLException e2){
        System.out.println(e2.getMessage());
    }
}
```

11.5.2 批处理

前面所介绍的 Statement 等对象代表 SQL 语句执行 execute 时，每次只能执行一个 SQL 语句，为了提高执行效率，可在需要一次执行多个 SQL 语句时，用 executeBatch() 方法。使用该方法需要提前将 SQL 语句用 addBatch() 方法将要执行的 SQL 语句加入到 Statement 的 SQL 语句队列中，然后执行 executeBatch():

```
try {
//...
    conn.setAutoCommit (false);
    Statement st = conn.createStatement ();
    st.addBatch (" Select * from 产品 where 单价 >30");
    //st.addBatch (" ...... ");
    //st.addBatch (" .... ");
//...
    st.executeBatch ();
    conn.commit ();
catch (SQLException e1)
    {
        try {
            conn.rollback ();
        }
        catch (SQLException e2) {
            System.out.println (e2.getMessage ());
        }
    }
```

PrepareStatement 也可以使用批处理来处理，只要在用 setXXX() 设置好参数后，调用 addBatch()，即可在 PrepareStatement 中形成 SQL 语句队列，然后调用 executeBatch() 发往数据库执行。与事务相关的设置和 Statement 的批处理是一样的。

11.6 数据库异常处理

JDBC 连接数据库进行操作时，由于数据库在程序的外部，存在较多的不可控因素，所以经常会使用 Java 的异常机制来处理出现的问题，以提高程序的健壮性。JDBC 中定义了几个用于处理异常的类有 SQLException、SQLWaring、DataTruncation

11.6.1 错误异常

数据库操作出现错误时，数据库的操作会被中断，有时也会导致程序崩溃。JDBC 用于处理错误（error）异常的类是 SQLException，它继承于 Exception，异常发生后，它可以提供错误的相关信息。包括以下几种：

A. 错误描述字符串

用 getMessage () 方法可以获取错误的描述。

B. SQLSTATE

使用 getSQLState 可以得到 SQLSTATE 值。SQLSTATE 值由 X/Open 和 SQL Access Group SQL CAE 规定，它是一个包含五个字符的字符串，五个字符包含数值或者大写字母，代表各种错误或者警告条件的代码。SQLSTATE 有个层次化的模式：头两个字符标识条件的通常表示错误条件的类别，后三个字符表示在该通用类中的子类。比如 08003 表示连接不存在，详细规定可以查阅相关资料。

C. 数据库错误代码

该代码由数据库厂商规范，可以用 getErrorCode () 获取该代码。

11.6.2 警告异常

在数据库操作中，出现警告（warning）并不会导致数据库和程序的操作中断，在 JDBC 中也可以把它作为异常来捕获加以处理。处理警告异常的一般类是 SQLWarning，此类继承于 SQLException，其使用的方法和 SQLException 也类似。

DataTruncation 是一种比较特殊的警告异常，在读取数据时，如果发生了数据截断，则会产生 DataTruncation。如果是写数据时发生数据截断，则会产生 SQLException。DataTruncation 提供了一些方法来获取数据截断的相关信息。

实训 4　事务和异常处理

本实训向产品表中加入测试数据，第一次调用 updateMethod () 方法时，向表中添加了几条记录。事务操作得到完全执行。第二次调用 updateMethod () 时，由于主键冲突，有部分数据不能完成添加，异常处理时，该事务被回滚，第二次调用的所有操作均被撤销。

```java
import java.sql.Connection;
import java.sql.PreparedStatement;
import java.sql.ResultSet;
import java.sql.SQLException;
import java.sql.Statement;
public class TestTransaction {

    public static boolean updateMethod (Connection conn, int startId) {
        try {
            conn.setAutoCommit (false);
            ResultSet rs;
            PreparedStatement pst = conn
                .prepareStatement (" INSERT INTO 产品 (id, 名称, 单价, 类别) VALUES (?, '测试商品', 5, '测试') ");
            for (int i = 0; i < 5; i++) {
```

```
                pst.setInt(1, startId + i);
                pst.executeUpdate();
                System.out.println("insert success...");
                rs = TestQuery.query(conn, String.format("id=%d", startId + i));
                TestQuery.printResult(rs);
            }
            conn.commit();
            return true;
        } catch (SQLException e) {
            try {
                System.out.println("rollback......");
                conn.rollback();
            } catch (SQLException e1) {
                e1.printStackTrace();
            }
            return false;
        }
    }
}
```

在实训 1 的 TestJDBC 类中，加入方法 doTestTransaction，并用类似实训 2 中的方式在 main() 方法中调用，打印结果显示了数据更新被回滚的现象。

```
public static void doTestTransaction(Connection conn)
{
    TestTransaction.updateMethod(conn);
    ResultSet rs = TestQuery.query(conn, "类别='测试'");
    TestQuery.printResult(rs);
    TestTransaction.updateMethod(conn, 260);
    TestTransaction.updateMethod(conn, 256);
    rs = TestQuery.query(conn, "类别='测试'");
    TestQuery.printResult(rs);
}
```

思考与练习

（一）填空题

1. JDBC（Java DataBase Connectivity）是 Java 连接操作_____的系统的解决方

案。

2. JDBC 中，传递给 Connection，用于数据库驱动程序识别数据库的字符串称为_____。

3. 在大型数据库系统中，一组为了完成特定功能的 SQL 语句集，经编译后存储在数据库中的程序称为_____。

4. moveToInsertRow（）是对在对 ResultSet 进行_____操作前需要执行的动作。

5. DataTruncation 用于在_____的情况下发出警告异常。

（二）选择题

1. 以下关于 JDBC - ODBC Bridge 的哪个说法是不正确的（   ）。
   A. 使用该方式时，本机不需要有任何驱动程序
   B. 需要安装数据库的 JAVA 驱动
   C. 需要 JDBC - ODBC 驱动支持
   D. 所有连接方式中运行效率最高的

2. 在 JDBC 中，与特定数据库的连接（会话）的对象是（   ）。
   A. DriverManager   B. Connection
   C. Statement   D. DatabaseMetaData

3. 通过 PrepareStatement 传递 SQL 参数时，SQL 语句中，代表参数的字符串是（   ）。
   A. %   B. *   C. _   D. ?

4. JDBC 访问存储过程时，关于参数的描述正确的是（   ）。
   A. 只能有输入参数，不能有输出参数
   B. 只能有输出参数，不能有输入参数
   C. 可以有输入参数，也可以有输出参数
   D. 不支持参数

5. 如果需要在 ResultSet 中能够前后移动游标，则必须在建立 Statement 时，将 resultSetType 设置为（   ）。
   A. TYPE_ SCROLL_ INSENSITIVE 或 TYPE_ SCROLL_ SENSITIVE
   B. TYPE_ FORWARD_ ONLY 或 TYPE_ SCROLL_ SENSITIVE
   C. TYPE_ FORWARD_ ONLY 或 TYPE_ SCROLL_ INSENSITIVE
   D. 与 resultSetType 的值无关

6. 应该在（   ）对象中设置事务是否被自动提交。
   A. Connection   B. Statement
   C. DriverManager   D. PrepareStatement

（三）简答题

1. JDBC 在与数据库进行连接时，通常有哪些不同的方式？
2. 将查询参数通过 prepareStatement 对象传递有什么好处？
3. 通过 ResultSet 更新数据库时，对查询条件有什么限制？

4. Statement 的 executeQuery（ ）方法和 executeUpdate（ ）方法有什么异同？

5. 举例说明一个数据库事务的处理的应用场景。

（四）编程题

1. 试编写 JDBC 事务处理程序模拟一个售票系统，在顾客一次性购买多张票时，由于其中一张不能成功订购，则其所有的订票全都取消。

2. 编制一个程序，将 A 数据库的表中的部分数据复制到 B 数据库的表中。

参考文献

［1］［美］Rogers Cadenhead. Java 编程入门经典. 4 版. 梅兴文译. 北京：人民邮电出版社，2007.

［2］［美］Bruce Eckel. Thinking In Java. 4 版. 北京：机械工业出版社，2007.

［3］陈轶，姚晓昆. Java 程序设计实验指导. 北京：清华大学出版社，2006.

［4］赵文靖. Java 程序设计基础与上机指导. 北京：清华大学出版社，2006.

［5］王路群. Java 高级程序设计. 北京：中国水利水电出版社，2006.

［6］朱福喜. Java 语言习题与解析. 北京：清华大学出版社，2006.

［7］吴其庆. Java 程序设计实例教程. 北京：冶金工业出版社，2006.

［8］施霞萍等. Java 程序设计教程. 2 版. 北京：机械工业出版社，2006.

［9］［美］Herbert Schidt. Java 参考大全. 鄢爱兰，鹿江春译. 北京：清华大学出版社，2006.

［10］http：//java.sun.com

［11］http：//www.oracle.com/technetwork/java/javase/overview/index.html